WINE

葡 萄 酒
一 部 微 醺 文 化 史

A Cultural History

［美］约翰·瓦里亚诺

黄瑶

著　译

JOHN
VARRIANO

文汇出版社

献给玛丽安娜、蕾切尔与温迪

序　言

　　在饮食文化史中，葡萄酒是独一无二的。它的神秘性从史前时代穿过古希腊罗马文明，经历了基督教早年间的重重危机和后来的宗教改革，最终被传承到我们这个时代。在历史上的几乎每一个时期，和世界上的每一个角落，它都能激发宗教、哲学、艺术和诗歌相关人士甚至医疗从业者的创造性想象。葡萄酒也是冥想与隐喻的源泉。无论在哪里畅饮，人们都能受其启发，产生自由的联想。葡萄酒不可比拟的滋味和色泽，激发着人们不断将其与其他类型的体验进行比较。某位可敬的当代哲学家将夏布利葡萄酒比作简·奥斯汀的小说，将科利乌尔的葡萄酒比作马约尔的雕塑，将某个罕见的美国品种葡萄酒比作"夏日繁复的花香中低沉的管风琴声"，这其实是在模仿由荷马的"暗酒色的大海"所开启的修辞实践。[1]

　　葡萄酒的故事传世不朽，它既能振奋精神，又能刺激不端行为的发生，这些自然潜力也让它在传承过程中产生了偏差。葡萄酒很容易导致毫无节制的醉酒问题出现，因此和其他任何一种酒类饮品相比，它更能激励人们去力证其可以带来令人愉悦的效果。至于葡萄酒对行为的影响，人们对此的态度是又爱又恨，并最终使葡萄酒成为表达矛盾的道德心理的典范——这是啤酒、烟草或致幻药物都无法做到的[2]。事实上，没有哪种食物或饮品能拥有和它一样的"重要光环"[3]。

《葡萄酒：一部微醺文化史》主要探讨的是利用酿酒葡萄制作饮品的西方文明。酿酒葡萄原产于欧亚大陆，随着时间的推移传遍整个欧洲，最终到达了"新大陆"[4]。为了连贯起见，本书内容不涉及世界上习惯利用大米、水果或其他物质酿酒的地区的文化。

葡萄藤是葡萄酒神秘性的来源。歌颂地球繁殖力的植物崇拜是最古老，也是人类意识中最根深蒂固的崇拜。死亡与新生的循环是自然秩序的重要组成部分，也是人们所信奉的仪式的核心。从根本上来说，自然与农业之神奥西里斯、酒神狄俄尼索斯和最终的耶稣等神明的神话也源自这同一片土壤[5]。宗教一直是一些与葡萄酒有关的最长久的信仰、习俗与合理化的载体，这一点不足为奇。在人类的历史上，认为葡萄酒能让人的精神超越自然生物限制的信念很早便存在了，并在希腊–罗马对酒神狄俄尼索斯和巴克斯的狂热崇拜中蓬勃发展，其转变后的象征意义最后又成为犹太教与基督教共有传统的核心，并在《圣经》中被视为上帝的恩赐，在圣餐中充当救世主的鲜血。

从一开始，葡萄酒就在各种世俗的仪式中发挥着核心作用。希罗多德曾谈及葡萄酒对古埃及晚宴的重要性；色诺芬说它的身影曾出现在雅典的酒会中；普林尼（又称老普林尼，下同）也曾提到，葡萄酒会被端上罗马人的宴会桌。古代的宴会上经常出现某种死亡警告——"勿忘你终有一死"（memento mori）。与其说这是一种对"生命稍纵即逝"的道德说教，不如说是为了刺激饮酒者在生命结束之前尽情享受活着的乐趣。"抓住现在"（carpe diem）的概念早在2000多年前便已存在，后被贺拉斯普及，至今仍然经久不衰。但葡萄酒与死亡警告之间的关联已不再如过去那般稳固。到了17世纪，"抓住现在"的享乐主义思想逐渐演变为更黑暗的劝世静物画，这种画作会通过描绘一些可怖的东西来提醒人们死亡的存在。"抓住现在"与劝世静物画所强调的都是饮酒者个人的及存在主义的态度，而另一个拉丁短语"酒后吐真言"（in vino veritas）则是指有些人会在推杯换盏间无意透露出某些信息。这种观念同样源自希腊[6]，并认为"贪杯有理"。

从古至今，饮用葡萄酒一直是社会地位的标志，尤其是在那些其他酒精饮品唾手可得的地方。在传统意义上，啤酒是最受欢迎的酒类品种，但古希腊人对啤酒十分反感，这种反感一直延续到中世纪，直到文艺复兴时期啤酒的地位才得以恢复。葡萄酒与啤酒的价格差异无疑是一个因素，但喝葡萄酒的人同时也依照传统假定了自己与其他人存在阶级差异。啤酒的生产技术相比葡萄酒可能更加复杂，但人们始终认为喝葡萄酒才看起来更加高级[7]。在这一点上表现最明显的是近代早期的英国，在那里，成熟的啤酒文化与葡萄酒文化共存。于1617年出版的一本关于英国人饮酒习惯的专著，通过卷首的镌印插图生动地展示了这两个世界的差异：喝葡萄酒的绅士身处舒适的凉亭，欣赏着眼前的美景；而吵嚷地喝着麦芽啤酒的人们所处的环境却远没有那么文明（图86）。

在葡萄酒文化史中反复出现的第三个主题，与葡萄酒真实存在的或被人们想象出的药效有关。这同样源自某个不断被传承的故事。人们饮酒时会为同伴的健康举杯，这已经演变成一种纯粹的象征性动作了，但它最早其实是为了向客人保证自己的酒是不伤身的。[8]从本质上来说，长期以来，人们一直相信葡萄酒有三种医疗的用途：首先，它可以用于治疗局部伤口（这种方法可以在荷马的《伊利亚特》和《新约》中"善良的撒玛利亚人"的寓言中找到记载）；其次，它有一定的药效，人们可以将其当作药物喝下；最后，葡萄酒能够作为送服其他药物的液体。古代的体液学说是现代以前葡萄酒疗法的大多数假设的基础，但令人惊讶的是，即便是在这些假设遭到质疑之后，葡萄酒疗法依旧经久不衰。20世纪60年代，世界上的大部分药典都剔除了葡萄酒或以葡萄酒为基础的处方，但一些研究显示，在以丰富的国民饮食著称的法国，葡萄酒饮用者的心血管疾病患病率非常低。这种被称为"法国悖论"（French Paradox）的现象让葡萄酒重新成为医学讨论的话题。对葡萄酒与健康的研究目前正处于历史最高水平，但很少有人关注这种饮品一直以来在精神方面的益处[9]。

葡萄酒与神圣仪式、世俗狂欢的联系无疑与它解放精神的作用有关。现代哲学家威廉·詹姆斯（William James）在《宗教体验的多样性》（*The Varieties of Religious Experience*）一书中阐述了这一现象的本质，在谈及人类意识的病理学问题时他写道：

> 酒精的影响……在于它能够激活人类本性中一些难以解释的机能。这些机能在平日清醒时总会被冰冷的现实和冷漠的批评牢牢抑制。清醒带来的是拘束、歧视和

否定；醉酒提供的益处则是强大、团结和包容。事实上，酒精能够有力地刺激人类的"接受"力，它能将其崇拜者从寒冷刺骨的边缘带到光芒四射的核心之中，在那一刻让他与真理融为一体。[10]

詹姆斯还写道，葡萄酒作为一种替代品，可以成为穷人的交响乐与文盲的文学。马克思曾宣称，宗教是人民的鸦片，但事实上，酒精在产生逃避心理、抑制激动情绪或产生幸福感方面发挥的作用可能更加重要。意大利有句古老的谚语无疑说得很有道理："一桶葡萄酒能够创造的奇迹比一座挤满圣徒的教堂还要多。"

品味葡萄酒与饮用其他酒精饮品有所不同。葡萄酒对"改造精神世界的作用"更加独特且私密，用哲学家罗杰·斯克鲁顿（Roger Scruton）的话来说，葡萄酒"和咄咄逼人的威士忌相比亲昵得多"（他后来还把它比作色情的吻）[11]。不仅如此，葡萄酒还能刺激人们对色泽、香气和味道的深层感官的体验，这一点一直使它有别于其他酒精饮品。同时，风土条件和酿造年份所产生的细微差别也会产生一定的作用。早在公元前2千纪，埃及葡萄酒罐上的符号就已经证明了这一点。

最后，葡萄酒转变情绪的能力始终是人类最经久不衰的叙事之一的基础。正如我们在下文将要阐明的——葡萄酒为各种宗教和世俗的表达提供了支持和理由，它始终维系着历史上那些利用其独特潜力来满足自身需求的人心中的希望和恐惧，渴望与幻想。[12]

目 录

葡萄酒的起源

The Origins of Wine

自人类文明出现，葡萄酒便已存在。它的起源很可能是偶然的，因为酵母在盛放葡萄的容器中发酵的自然过程并不需要人为的干预。葡萄汁发酵的第一个实质证据出自近东的新石器时代遗址，但这一现象可能早在旧石器时期就已经出现了。与这一意外发酵有关的神话流传已久。如今，凭借逐渐完善的现代考古学、古植物学和古生物学，我们已经可以精确地探索葡萄酒的起源。和古代文献或人工制品相比，放射性碳年代测定法、高分辨率显微镜和DNA分析能够更好地帮助人们理解早期葡萄栽培的起源。[13]

　　从这些证据中我们了解到，酿酒葡萄（即野生的欧亚种葡萄）最早是在公元前8500至公元前4000年间的某个时期被酿造成葡萄酒的。但酿酒不只涉及葡萄的栽培，除了园艺技术，还需要压榨葡萄的大桶、储藏果汁的密闭容器和对发酵过程的基本了解。至于葡萄酒的酿造最初发生在什么地方，至今仍旧存在争议，因为人们在埃及和波斯都发现了含有葡萄酒残留物的新石器时代的陶器，且葡萄本身也是在同一时期于外高加索地区被种植的。我们已知的最早的酒坛出土于伊朗西北部的哈吉·菲鲁兹·泰佩遗址，可以追溯到公元前5400至公元前5000年（图1）。和现代的松香味希腊葡萄酒一样，该酒坛中的沉淀物也是由发酵的葡萄汁和树脂混合而成的。

但是，最早是什么促使我们遥远的祖先开始酿酒的呢？有证据表明，葡萄酒会被用于某些医学用途——几千年后的希波克拉底（Hippocrates）和盖伦（Galen）会对此展开详述——但它与早期（某些不确定的）典礼的关联性证实，它还具有仪式作用。这

图1 哈吉·菲鲁兹·泰佩遗址出土的新石器时代酒坛，约公元前5400—公元前5000年，陶土

种关联性在许多艺术作品中都能被找到。这里我们仅举一个绝佳的例子：乌尔（位于如今的伊拉克）皇家公墓曾出土过一枚公元前2400年左右的美索不达米亚滚筒印章，上面刻画了几个人举杯从带嘴的坛子里接出饮品畅饮的场景，还有一些人把长长的吸管插进更大的宽口坛子中啜饮（图2）。他们的杯子里盛的是葡萄酒，其他容器中灌的则是啤酒。这一仪式显然是一场宴会。整幅画的构图会让人联想到后来描绘古希腊酒会的作品，但它所绘的是什么纪念活动却看不出。由于印章是在女王普阿比的墓穴中找到的，所以画面所展现的景象很有可能与她的去世有关，描绘的要么是她的葬礼宴会，要么是在来世等待着她的欢愉[14]。

到了公元2千纪，葡萄酒已经传遍了古代近东地区，但我们还是应该将葡萄栽培、葡萄酒酿造和真正的葡萄酒文化区分开来。举例来说，美索不达米亚南部的苏美尔人及其后代种植葡萄，但

图2 《美索不达米亚宴会》，乌尔"女王墓"出土的天青石滚筒印章及铸件上的图画，约公元前2400年

对葡萄酒的滋味似乎不感兴趣。[15]真正的葡萄酒文化的最早证据出自赫梯语文献，其中提到了向神明奠酒献祭，比如向石之巨人乌利库米贡献"甜葡萄酒"，但巨蛇伊卢扬卡喝掉了大部分的酒，而后酩酊大醉。[16]

虽然许多人都看过描绘安纳托利亚人饮酒的画作，但真正记录饮酒场面的作品始于古埃及。墓葬绘画、雕塑和纸莎草证明，葡萄酒的酿造在当时非常流行，它主要供牧师和社会精英饮用，或被用于供奉逝者。从最早的时代到托勒密王朝时期，寺庙墙壁、石柱、方尖碑以及皇家陵墓中都曾出现描绘奠酒献祭场景的画像。[17]这一现象在新王国时期（公元前1570—公元前1070年）尤为明显。比如，在埃及第十八王朝的天文学家、底比斯的祭司纳赫特的坟墓中，就有描绘他来世将拥有大量的家禽和葡萄酒的画作（图3）。这类祭品被解释为献给神灵的礼物，或期待从他们那里得到的祝福。[18]

画中描绘的坛子有些还带有墨水涂染的标签和印鉴，上面标明了里面盛放的物品。这方面的资料最为丰富的是图坦卡蒙的墓葬，随这位法老陪葬的26只酒坛上都标注着他当时在位的年份、葡萄园的地点和所有者，以及酿酒人的名字。[19]现代的"酿造年份"和"法定产区"的概念就起源于此。图坦卡蒙拥有的葡萄酒显然是最好的，但普通百姓也能买到品质稍差一些的葡萄酒。比如，采石场的工人每天都能分配到定量的葡萄酒。[20]

舍斯木、托特和哈比等几个小神通过负责监督葡萄酒的酿造或供奉，为葡萄酒的神话做出了贡献。[21]埃及的气候条件很难栽种葡萄，且人们更看重尼罗河水域，因此葡萄的重要性十分有

图3 《酿酒、为家禽脱毛、为死者献祭》，埃及第十八王朝（公元前16—公元前14世纪）底比斯的纳赫特墓的局部壁画

限。即便如此，葡萄酒文化方面的更多遗产依然是由埃及神话中的自然与农业之神乌西尔（后来被称为"奥西里斯"）最后留给我们的。[22]乌西尔不仅象征着葡萄藤——人间的恩赐之一——还在埃及的宇宙进化论中被尊称为"死亡之神"。乌西尔被他的兄弟塞特淹死在尼罗河中，之后被妻子伊西斯复活，又成了复活之神。正是因为他不同寻常地将这些身份结合在了一起，所以他和太阳神拉一起，成了至高无上的主宰。正如希罗多德后来告诉我们的那样，埃及诸神被视为希腊诸神的原型，因此，乌西尔的传说被用在了狄俄尼索斯的神话之中。[23]葡萄酒的相关习俗与仪式也正是通过这样的"对应"得以延续：狄俄尼索斯产生了巴克斯，而巴克斯反过来又成了耶稣形象的原型。

最早留下证据证明葡萄酒具有药用价值的显然也是埃及人。针对哮喘、癫痫、发烧、黄疸和食欲不振等症状开具的各种纸莎草纸处方中都包含葡萄酒或以葡萄酒为基础的药物。[24]医师还推荐用葡萄酒搭配药膏、灌肠剂使用，在包扎伤口时也推荐使用葡萄酒。与乌西尔的复活一样，这些治疗方法也在接下来的时代中产生了广泛的影响。

早期古代史中最令人着迷的传说之一就是迈达斯国王能将自己触碰到的一切东西都变成金子。这种点石成金的炼金天赋是虚构的，且最终引发了悲剧，但迈达斯实际上是一个真实存在的人，他的生平在当时的亚述人文献、希罗多德的《历史》（*Histories*）和希吉努斯（Hyginus）的《传说集》（*Fabulae*）中都有记载。公元前8世纪，他曾是佛里吉亚古国的国王，据说后来被埋葬在安纳托利亚高原中部戈尔迪翁的一座小山岗下。早在

1957年，人们就在所谓"迈达斯山冈"上首次进行了挖掘，但直到40年后，第二组调查员才对墓室中的有机残留物进行了检测。墓葬陈设中的157件青铜器皿都盛放过食物和饮品，据推测，这是哀悼者在献祭地母神库柏勒时享用的宴席。因此，我们通过这些器皿了解到的是迈达斯的美食偏好，而不是他的炼金术。墓穴中出土的一只公羊头酒桶体现了这些早期器皿背后的创作想象力和高超的工艺水平（图4）。

尽管器皿里的东西已经被生物降解，但通过结合红外光谱、液相和气相色谱技术以及质谱法对剩下的证据进行分析，我们仍可以详细地重现迈达斯的这场盛宴。根据分析结果，主菜被确认

图4 《戈尔迪翁的迈达斯山冈中出土的公元前8世纪的公羊头酒桶》，皮特·德容（Piet de Jong）根据青铜器皿所作的水彩画

为辣扁豆炖菜配烤绵羊或山羊，饮品则是由葡萄酒、大麦啤酒和蜂蜜酒调制的烈酒。酒品的残留物呈鲜黄色，表明酒中添加过一种难以发觉的香草或香料，比如胡芦巴、红花、芫荽或藏红花。如此令人陶醉的调和酒在前古典时代并不少见，但到了公元前5世纪，除了被用于最神秘的宗教仪式，它们已经被单一的葡萄酒所取代。而另一边，啤酒最终被希腊作家和美食家嗤为野蛮人的饮品。[25]

诺亚的传说

关于葡萄酒酿造的起源，《旧约》有自己的说法。大约成书于公元前10世纪之后的《创世记》讲述了诺亚在酿酒方面发挥的作用：建造完方舟后，他在"7对"动物和鸟类的陪伴下经受了大洪水的考验，最终看到洪水退去，将方舟停泊在"亚拉拉特山"。[26]《创世记》接着说，上岸后，"诺亚开始耕种土地，成为最先种植葡萄园的人"。这句话带来了这样一种假设：圣经中的祖先也是世界上第一个酿造葡萄酒的人。《创世记》还写道，他"喝了点儿酒便醉了，在帐篷里赤着身子"。尽管诺亚被儿子们发现后感到耻辱，但他将葡萄酿成了葡萄酒，这依然是一项重大的成就。

《创世记》起初告诉我们，诺亚是亚当的第10代后裔（5:1-30），后来又说他死于大洪水后的第350年，享年950岁（9:28-29），从时间上看，这当然是不可能的。不过，大洪水发生的时间本身就是被单独推断出来的。最近，哥伦比亚大学的两名地质学家利用深水雷达、钻孔技术，以及对在该区域发现的软体动物贝壳进行的放射性碳年代测定，最后得出了结论：公元前5600年前后，黑海曾有过一次气候巨变，导致海平面急剧上升。[27]当然，亚拉拉特山是一个真实存在的地方，离黑海不远，就在如今的土耳其东北角。更有趣的是，它靠近伊朗西北部的新石器时代聚居地，那里已知的最早的葡萄酒器皿制造于公元前5400至公元前5000年。

诺亚的个人生平年表可能是让人难以置信的，但关于洪水发生的时间与地理位置的科学及考古证据倾向于支持《圣经》中关于葡萄种植文化起源的描述，尽管它是在洪水发生的5000年之后才写成的。圣经"极简主义者"（认为《圣经》的经文中没有可靠证据的人）不太相信洪水的消退与最早的葡萄酒之间存在明显的巧合，但圣经直译主义者或创世论者无疑会因最近的发现备受鼓舞。[28]

古希伯来语文本中的葡萄酒

和基督教、伊斯兰教一样，犹太教也建立在一神论的原则之上，不允许创造辅神。可即便没有酒神狄俄尼索斯或巴克斯这样的神明，葡萄酒在早期犹太教中也的确扮演了重要的角色（虽然不像后来基督教中的那样带有神迹般的色彩）。对摩西及其追随者来说，应许之地丰饶的例证之一就是一串葡萄大得需要两个人用一根杆子才能抬起。[29]从割礼到婚礼，葡萄酒在《旧约》的各类仪式庆典中都占有重要地位，其中最常见的是逾越节晚宴。在现实生活中，以色列土地上的犹太人采用了希腊和罗马文化的用餐习俗，但庆祝活动普遍更以家庭为中心，活动上交流的主题为《圣经》的前五卷内容。[30]与此同时，犹太教教义的相关资料还揭示了希伯来葡萄酒文化中一些独有的做法。

《天下通道精义篇》（以下简称《精义篇》）和《陀瑟他祝祷书》（以下简称《祝祷书》）等早期文本往往倾向于禁酒，或提供类似的建议，如"一个人不应该喝完酒就把杯子放在桌上，应该拿着它，等到仆人过来时把它递给他"（《精义篇》，9）；"一个人不应该喝完酒后把酒杯递给身边的人，因为这样双方都会感到不自在"（《祝祷书》，5:9）；"一个人不应该［把杯中的酒］一饮而尽，除非他是个酒鬼，是个贪嘴的人"（《精义篇》，6）。[31]

《旧约》中关于葡萄酒及其相关的叙述往往是矛盾的。一方面，《希伯来圣经》称葡萄酒是上帝赐予人类的礼物之一。[32]因此在《创世记》（27:28）中，我们会读到以撒这样祝福他的儿子雅各：

> 愿上帝赐给你天上的甘露，
>
> 地上的肥土，
>
> 以及许多新酒和五谷。

在《圣经》中，葡萄酒比其他任何世间的恩赐都更能为人们的精神带来益处。《〈圣经〉诗篇》（104:14–15）赞美上帝赐予我们面包，令身体"强健"；赐予我们油，令脸庞"容光焕发"。但只有酒能"愉悦人心"。《所罗门记》甚至进一步将葡萄酒用作情色的隐喻，在第7章第8至9节中这样写下对爱人的想象：

愿你的双乳如同一簇簇葡萄，

愿你呼出的气息芬芳如苹果，

愿你的亲吻宛若最醇的葡萄酒，

入口丝滑，掠过唇畔齿尖。

这一切的前提都是适量饮酒。而过度饮酒则会让人变得智昏（《箴言篇》20:1）、暴力（《箴言篇》4:17）、贫穷（《箴言篇》21:17；23:20–21）、傲慢（《哈巴谷书》2:5）、虐待穷人（《阿摩司书》6:6）。罗得的故事以及诺亚的故事，都说明醉酒会导致不正当性行为的发生（《创世记》19:30–38；9:21–27）。醉酒还会被用来比喻上帝的审判，比如巴比伦预言中预告的"令人惊骇凄凉的杯"（《以西结书》23:30–34）。因为没有仁慈的巴克斯或狄俄尼索斯引领古代希伯来人进入更高的精神境界，所以他们对面前的任何由葡萄酒带来的变革性影响都持谨慎的态度。

《箴言篇》（23:29–35）生动地描写了人在醉酒后的精神状态：

谁有痛苦？谁有忧愁？

谁有争斗？谁有怨言？

谁无故受伤？

谁双目赤红？

就是那深夜流连醉饮，

常去品尝调和酒之人。

当酒色泛红，于杯中闪烁，毋要观看，

纵然入喉丝滑，终会咬你如巨蟒，啃噬如蝰蛇。

你眼必看见异怪之事，心必发出乖谬之言。

你必如躺在海中，或卧于桅杆之上。

你必说："人打我，我却未受伤；人捶我，我竟不觉得。

等我几时清醒过来，仍要再寻一杯酒。"

　　尽管听起来有些矛盾，但犹太教教义的相关文献通常是支持以医疗为目的饮用葡萄酒的。《塔木德》称，如果病人家里有一桶酒，他就不需要药物，因为酒可以治愈他（《离婚篇》69b）。就连谨慎的《祝祷书》（51a）也推荐饮用葡萄酒，认为其"有益心脏和眼睛，对肠胃更好，喝惯了对全身都有好处"。《塔木德》还建议阳痿患者饮用"3/4罗革（约750毫升）的葡萄酒，搭配煮熟的野生藏红花"。这种疗法似乎对约哈南拉比十分奏效，他宣称，"这些［疗法］让我恢复了青春"（《离婚篇》70a）。《塔木德》中的处方还包括通过服用葡萄酒来治疗耳朵和眼部的感染，补充在放血过程中流失的体液，以及用葡萄酒混合蜂蜜和胡椒来治疗肠道问题，或混合月桂叶来驱除体内的寄生虫。[33]

　　希伯来圣贤还提到了穷人买不起药用葡萄酒的问题。关于此问题，《塔木德》（《安息日书》129a）向那些被医生建议要饮用1/4罗革（约250毫升）葡萄酒的人提议，"拿上一枚旧硬币去七家酒铺，每家都尝一尝，假装自己有兴趣购买。如果店主拒绝接受他的旧硬币，那就前往下一间酒铺，直到喝足必需的量"。[34]

古希腊的葡萄酒

Wine in Ancient Greece

在古希腊，葡萄酒是除水之外被饮用最广泛的饮品。啤酒虽然也有供应，却被悲剧诗人埃斯库罗斯（Aeschylus）视作"缺乏男子气概"的饮品，被大部分希腊人所质疑。[35]据古希腊医生梅内西修斯（Mnesitheus）说，作为一种更有男子气概的饮品，葡萄酒可以分为三种类型：红葡萄酒、白葡萄酒和琥珀色葡萄酒。[36]白葡萄酒和琥珀色葡萄酒可甜可干，红葡萄酒介于二者之间。希波克拉底将红、白葡萄酒的口感进一步区分为粗糙、柔软、甜美或干燥。在论著《论饮食》（*On Diet*）中，他又将它们描述为芬芳或无香，清淡或浓郁，以及高度或低度。流传到我们手中的几乎所有希腊文献都证实，葡萄酒通常要用水稀释，有时还要混合带有芳香的药草或蜂蜜，以掩盖保存葡萄酒所用的密封双耳陶罐或沥青及树脂留下的味道。[37]总的来说，早期的希腊人似乎很少重视地区品种或特定的年份，但已经认识到了陈化的好处。一只公元前5世纪的基里克斯陶杯上描绘了一个年轻人在酒铺里用海绵蘸取双耳喷口杯里的葡萄酒，以测试其口感与香气，该画面难得地展示了古希腊品酒的场景（图5）。

图 5　《酒铺里的青年》，红纹陶杯画，杜里斯（Douris）所作，约公元前480年

狄俄尼索斯

　　虽然早在公元前1200年左右，酒神狄俄尼索斯的名字便第一次出现在了刻有线形文字B的迈锡尼石碑上，但直到公元8世纪，这位田园神明才完全展露出自己的个性。[38]从《荷马诗颂》（Homeric Hymns）中我们得知，他是宙斯和塞墨勒的孩子，但出生地无法确定。[39]事实证明，这种不确定性始终存在于狄俄尼索斯的神话中，因为他的身份太多了，其变化令人眼花缭乱。古典时代的文学资料显示，这位神明或生性野蛮、脾气暴戾［《俄耳甫斯教祷歌》（Orphic Hymns）称他为"喜欢刀剑与杀戮的人"，希

腊作家普鲁塔克（Plutarch）说他是个"食生肉的人"]；或颇有教养，他酿酒方面的天赋能够驱散所有的悲伤与忧愁[荷马称之为"凡人的喜悦"，古希腊诗人赫西俄德（Hesiod）称之为"众乐之神"]；或拥有舞蹈家的天赋，是狂喜的情人和财富的赠予者（《希腊语评注》，*Greek Scholia*）。[40]无论是在深海中还是在干燥的陆地上，他都悠然自得。

没有哪个神明的传说能比狄俄尼索斯的更加多变。在不同时期，他代表着恐惧、欢喜、狂野、仪式上的疯狂、戏剧表演以及解脱，他的神话既是一个悖论，也是一个不可调和的矛盾的集合。就连他的年龄和性取向也十分模糊。早期他的形象是一个年长的粗犷男性，和宙斯一样蓄着胡须，但后来人们将他描绘成更年轻的、雌雄同体的形象。[41]也许，他矛盾的个性源于两次出生——一次是从母亲的子宫，一次是从父亲的大腿。和宙斯或阿波罗等其他奥林匹斯神明不同，尽管狄俄尼索斯被称为生育之神、以生殖器为象征，但并没有特别淫乱。

鉴于他随心所欲的天性，狄俄尼索斯在古代世界吸引了大批的追随者也就不足为奇了。在希腊和小亚细亚，无数崇拜他的信徒如雨后春笋般涌现，其中的大部分人都在赞颂他的葡萄酒能够带来欢愉，而忽视其个性暴戾的一面。葡萄酒产区通常会在秋日或早春庆祝酒神节，那时正是葡萄收获或葡萄酒上市的时节。和现代的万灵节一样，雅典的安塞斯特里昂节等节日也是与死者密切相关的。在这些节日里，人们相信逝者会回来看望和陪伴生者，直到仪式宣告离开的时间已到。[42]考虑到墓葬中发现的酒器数量，葡萄酒在希腊的宗教信仰中应该普遍与来世的需求有着密切的联系。[43]

成千上万的希腊语和拉丁语诗歌以及数不清的艺术作品都证明，狄俄尼索斯的神话及其古代世界的崇拜者具有不可抗拒的吸引力。他和他的信徒"狂女"、宁芙仙女、羊男萨梯以及西勒诺斯，是所有古典艺术和文学作品中最有趣和最常被描绘的形象，[44]他们最早出现于公元前6世纪的画作中，并常见于黑纹陶瓶之上。在这些画作里，狄俄尼索斯往往以象征的而非叙事的形式出现。绘制于公元前570年前后的弗朗索瓦陶瓶是一只巨大的涡状双耳喷口瓶，在许多方面都堪称典型，[45]如今被收藏于佛罗伦萨的国家考古博物馆。在

　　图6　《狄俄尼索斯和他的随从》，弗朗索瓦陶瓶上的局部画作，约公元前570年，摘自阿道夫·富特文格勒（A. Furtwängler）的《古希腊陶器画》（*Griechische Vasenmalerei*）

花瓶的一侧，狄俄尼索斯站在奥林匹斯众神之中，去参加珀琉斯与忒提斯的婚礼。他留着一脸浓密的胡子，身穿图案大胆的希顿古装（丘尼克长袍），面向观众，睁大他充满魅力的双眼。尽管他的形体和服饰已经高度风格化了，但我们还是可以从瓶身上附带的铭文和他标志性的双耳瓶以及葡萄枝中认出他就是狄俄尼索斯（图6）。

弗朗索瓦陶瓶本身是一只双耳喷口瓶，用于混合葡萄酒和水，但酒神携带的双耳瓶中盛放的是未稀释的葡萄酒。稍晚时期的一只类似的黑纹陶瓷双耳瓶（图7，现存于伍斯特艺术博物馆）描绘了狄俄尼索斯手持角状酒杯（一种原始的饮酒器皿）的画面。[46]到了公元前6世纪中叶，这种简单的器皿被更加精致且形状各异的陶土器具所取代。其中最常见的是用于饮酒的基里克斯陶杯和用于

图7 《狄俄尼索斯和他的随从》，黑纹陶瓷双耳瓶瓶画，画家里克罗夫特（Rycroft Painter）所作，约公元前530—公元前520年

储酒的双耳大酒杯。二者都有一个底座和一对把手（图8，图9）。

在弗朗索瓦陶瓶的另一侧，狄俄尼索斯的形象再次出现，率领一群人列队陪伴火神赫菲斯托斯返回奥林匹斯山。和参加珀琉斯与忒提斯的婚礼时一样，按照铭文的说法，他的随从都是羊男萨梯和宁芙仙女。这些生物在后来的酒神画像中扮演的角色注定会越来越重要。到了伍斯特艺术博物馆的双耳瓶被制成时，他们已经成为神话中不可或缺的一部分。羊男萨梯是森林中的精灵，拥有人类的上半身和马的尾巴、驴的腿。赫西俄德认为他们"一无是处，淘气成性"，除了对狂欢宴饮永不满足，还以旺盛的性欲而闻名。伍斯特双耳瓶上就描绘了这样两个羊男，猥琐的身形和贪婪的表情彰显了他们的荒淫无度。他们正注视着聚在狄俄尼索斯身边的两名女子。女子本身也是人形的生物，虽然与普通的林地宁芙仙女拥有很多相同点，但在这一背景下，她们显然是酒神狂热的女性追随者，被称为"狂女"。

伍斯特双耳瓶的创作者、人称"画家里克罗夫特"，描绘的是两名身穿丘尼克长袍的女性手握响板的画面。整个场景十分压抑，但一簇簇常春藤暗示了节日的背景。常春藤不仅可以用来装饰，也是酒神狄俄尼索斯的经典标志之一。作为一种常绿植物，它是永生的自然象征，当和葡萄酒一起出现时，被普遍认为拥有它自己的神奇力量。和许多与酒神有关的神话一样，针对常春藤是否有其"神力"，人们对此的态度并非始终如一。一方面，有人认为常春藤会让人的意识变得更加疯狂。雅典悲剧作家索福克勒斯（Sophocles）在《特拉基斯妇女》（*Trachiniae*，约公元前430年）中借合唱团的吟唱表达过这一观点："我的精神振奋……看，

图8　红纹基里克斯陶杯侧面，奥尔托斯（Oltos）所作，约公元前525—公元前500年（内部图参见图10）

图9　绘有赫拉克勒斯、雅典娜和赫尔墨斯的黑纹双柄大酒杯，画家忒修斯（Theseus Painter）所作，约公元前500年

常春藤的咒语开始对我起了作用。嗨！诶！常春藤把我卷入了巴克斯耀眼的舞蹈中。"[47]几个世纪之后，普鲁塔克在《道德论丛》（Moralia）中附和了这一观点，认为"常春藤的浆果……会让葡萄酒更烈，变得醉人且有害"。他接着写道，"酒瘾上来的女子"：

> 会径直地冲向常春藤，把它撕成碎片，用双手抓着，用齿尖咬住。所以那些声称常春藤具有令人兴奋的、涣散的疯狂气息的人并非完全没有道理。它能乱人心智、使人不安，往往还能给想要得到精神升华的人带来一种即便不喝酒也可以获得的醉意与欢乐。[48]

在希腊，常春藤被称为"cissos"，得名于一个在狄俄尼索斯面前舞蹈致死的宁芙仙女。事实上，现代医学证实，食用常春藤会对精神产生作用，有潜在的致命危险，并警告它会造成"兴奋、口渴、抽搐、昏迷甚至死亡"。[49]

尽管如此，常春藤喜阴凉，被认为"性凉"，普鲁塔克在另一部文献中曾指出它具有"醒酒解热"的能力，因而是一种天然的解酒剂。[50]古希腊修辞学家阿特纳奥斯（Athenaeus）也在《餐桌上的健谈者》（又译《欢宴的智者》，Deipnosophists，公元2世纪）中推荐外用常春藤来治疗宿醉：

> 那些酒后头疼的人肯定需要治疗的办法，他们最容易想到的就是绑住脑袋。
>
> 因此……他们会戴上随处可见的、茂密又美观

的……常春藤编成的花环，用其绿叶和成串的浆果遮住额头，紧绑在眉毛处，这能在一定程度上让人感觉凉爽，但不会带有使人神志不清的气味。[51]

对阿特纳奥斯来说，常春藤的藤蔓之所以能和狄俄尼索斯联系在一起，是因为其药物而非致醉的作用。"在我看来，"他总结道，"这就是人们会把常春藤花环视为酒神圣物的原因，这意味着这位葡萄酒的发明者也能让人免受饮酒带来的所有不便。"

大约公元前500年的一只红纹基里克斯陶杯中描绘了一个陷入典型狂喜状态的狂女（图10）。葡萄酒和常春藤都不是令她兴

图10 《舞蹈的狂女》，红纹基里克斯陶杯内部图，约公元前525—公元前500年（侧面图参见图8）

奋的缘由，她随着自己敲出的响板声欣喜若狂地舞蹈，传达了酒神狂欢仪式的真正精神。仿佛是为了强调她行为中的超凡脱俗，这幅圆画的边缘处被题写上"美丽，美丽"的字样。此后不久，狂女的夸张性情先后被埃斯库罗斯的一系列失传剧目［《伊多诺伊》（*Edonoi*）、《巴萨里得斯》（*Bassarides*）、《艾克桑斯里埃》（*Xanthriai*）、《彭透斯》（*Pentheus*）］及悲剧作家欧里庇得斯（Euripides）的《狂女》（*Bacchae*）所推崇。在这些作品中，舞者会被多次描述为"蹦跳如飞""像小马般欢跃"，以及"疯狂，疯狂至极，为巴克斯着迷"。[52]

葡萄酒能振奋人心的理念在许多层面上都受到了希腊人的欢迎，包括宗教仪式、戏剧表演以及餐桌上的简单乐趣。至于基里克斯陶杯底部出现的舞者身影，只有让饮酒者更加放松的效果。

到了公元前6世纪中期，狄俄尼索斯的形象变得更加复杂。如果说他早期的化身仅仅象征着有酒可喝的希望，那么后来的希腊艺术对他的描绘可谓越来越多地揭示了其在神话维度上的文学形象。他和狂女、羊男萨梯的传统形象没有消失，但肖像画的保留项目中逐渐出现了更详细的叙事场景，描绘了他的出生及晚熟。在陶器绘画家埃克塞基亚斯（Exekias）绘制的一只著名的基里克斯陶杯上（图11），我们能看到狄俄尼索斯驾着一艘挂满葡萄藤的船，穿越遍布海豚的大海，要将葡萄酒引入雅典。而在卢浮宫的一只双耳瓶上（图12），他与奥林匹斯山的其他神明一同加入对抗巨人的战争中。在哈佛艺术博物馆收藏的一只较晚时期的双耳瓶上，狄俄尼索斯被描绘成无精打采、略显柔弱的形象，头上戴着束发带，一只宠物豹陪伴在他左右（图13）。各种各样的旅程、避

图11 《在海上航行的狄俄尼索斯》，黑纹基里克斯陶杯内部图，
埃克塞基亚斯所作，公元前540年

　　近和成年仪式令狄俄尼索斯的画像越发完整。有时，这位神明在出现时甚至只有一张面具。

　　叙事内容的扩展无疑是酒神崇拜在雅典和希腊其他地方兴起的结果。[53]那不勒斯的一只希腊葡萄酒坛出自画家迪诺斯（Dions Painter）之手（图14），上方真实地描绘了一场宗教仪式的场景：在构图的中央，狄俄尼索斯头戴巨大的面具，挂在一根缠着布的木柱上，两边是调酒的侍女。德国古典哲学家沃尔特·奥托（Walter F. Otto）在《狄俄尼索斯：神话与崇拜》（*Dionysus: Myth*

图12 《天神与巨人的搏斗》，红纹双耳瓶瓶画，画家苏苏拉
（Suessula Painter）所作，约公元前410—公元前400年

图13 《狄俄尼索斯和他的随从》，
　　 红纹提水罐瓶画，画家米
　　 狄亚斯（Meidias Painter）
　　 所作，约公元前400—公元
　　 前390年

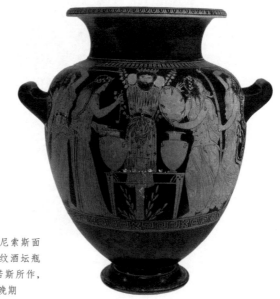

图14 《女子在狄俄尼索斯面
　　 前盛酒》，红纹酒坛瓶
　　 画，画家迪诺斯所作，
　　 公元前5世纪晚期

and Cult）中这样描述此类仪式：

> 葡萄酒在拿给公民畅饮之前，是为狄俄尼索斯调和的……一名女祭司，也许是执政官巴西琉斯的妻子，会负责调和葡萄酒。辅助这一仪式的还有她招募来的十四名女祭司。仪式参与者手持酒罐列队，由女祭司为其盛酒。伴随着小号的乐声，著名的饮酒比赛拉开帷幕。人们聚在一起，向酒神致敬。最后，每位仪式参与者都要把自己的花环套在酒罐上，递给为自己调酒的女祭司，让她把罐中剩余的酒洒掉，作为献给酒神的祭品。[54]

在古希腊，与酒神相关的仪式并不是唯一可以让人开怀畅饮的场合。葡萄酒是上流阶级社交的核心，无论是婚礼还是葬礼，人们都会为新婚夫妇或逝者献上大量的葡萄酒。[55]发生醉酒狂欢的社交背景有很多，要确定古代酒后狂欢的具体情境并不容易。由于类型混乱，人们一般会用"醉酒狂欢"（komoi）来描述那些动机不明确的场景。许多场景中都没有出现狄俄尼索斯及其随从，也几乎没有任何图像线索能够帮助我们识别聚会的参与者。某只15世纪晚期的基里克斯陶杯就是其中一个代表。这只杯子的内部描绘了一个全身赤裸的醉酒狂欢者（komast）侧身迈步跨过自己的酒杯（图15）。陶杯的外侧描绘了12名男子一边奏乐一边舞蹈。观众会奇怪是什么刺激了这些不羁行为的出现，画中大量的酒器显然告诉了我们答案。

图15 《饮酒狂欢者》，红纹基里克斯陶杯内部图，杜里斯所
作，约公元前480年

葡萄酒与死亡

尽管人们熟悉的拉丁短语"抓住现在"与罗马的伊壁鸠鲁享乐主义学说（一种对伊壁鸠鲁本人哲学体系的破坏）存在直接的联系，但希腊人其实早就在诗歌、戏剧和墓志铭中接纳了人应该在死前尝尽人生之乐的观念。希罗多德称，这种思想源自古埃及。当时的宴会宾客会在餐桌上传递"极力刻画得十分真实的"木制骷髅，彼此训诫："看看这个，开怀畅饮吧。因为等你死了，就会变成这样。"[56]如果希罗多德说得没错，那么这就是我们所知最早的将"抓住现

在"与"勿忘你终有一死"同时摆在一张桌子上的场景。

公元前6世纪，古城墨伽拉的诗人泰奥格尼斯（Theognis）在写给所有年龄读者的诗句中赞颂了"开怀畅饮"（但并不一定总和死亡警告同时出现）的哲学思想。[57]对于那些处在"职业生涯中期"的人，他提议：

> 让我们准备用餐吧；大快朵颐，开怀畅饮
>
> 吞下心中所能想到的最美好的一切；
>
> 让身材曼妙、肤如凝脂的斯巴达少女
>
> 用丰满的手臂、芬芳的气息
>
> 和清澈的水来清洗我们头上的花环；
>
> 不顾那些条条框框，
>
> 让我们勇敢、坚定地饮酒吧；
>
> 不管天狼星是升是落。[58]

但针对年迈的读者，他建议：

> 享受你的时光吧，我的灵魂！另一个种族
>
> 很快将充斥这个世界，取代你的位置，
>
> 带着他们自己的希望与恐惧，悲哀与欢乐；
>
> 那个时候，我将化作尘埃与渣土。
>
> 但不要去想！喝下浓郁的塔吉图斯纯葡萄酒吧，
>
> 它由葡萄藤压榨而来，
>
> 忒奥提诺斯，在阳光明媚的峡谷

> ［被神与人热爱的老忒奥提诺斯］，
>
> 丰饶的水土之上，种植和灌溉，
>
> 给任性的溪流一个更好的方向；
>
> 饮下它吧，振奋精神，驱走忧虑；
>
> 丰盛的葡萄酒会减轻你的绝望。[59]

公元4世纪的喜剧诗人阿姆菲斯（Amphis）在一部戏剧中也发出了同样的共鸣。"喝吧！享乐吧！"他告诉观众，"人生苦短，我们在世间的时间有限。一旦你死了，死亡反而是不朽的。"[60]

希腊人常常在墓碑上透露出更具讽刺意味的信息，这一灵感据说来自亚述的最后一位国王撒尔达那帕勒斯（Sardanapalus）石棺上的铭文。据阿特纳奥斯［引自哲学家克利西波斯（Chrysippus）论述］所说，撒尔达那帕勒斯的墓志铭上写道："记住，你是凡人，去享受盛宴的快乐，因为在你死后，这些东西对你没有任何用了。"[61]希腊人的墓志铭中经常传递此类信息，死者在向过路人告别的同时，也在提醒他们去享受性爱和葡萄酒带来的乐趣（二者之间，酒是最爱）——或者宣称他生前就是这样活着的。其中一个墓志铭这样写道：

> 在享用鲜衣美食之间，我们突然死去。
>
> 饮酒吧，活着就能看到人生的结局，饮酒吧。
>
> 我是缪斯女神忠实的追随者，一个醉生梦死的家伙。
>
> 巴克斯永远是我的朋友。[62]

酒会

除了与酒相关的众多宗教仪式与哲学思想，希腊葡萄酒文化中还有一项世俗活动十分引人注目，那就是酒会。这是男性喝酒聊天的社交聚会，他们通常会在远离日常生活束缚的欢乐氛围中讨论某些特定的话题。[63]由于酒会是对话式的，这为作家们提供了一个可以引发思考的理想话语结构。柏拉图、亚里士多德、色诺芬、伊壁鸠鲁、阿里斯托塞诺斯（Aristoxenus）和赫拉克利德斯（Heraclides）都是利用酒会来寻求思想游戏的人。柏拉图在酒会上常谈论的主题是爱，阿里斯托塞诺斯的主题是音乐，赫拉克利德斯的主题是饮食。在所有参与酒会的作家中，色诺芬是最会描述酒会氛围的一位。他的一本小册子写于公元前380年前后，声称记录了大约40年前一场酒会中的对话和娱乐活动。

和所有传统的酒会一样，这场酒会是在宴会之后举行的，"餐桌被移走了，宾客们的酒杯里斟满了酒"。葡萄酒是酒会成功与否的关键，因为借用色诺芬的话来说，它有"滋养灵魂"的能力，"在温和的劝说下"……宾客们用"小杯子"来喝，"被催生出更加轻松的心态"。虽然探讨各类话题始终是这一场合的核心，但还是有"一个漂亮的吹笛子的女孩"和"一个英俊的男孩"献上了娱乐节目，为夜晚的欢乐氛围增色不少。据说这对儿迷人的男女是其中一名宾客从意大利的锡拉丘兹带来的，他经常"通过他们的精彩表演来赚钱"。有人推断，这对男女是专业的表演者，他们的表演内容中有一部分还取决于表演场地的习俗。[64]

在色诺芬的酒会上，伴随谈话与美酒的还有不绝于耳的乐曲与歌声，以及体操表演、平衡表演、酒囊或酒杯杂耍、丢酒瓶比赛，最后——伴随狄俄尼索斯与阿里阿德涅的姗姗来迟——还有做爱。与文学行当的人不同，花瓶画家往往会忽视人们在这样的夜晚东拉西扯的话题，而专注于描绘娱乐活动。

色诺芬没有提到的一个娱乐活动，是用酒器整蛊毫无防备的客人。[65] 这些酒器看上去和普通的基里克斯陶杯或酒碗并无二致，但可以被用来恶作剧，欺骗接手之人。公元4世纪的一只双耳瓶就拥有这样的功能。虽然它往里面看是空的，却可以从隐蔽的洞口中倒出大量的葡萄酒。[66] 手持酒瓶的人只有将瓶子倒过来，把手指放在瓶底隐蔽的洞上，才能喝到里面的酒。据估计，在经验丰富的侍者手中，这种酒瓶里的酒能为困惑的宾客斟满10杯。

还有一些酒器的目的是让使用者感到吃惊或尴尬，让他们无法喝到里面的酒，或者把酒洒得满脸都是，又或者发出意想不到的声响。现存最早的这种酒器可以追溯到公元前8世纪，它看上去像是堆叠着几何形状的双柄大酒杯，但其实是一只花瓶。对于已经微醺的人而言，"滴酒杯"可能是最令他们不安的东西，因为它随时都有可能流出人们不想要的液体。公元前6世纪的一只基里克斯陶杯的杯体和杯底上就有一些小洞，爱整蛊的人可以拉动绳子，移走防止杯子漏水的钉和塞子，[67] 害得手持酒杯的人毫无预警地湿了一身。

对古代宴会厅的考古重建显示，酒会上通常会配备一个陈设简陋的房间，在里面摆上一两张长榻，供7到15名宾客躺下休息。[68] 由于宴会厅的环境往往朴实无华，人们有时很难辨认出它是否为一场真正的酒会，就像人们很难从希腊艺术作品中的无数饮酒场面中认出酒神节的仪式一样。

公元前6世纪的一只黑纹双耳瓶（图16）表明，描绘酒会场景的绘画可能起源于酒神意象的世界。花瓶的一侧是酒神本人斜倚在一张长榻上，身旁陪伴着一名袒胸露乳的女子——大概是阿里阿德涅——一位长笛手和两个赤身裸体的大胡子舞者。这一场景似乎预示着在如同色诺芬在《酒会》（*Symposium*）中描绘的夜晚结束前会有神明出现。而在花瓶的另一侧，神话已然被现实所代替。画上是6个凡人——3名男子与3名女子（也许是名妓）——

图16 《酒会》，黑纹双耳瓶瓶画，
　　　画家阿菲柯特（Affecter
　　　Painter）所作，约公元前
　　　550—公元前525年

他们或站在一起，或彼此拥抱。这显然是一场酒会，神明赐予的葡萄酒促成了人与神的融合。没有哪种希腊仪式能比酒神节仪式更能鲜明地体现精神状态的高低了。[69]酒会的精神就源自神话本身的变化无常。

雅典人最常用的饮酒杯——基里克斯陶杯——最能展现葡萄酒的饮用后果。举个例子，公元前480年前后的一只红纹基里克斯陶杯（图17）生动地描绘了酒会的过程。我们可以看到，画中的不是柏拉图的饮酒派对，没有苏格拉底向狄奥提玛（Diotima）说教爱与美的本质，而是一幅温饱思淫欲的场景。在花瓶画家马克龙（Makron）的笔下，6个男性宾客如色诺芬所说于酒后"情欲大发"，每个人身边都有一名顺从的名妓。杯子的把手下画着一只盛酒的双耳喷口杯，周围顺时针环绕的插图分别描绘了女子脱衣，男女欢爱，男子用指尖旋转酒杯，女子吹长笛或用手扶着正在呕吐的男性的脑袋。

图17 《酒会》，红纹基里克斯陶杯外身图，马克龙所作，落款为陶艺家希尔洛纳斯（Hieronas Potter）的名字，约公元前480年

在描绘酒会情景的花瓶上，粗鄙行径的画面也不少见——纽约的另一只基里克斯陶杯上就描绘了一个男人正往一只空了的酒壶内小便——但更受欢迎的是有关性放纵的图画。波士顿有一只侧面未上漆的基里克斯陶杯，里面描绘了一对正在欢爱的男女（图18）。画中左边的长榻腿暗指场景发生在酒会上。[70]也许是为了进一步澄清这一主题，画中还有两句模糊的题词，上方的那一句告诉我们"女孩非常美丽"，围绕在她腰间的另一句话却是"别动"。

希腊人对同性交际——甚至是同性恋的认可在酒会的纵容氛围中蓬勃发展。[71]柏拉图曾在《法义》（Laws）中严厉指责男子之

图18《情色场景》，红纹基里克斯陶杯内部图，杜里斯所作，约公元前480年

间的性交之反常，却又在《会饮篇》（*The Symposium*）的一些早期演讲中承认同性之爱也可以从最原始的激情升华为高尚心灵的结合。[72]卢浮宫收藏的一只基里克斯陶杯描绘了两个半裸的年轻男子的肉欲关系，明确承认了葡萄酒对促进两人亲密关系发展所发挥的作用（图19）。有些花瓶甚至更加生动地展现了同性恋行为，还有些直接出现了男性生殖器官的形状（图20）。通过将这样的容器送入嘴中，饮酒者在还没品尝到葡萄酒的滋味之前就已经进入了情色的领域。[73]

图19 《酒会上的两个年轻男子》，红纹基里克斯陶杯内部图，画家科尔马（Colmar Painter）所作，约公元前500—公元前490年

图20 酒会主题的瓶画，描绘了一名女子用阳具形状杯脚的基里克斯陶杯饮酒，约公元前510年

醉酒

希腊作家一致认可适量饮酒能够给人带来启示。阿尔凯奥斯（Alcaeus）认为"酒后方能吐真言"；泰奥格尼斯相信酒能"消愁"；埃斯库罗斯认同酒是"心灵的镜子"。[74]柏拉图也接受酒"能给人以幸福、强大、自由的感觉"这一观点，并给出了饮酒的建议：18岁以下的孩子应避免饮酒，以免"在已熊熊燃烧的灵魂之上再点上火"；30岁以下的年轻人可以适量饮酒，"但必须避免喝多和喝醉"；过了这个年纪的人"应该召唤狄俄尼索斯"来"治愈由老去带来的焦躁"，"软化顽固的心灵"。借着酒劲，老人可以摆脱拘束、敞开心扉、"怀揣更多的热情、不怕尴尬地放声歌唱"。[75]

在希腊世界里，醉酒的最高精神境界是"神圣的疯狂"（受神灵启示而疯狂），柏拉图将它与狄俄尼索斯联系在了一起。在包括阿波罗和阿佛洛狄忒在内的一众神明中，只有狄俄尼索斯可以鼓舞人们"通过平日的行为将内在神秘地宣泄出来"[76]。柏拉图写道："疯狂是上帝赐予的礼物，它是我们所能拥有的最美好的东西。"在缪斯的陪伴下，

> 疯狂带走了温柔纯净的灵魂，将它唤醒，去感受酒神的欢歌与诗语的狂潮……如果有人来到诗歌的门前，期待在没有缪斯的疯狂的情况下也能获得专业的知识，而成为一位不错的诗人，他注定会失败。在那些癫狂的诗人所写的诗歌面前，他自我克制下的诗句必然相形见绌。[77]

与柏拉图同时代的人，所谓"伪亚里士多德"在他的《问题集》（Problems）中更进一步设想了能带来创造力的疯狂与醉酒和忧郁气质之间的联系，并（和当时的所有人一样）将这一联系归因于体液失衡。[78]按照这一想法，葡萄酒作为一种人造催化剂，能够启发那些容易被影响的人陷入神圣的疯狂状态。"酗酒的忧郁天才"这一长久的比喻就这样在公元前5世纪的希腊诞生了。

但过量饮酒也会导致不端行为的发生。这种现象的证据很晚才出现。[79]可即便在柏拉图《会饮篇》的高雅背景中，我们也能够看到古雅典将军亚西比德（Alcibiades）头戴常春藤和紫罗兰编成的花冠，跌跌撞撞走入酒会，宣称自己"已经醉了，完全醉了"。亚西比德设法让对话回归正题，直到另一群狂欢者的出现引发了"大面积的骚动，导致秩序大乱，大口痛饮成了规则"。[80]很快，柏拉图酒会上的大部分人要么倒头大睡，要么渐渐散去。

公元前4世纪的诗人尤布洛斯（Eubulus）写了一首喜剧诗，讲

述了酒会宾客从清醒到醉酒的过程与他们喝了多少杯葡萄酒有关：

我为这些心平气和的人调了三杯酒；

一杯敬健康，他们一饮而尽，

第二杯敬爱与快乐，

第三杯敬睡眠。

喝完这一杯，

明智的客人回家了。

第四杯不再属于我们，

而是属于狂妄，

第五杯引发了骚动，

第六杯让人上蹿下跳，

第七杯导致眼眶青肿，

第八杯引来了警卫，

第九杯令人呕吐不止，

第十杯叫人疯言疯语

猛砸家具。[81]

对于通常以11人为一组的饮酒者团体来说，人们推荐的酒量是3个双耳喷口杯的容量。[82]由于酒精含量高，希腊葡萄酒通常要通过一种器皿以水稀释。这种器皿被称为"提水罐"。水和酒的比例不尽相同，但早期的资料显示，这一比例从1：1到5：2不等。[83]

尽管有让人们不要过度饮酒的警告，但醉酒在古代世界仍旧十分普遍，甚至产生出了神话人格。公元前5世纪，象征醉酒的不太光彩的称号授予给了狄俄尼索斯的男性追随者西勒诺斯。[84]许多传说都与他的名字有关，有些传说扬言他聪慧，拥有预言的能力，有的称他是狄俄尼索斯年迈的导师（《俄尔普斯的赞美诗》），还有的（希罗多德）认为他是迈达斯国王宫廷中人。但人们常常无视他的睿智，只因其放荡不羁的外表而将他塑造成一个头发蓬乱、大腹便便的老人，使他在身材匀称的希腊神话众神之中显得十分独特。另一方面，他的性格和善。在公元前4世纪的一只雕刻精美的花瓶上（图21），他坐在一只双耳瓶边，一只手提着一串葡萄，另一只手向观众递上一杯葡萄酒。在这件作品中，西勒诺

图21 《坐着的西勒诺斯》，花瓶作品，公元前4世纪，赤陶器

斯显然没有喝醉。但在那不勒斯考古博物馆里，他的身影出现在了公元前3世纪的一件大型青铜器（希腊某件作品的罗马复制品）上，显然醉意浓浓。这个可怜的家伙已经完全不清醒了，看起来就算仰面摔倒了也还在争论着什么（图22）。

事实证明，西勒诺斯的嗜酒对自己和其他狂欢者来说都是无害的，但对参与酒会的其他希腊角色来说，过度放纵是要付出代价的。这方面的一个典型例子便是半人马，他是神话中伊克西翁与涅斐勒的后代，头和上半身是人，下半身和腿是马。在狄俄尼索斯的所有追随者中，这一如同野兽般的生物常常在酒后作恶，并最终酿成悲剧。在最著名的两起事件中，一个名叫奈瑟斯的半人马试图强奸赫拉克勒斯的妻子黛安内拉，被遭到冒犯的神明当

图22 《狮皮上醉酒的西勒诺斯》，公元前270—公元前250年，青铜器

场杀死；而另一群半人马在拉庇泰国王皮里托斯的婚礼上喝醉了酒，其中一个名叫欧律提翁的半人马试图绑架新娘希波达弥亚，随后发生的斗殴几乎导致了半人马的灭亡，给人们留下了醉酒危险的深刻教训。无数古代作家都曾描绘过这一悲剧事件，但荷马在《奥德赛》第21卷中最直接地道出了其根本原因。

> 记住半人马欧律提翁！当他去拉庇泰国王皮里托斯的家中做客时，正是葡萄酒令他神魂颠倒。他喝得烂醉如泥，除了在皇宫里横冲直撞，还做了什么？他的主人……在把他扔出门外之前，用刀割掉了他的耳朵和鼻子。这个发疯的野兽逃走了，愚蠢的灵魂背负着沉重的痛苦。于是半人马与人类结下了世仇。但他是第一个受苦的人。他喝醉了酒，害了自己。[85]

拉庇泰人和半人马的故事在艺术史上赫赫有名，它曾出现在弗朗索瓦陶瓶上，在帕特农神庙的柱间壁上也占据一席之地。对该主题最全面的展现是在奥林匹亚的宙斯神庙（建于约公元前460年）里。西山墙的雕像描述的都是这场史诗级的交锋。纷乱的画面中，无情的阿波罗站在中央，身边的拉庇泰人和半人马都在殊死搏斗。没有什么比阿波罗派与狄俄尼索斯派力量的激战更能直接地体现出理性与非理性的冲突了。古典时代的希腊雕塑常常以积极的榜样（获胜的运动员或勇敢的战士）来展示模范行为，但奥林匹亚的这组雕像传递出不同的信息，它们提醒参观者——尤其是年轻的参观者——过度沉溺于酒精是危险的。

葡萄酒的药用

葡萄酒不仅能为希腊宗教仪式带来精神上的益处，在希腊的医学中也能满足身体的需求。[86]荷马是葡萄酒疗愈作用最早的见证者。他在《伊利亚特》（可追溯到公元前8世纪—公元前7世纪）中写道，147种伤口在葡萄酒的作用下的存活率只有22%。[87]也是有史以来第一次，人们听说战场上的伤员可以被抬去兵营或附近的船只上接受治疗，但医疗服务的质量有好有坏，其中也有一些明显的例外。在第11卷中，荷马让"一头秀发的赫卡梅德"去照顾玛卡翁和欧律皮罗斯，他们在特洛伊之战中受了箭伤。赫卡梅德为他们的伤口准备的药水是用普拉姆尼安葡萄酒加入磨碎的山羊奶酪和大麦粉制成的。[88]喝下这种混合物，两人"不再干渴，又开始愉快地交谈了"。这有可能是真的吗？在《理想国》中，柏拉图提出了反对意见，坦言他觉得这种药水"对（欧律皮罗斯）这种情况的人来说是一种奇怪的饮品"。[89]

我们将在本书《现代葡萄酒》一章中看到，现代医学带来的一个惊奇之处在于，它证明了葡萄酒外用的"杀菌能力并非神话"。[90]在荷马的作品中，葡萄酒是内服的。希波克拉底在几个世纪后的著述中推荐，"在一般情况下，表皮病变不应碰水，除非是葡萄酒"[91]。在古代，用葡萄酒来治疗伤口的做法似乎相当普遍，几个世纪之后，《新约》中关于好撒玛利亚人的预言（《路加福音》10:34）也描述了同样的方法。

但葡萄酒疗法并不都与有益身体有关。公元前8世纪，赫西俄德建议人们在"令人感到疲倦的夏季"饮酒，因为这个时候的

"女性最恣意，男性最抑郁"。[92]他的建议是对人类健康的整体看法，这取决于身体与季节等自然因素的平衡。在接下来的几个世纪里，这种假设演变成了体液学说。这是一种伪科学信仰，认为健康与疾病基本上取决于人类体内的四种体液：血液、黏液、黄胆汁和黑胆汁。[93]考虑到希腊人愿意相信普遍的法则与公式，他们在健康与疾病的问题上会有这样的想法好像并不让人意外。

大约在公元前400年，古代世界最著名的医生希波克拉底创作了四液学说的经典文献。这不是他最完善的作品，而且不易读。现代的翻译家哀叹其文笔散乱，引文晦涩难懂，"似乎在有意刁难读者"。[94]希波克拉底的其他文章——《论人的本性》《养生之道》《肉欲》——都支持四液学说的观点。该学说认定体液是不稳定的，极容易受外部因素的影响，从而改变人类的基本生理机能。因此他写道："体液的浓度会随季节和地区的变化而改变，比如夏天会产生胆汁，春天会产生血液等。"[95]由此产生的身体变化被理解为体寒与体热、体湿与体干的二元对立。[96]性别也起着一定作用，正如希波克拉底在文章《论女性的疾病》中所写的那样，女性天生就比男性体热。[97]在他看来，健康的关键在于维持基本体液——不管是什么体液——与外界普遍情况之间的平衡。

当各种体液因"紊乱"或不调而诱发疾病时，可以通过排出坏体液、抑制新体液产生或清除剩余体液的方式来改善。希波克拉底认为，葡萄酒作为泻药或利尿剂特别有效，并推荐用它来治疗体液失衡的情况。水是"冰凉湿润"的，而葡萄酒普遍"炙热干涩"。但不是所有葡萄酒对身体的影响都是一样的。因此：

深色的、味道浓烈的葡萄酒更干涩，无法很好地通过粪便、尿液或唾液排出。其干涩的原因在于它们性热，会消耗体内的水分。柔和的深色葡萄酒更润、更淡。它们会产生水分，导致肠胃胀气。味道浓烈的白葡萄酒热而不涩，更容易通过尿液而非粪便排出。新酒比其他酒更容易通过粪便排出，因为它们更接近葡萄汁（未发酵的葡萄），更有营养。对于同一年份的酒来说，那些没有香气的酒比有香气的酒更容易通过粪便排出……稀薄的酒更容易通过尿液排出。白葡萄酒、甜葡萄酒更容易通过尿液而非粪便排出。它们性凉、淡薄，能够滋润身体，但会冲淡血液，在体内增加与血液相斥的物质。[98]

在实践中，希波克拉底针对不同疾病开出了不同的药用葡萄酒药方，并将其纳入几乎所有慢性和急性疾病的治疗方案，包括肺痨、发烧、瘘管、黄疸和子宫疼痛，只有某些脑部疾病他是不建议服用的。在他的药库中，葡萄酒不是唯一的美食武器，因为他还在其他篇章中讨论了食用奶酪、鸡蛋、蜂蜜、肉和鱼以及各类水果蔬菜所带来的体液功效。

继希波克拉底之后，包括阿特纳奥斯、提奥夫拉斯图斯（Thcophrastus）、梅内西修斯、伊雷西斯垂都斯（Erasistratus）和克利奥藩都斯（Cleophantus）在内的许多希腊医生都支持葡萄酒在治疗各类疾病和身体损伤方面的益处。随着诊断和处方越来越精确，他们作品的受众范围也变得越来越广泛。普林尼在《自然史》（Natural History）中特别指出，克利奥藩都斯"让人们注意到了葡萄酒治疗疾病的作用"，与他同时代的罗马人也开始探索这一课题。[99]我们即将在下一章中看到，塞尔苏斯（Celsus）和之后的盖伦通过其重大的贡献进一步扩展了葡萄酒的药用理论。

罗马的葡萄酒

古典时代的希腊葡萄酒在品种、年份或显著的地区特征方面的选择相对有限。当代文献将这些特征描述为浓或淡、烈或清、甜或涩，但很少深入到细节的讨论。最终，希腊和意大利的葡萄酒品鉴变得越来越复杂。到了公元1世纪，罗马自然历史学家、哲学家普林尼（公元23—79年）写道："总共约有80种重要的酒可以被称为真正的'葡萄酒'，其中2/3来自意大利。该国在这方面远远领先于世界上的其他国家。"[100]普林尼还提到，"葡萄喝光了土壤里的汁液"[101]，显然是意识到了地理因素在葡萄栽培方面所起的作用。他的研究是百科全书式的，对像阿里恰、贝瓦尼亚、都拉佐、摩德纳和托迪这样的小城镇的葡萄酒的独特色泽与特征，也都进行了标注。与普林尼同时代的科卢梅拉（Lucius Junius Moderatus Columella）在十二卷的《农业论》（*De Re Rustica*）中对罗马的葡萄栽培进行了更全面的概述。尽管他在评估葡萄生产在竞争激烈的农业经济中的盈利能力时存有疑问，但对葡萄酒产业的整体增长几乎毫不怀疑。[102]店铺招牌（图23）、酿酒师的墓碑和其他考古证据显然也证明了葡萄酒在古罗马日常生活中的无处不在。[103]

希腊对罗马文化的影响如此普遍，以至于人们经常使用"希腊–罗马式"（Greco-Roman）一词来规避关于许多古典时代晚期作品起源的困惑。希腊文化对意大利领土的第一次入侵发生在公元前8世纪的大希腊殖民地，即如今的阿普利亚、卡拉布里亚和西西里地区。和帕埃斯图姆、梅塔蓬图姆或阿格里真托等地的早期多立克式庙宇一样，阿普利亚的彩绘陶瓷见证了随后几个世纪里希腊思想对意大利半岛的成功输出。甚至在今天，卡拉布里亚的几个偏僻小村庄仍在使用一种源自希腊的方言。大希腊的文化很快就被北部的本土意大利语及拉丁语族殖民地接纳，尤其是意

图23　庞贝古城的葡萄酒店铺招牌，公元1世纪

大利中部的伊特鲁里亚地区。伊特鲁里亚人的坟墓中发现的大量证据——其中大部分是被非法挖掘出来的——证明了希腊及其殖民地之间的贸易之活跃，以及受希腊模式启发的本土创作之丰富。这类市场可能是地方性的，但借此交易的奢侈品的质量有时非比寻常，比如华丽的欧夫罗尼奥斯双耳喷口瓶（最近被纽约大都会艺术博物馆送回了意大利）。反过来，伊特鲁里亚文化在塑造罗马自身的文化观方面发挥了重要作用。加之公元前509年罗马共和国建立前，伊特鲁里亚国王曾连续统治多年，希腊文化原型的进一步交杂几乎是不可避免的。

不过，罗马人在选择文化原型的问题上十分挑剔。希腊人所珍视的体育竞技对罗马人没什么吸引力，但罗马人对角斗和豪华公共浴场的喜爱却引发了重大的建筑创新。和雕塑、文学、戏剧一样，寺庙建筑在整个古代世界都遵循着比较稳定的发展轨迹。葡萄的栽培和葡萄酒的饮用在很大程度上也是如此。

罗马酒宴

不过，希腊的酒会仪式并不是能够在意大利扎根的一项文化输出。罗马人喜欢一边吃饭一边喝酒。酒宴（Convivium）就是他们放纵酒肉的场合。对酒宴饮食的重视导致罗马的餐厅布局发生了重大变化，其中最受欢迎的是摆放在餐厅中央、布局紧凑的三榻式躺卧餐桌，每张长榻能供最多3名用餐者就座。[104]这种结构显然是为了鼓励来宾多多互动。和希腊酒会上都是同性的宾客不同，女性、男性甚至是孩童都可以参加这种罗马酒宴。[105]从各式各样的文学艺术资料中可以看出，罗马酒宴的参与者在年龄和性别上的差异明显。在描绘供生者食用的菜品和祭奠死者的食物时，两种性别、各个年龄段的参与者都会被提及。[106]

罗马酒宴还能跨越阶级差异。据我们所知，老加图（Cato the Elder）就"经常"在位于萨宾的别墅里举办"丰盛的晚宴，邀请乡邻来参加，因为他认为餐桌是促进友谊的最佳场合"[107]。尤维纳利斯（Juvenal）虽然趋炎附势，却经常讽刺公元2世纪的罗马社会有多么"包容"。在执政官拉特兰努斯（Lateranus）出席的一场晚宴上，他就哀叹连"刺客、水手、小偷、逃跑的奴隶、凶手、棺材匠和牧师"都能参与酒宴。[108]

无需多言，葡萄酒能为节庆活动增添活力。罗马的酒器名称多达300个，从储存葡萄酒的大双耳瓶，到过滤（有时还能够用来加入草药调味）的筛子，再到种类繁多、大小各异的饮酒杯，应有尽有。[109]虽然葡萄酒通常都会用水稀释，但其中的酒精含量依旧很高。普林尼甚至描述过一款备受欢迎的葡萄酒（法勒恩酒）遇火就能燃烧。[110]难怪西塞罗（Cicero）会把典型的罗马酒宴描绘为"人们来来往往，有的喝得酩酊大醉、摇摇晃晃，有的还在因前一晚的宿醉步履蹒跚。地板脏兮兮的，到处都是洒出来的酒，随处可见发蔫的花环和鱼骨"。[111]

罗马人喝下的葡萄酒酒量会比如今的食客多吗？正如葡萄酒学者安德烈·切尔尼亚（André Tchernia）所说，现存唯一的证明文本是公元153年的一段铭文。铭文上规定要将葡萄酒分配给阿皮亚大道上一所医学院的驻院医生。[112]高级研究员每天可以领取

9份1/6康吉斯（古罗马帝国的液量单位）的葡萄酒，相当于一年1780升。初级研究员每天的配额只有2份1/6康吉斯——这两种配额都高于现代意大利人的饮酒量，即一年51升。[113]然而，总人口的真实饮酒量只能是估算的数字，因为人均饮酒量从每年104升到182升不等。[114]到了公元2世纪，所有罗马人的年饮酒量（包括成年男女和青少年）估计足以灌满两座万神殿。[115]

和古希腊一样，罗马的餐桌交谈也有自己的规矩。尽管学者瓦罗（Varro）建议在餐桌上避免出现引人担忧的复杂对话，但卡图卢斯（Catullus）和马提雅尔（Martial）赞美葡萄酒是一种催化剂，能够催生更加自由、放纵的言论。[116]从最低级的层面上看，这些对话可能包括具有性暗示的、基于水果和蔬菜形状的双关语，甚至是粗俗的脏话。而在更有意义的层面上，葡萄酒因其极有可能揭露人的本性而闻名。普林尼就曾列举人们会在酒后暴露的面貌："色眯眯的双眼打量着已婚妇女，为她出价，目不转睛的样子很容易就被人家的丈夫发现；内心深处的秘密被公之于众；有些人会透露自己遗嘱里的条款；有些人还有可能透露至关重要的信息，因为管不住自己的嘴巴招致喉咙上挨了一刀。"[117]罗马作家佩特罗尼乌斯（Petronius）的小说《萨蒂利孔》（Satyricon）中有个著名的桥段，记录了在特里马乔举办的一场豪华酒宴上醉酒客人互相谩骂的内容，它是那般冗长又枯燥。那些失去理智的挖苦言语中还夹杂着对酒宴主人自负的嘲讽。[118]埃斯库罗斯的警句"酒是心灵的镜子"或普林尼更著名的"酒后吐真言"，似乎都完美地捕捉到了罗马酒宴那无所顾忌的精神。[119]

和大多数古代作家一样，普林尼谴责了那些人的过度放纵，甚至列举了其中最臭名昭著的几个人的名字，他声称，米兰的诺维利乌斯·托尔奎图斯"一口喝掉了8.5升的酒"；卢修斯·皮索"豪饮了两天两夜不曾停歇"；马克·安东尼"以自己酗酒的习惯为主题写了一本书"。[120]普林尼还提到，在提比略（Tiberius）统治时期，空腹酗酒的情况更是尤为普遍。

葡萄酒与死亡

对有些人来说，葡萄酒带来的愉悦会让他们陷入对更黑暗、更深刻的人性的沉思。比如，诗人普罗佩提乌斯（Propertius）曾在公元前1世纪发出警告："酒能毁掉美，也能摧毁青春。"诗人佩尔西乌斯（Persius）的《讽刺诗》（"Satires"）描述了一个狂欢纵酒的年轻酒鬼，他的下场就是变成了葬礼上一具带着酒臭的尸体。[121]这种悲观的沉思也得到了应有的回应。贺拉斯就曾宣扬"抓住现在"，暗示葡萄酒能在很大程度上引导人们以更积极的方式面对体弱或死亡，他的建议也非常简单：

> 放聪明些，喝你的酒吧。
> 把对长远未来的希冀缩短到咫尺之内。
> 就在我们说话的工夫，令人羡慕的时间
> 正离我们远去。
> 把握今天，别太相信未来。[122]

事实上，早在几个世纪之前，希罗多德在讨论埃及人的饮食习惯时就已经注意到了"抓住现在"的哲学思想和与之相关的死亡警告。[123]马提雅尔与塞涅卡（Seneca）等斯多葛学派拉丁语作家的文学作品中就穿插了不少死亡警告的意象。这些意象在罗马享乐主义者的餐厅里得到了直观的表达。这一点可能是令人惊讶的，但古代的躺卧餐桌上经常装饰着骷髅酒器，有时就连墙壁上都绘制着骷髅。骷髅甚至会被当作聚会的小礼品发放。佩特罗尼乌斯的《萨蒂利孔》就描绘过上述现象，而且还是在特里马乔的晚宴上。晚宴开始后，"一名奴隶取来一只银骷髅，它的四肢可以向各个方向旋转"。[124]这种被称为"欢宴骷髅偶"（larva convivialis）的东西现在依然存在。同样出自维苏威地区的银酒杯上也有相关内容的绘画。[125]人们曾在博斯科雷亚莱找到这样一只令人惊叹的杯子（图24），杯壁四周环绕着一圈畅饮的骷髅。[126]庞贝古城的两幅罗马马赛克画在这一主题上的表达风格有所不同，其中一幅出现在夏季的躺卧餐桌上，上面描绘了一个骷髅脚踩着一只幸运轮盘、保持着平衡；另一幅创作于地板上，骷髅的两只手各拿着一壶酒，以尖锐的目光注视着观众（图25）。公元79年8月的一天，遥远的维苏威火山发出了隆隆巨响——回想这两幅马赛克作品所传达的抓住现在、及时行乐的信息，尤其令人心酸。

　　罗马的死亡警告不应该与后来犹太教和基督教共有的劝世静物画混为一谈。劝世静物画的目的是告诫观看者不要为了世俗的奢侈而放弃对精神生活的追求。古罗马的情况恰恰相反。那里的享乐主义哲学在众多谈及"沐浴、美酒和性"的葬礼隽语中表现得最为明显。在所有的人生乐趣中，喝酒是劝诫碑文最常推荐的。[127]1626年，

图24 带有骷髅图案的
酒杯，公元前1
世纪末—公元1
世纪，银制品

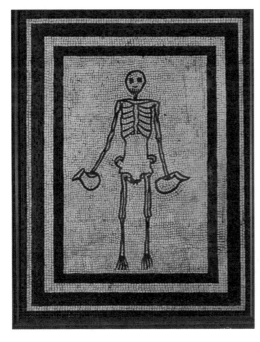

图25 《骷髅》，庞贝古
城的马赛克画，
公元1世纪

贝尼尼所设计的青铜华盖在挖掘地基时，于梵蒂冈墓地发现了一座公元2世纪的坟墓，这座坟墓完美地体现了这一乐观的生死观。[128] 坟墓中被称为"kline"的纪念碑展示了一个留着胡须的男子斜倚在长榻上，一只手端着酒杯，另一只手调整着头上的花环（图26）。对那些希望找到圣彼得墓的人来说，这一偶然的发现肯定是让人非常失望的。根据底座上雕刻的铭文，这座纪念碑属于逝者弗拉菲乌斯·阿格里科拉（Flavius Agricola）。在如今已遗失的底座上还有一句隽语，透露了他对人生享乐主义的看法：

> 读到这段话的朋友啊，我建议你们，去调酒吧，喝到灵魂缥缈，让鲜花包裹你的额头，不要拒绝与美丽女孩交合带来的欢愉，死后留下的一切都不再算什么了。[129]

图26　弗拉菲乌斯·阿格里科拉坟墓纪念碑，公元2世纪，大理石

教皇乌尔班八世对这座异教徒纪念碑的发现感到震惊，下令人们摧毁其底座，并扬言任何泄露这段铭文的人都会"被毫不留情地逐出教会，并遭到最可怕的威胁"。随后，这座雕像被人悄悄转移到教皇侄子的花园里，最终远离弗拉菲乌斯·阿格里科拉的故乡蒂沃利，被送往印第安纳波利斯艺术博物馆。

罗马宗教

古罗马的宗教仪式多种多样。截至公元3世纪，这些仪式供奉的对象既有希腊神话中的神，也包括伊西斯和密特拉神等埃及、波斯神明，和盖乌斯·屋大维、哈德良这样的皇帝，以及耶稣。希腊神话是最早具有多神崇拜特征的神话之一，早在一千多年前就被传到意大利南部，从那里又传播至伊特鲁里亚和罗马。所有奥林匹斯山的神明与女神，连同其他希腊神明，都或多或少以完整的身份跨越亚得里亚海，进入了罗马的众神殿。除了阿波罗，其余的神明都在拉丁语中被重新命名，其中一些神明的名字还与葡萄酒有关，比如朱庇特（宙斯）是春天第一批葡萄酒的开封酒祭主持；萨杜恩（克洛诺斯）与12月的农神节狂欢有关；维纳斯（阿佛洛狄忒）与祭酒祭神仪式有关。[130]酒神巴克斯当然就是狄俄尼索斯的化身。虽然我们不清楚酒神崇拜是从意大利领土的哪个地方以及何时起源的，但它在罗马的兴盛程度可能比在希腊还更胜一筹。[131]受对神秘体验的需求的驱使，酒神的信徒们不断试探罗马当局的容忍能力，以至于元老院在公元前186年颁布了一项法令，下令彻底禁止酒神狂欢仪式。据称，这样的情况在罗马前所未有，这表明酒神崇拜已经严重威胁到了社会和政治秩序。

李维（Livy）的《罗马史》（*History of Rome*）中留下了有关酒神崇拜活动的丰富多彩、有时又满是天马行空幻想的描述。他在书中的第39卷中称，"这种邪恶活动的破坏性影响如瘟疫一般，从伊特鲁里亚一直蔓延到了罗马"。他指出：

> 起初，只有少数人能够参加这些神秘的夜间仪式，但后来被广泛传播后，参与者有男有女。除了一些迷信行为，仪式还融入了葡萄酒和盛宴的乐趣……入夜后，在酒精的作用下愈发激动的男女老少全都抛掉了端庄与羞耻，开始做出各种不得体的行为。身为自由民的男女滥交；制造伪证、假章、假遗嘱、假证据；毒害他人以及谋杀家人……冒险欺诈的行为随处可见，暴力行径更是层出不穷，一切都会被掩盖，因为在哀嚎、鼓声和钹声之下无法听到那些人的呼救声。[132]

公元前186年的元老院法令推出之后，不良行为显然还在持续发生，因为普林尼在近两个世纪之后创作的《自然史》中对饮酒的害处做了几乎一模一样的描述。罗马的艺术品也生动地描绘了许多与酒有关的欢愉和越矩行为，但传承到我们手中的作品不如希腊记载的那么完整。罗马人不喜欢具有高度描述性图形意象的陶瓷器皿，他们更喜欢玻璃或贵金属器具，因此叙事性装饰往往比较粗略，幸存下来的文物也比较有限。幸运的是，罗马人对马赛克画和壁画的热爱弥补了因陶艺画家艺术作品的缺失而带来的遗憾。

尽管如此，罗马酒器上比喻的意象还是颇具启发性的。一只公元1世纪的玻璃大口杯（图27）上描绘了酒神巴克斯在潘神和其他手舞足蹈的狂欢者的陪伴下，将葡萄酒倒进一只小黑豹的嘴里。另一只同时代的银杯上装饰着酒神献祭的场景（图28）。虽然这两件酒器在重塑酒神神话或酒神崇拜活动方面没什么特别的创新，但酒神的外貌与大多数希腊作品里的明显不同——他是以半裸的形象出现的。不仅如此，如果说巴克斯在银杯上还保留了早期的希腊人特征——粗糙且满脸胡须——那么在大口杯上，他的样子看上去更年轻，身体轻盈，没有胡须。这两幅同时期肖像的鲜明对比说明，这位神明的人物形象在古典时代晚期发生了显著变化。

我们从上一章了解到，酒神在早期希腊诗歌中的形象是一位粗犷的男性，有时甚至是暴力的。但随着时间的推移，这一印象逐渐被一种比较仁慈的形象所取代，酒神的神话角色被普遍地解读为荷马、赫西俄德和《希腊语评注》起初设想的那样，是带着酒、能使人精神大振的神明。尽管在大多数希腊神话中，狄俄尼索斯出现时都是盛装打扮的，但早在公元前400年，花瓶上就已经出现他温和宽厚、赤身裸体的形象了。

狄俄尼索斯就是以这种方式出现在罗马艺术中的。其原型大概来自罗马国家博物馆馆藏的某类雕塑作品（图29），或是通过文本引入的，比如卡利斯特拉图斯（Callistratus）在公元3世纪对雕塑家普拉克西特列斯（Praxiteles）的一件遗失的（或者有可能是想象的）青铜作品造型的描述。卡利斯特拉图斯这样写道：

图27 《酒神狂欢》，酒杯画，公元1世
纪，玻璃制品

图28 《酒神献祭》，酒杯画，公元1世纪，银制品

一个年轻男子，身形如此娇美、柔软、松弛，青铜仿佛变成了肉体……它风华正茂，优美至极，在欲望中融化，正如欧里庇得斯在《狂女》中塑造巴克斯的形象时描绘的那样。[133]

这种形象在罗马帝国广为流传，其最常见的载体是之前提到过的玻璃大口杯等饮酒器皿，以及私人宅邸的装饰。上方都体现了酒神主题的传统意象，比如酒杯或大水罐、追随者、黑豹或羊男萨梯。值得一提的是，罗马艺术中出现的酒神巴克斯很少醉酒，也从未有过他单独一人的雕塑。在15世纪晚期的米开朗基罗想象出属于他的喝醉的酒神形象之前（图52），醉酒的角色一直是留给酒神的老朋友西勒诺斯的。

对奥维德来说，酒神巴克斯是典型的变形神，无论是他自身的变形，还是他所带来的变化。他在奥维德的长诗《变形记》中扮演着至关重要的角色。[134]在第4卷开篇中，他和他的追随者被这样描述：

祭司下令举行酒神庆典，
侍女无须辛劳，
女士同仆人一样，身披兽皮；
众人解开发带，
任发丝飘扬，头戴花环，手持缠绕葡萄藤的杖杆。
若非如此——祭司宣告——勃然大怒的神明会令人感到恐惧。

年轻的妻子、端庄的主妇，

抛下缝纫和编织的日常职责，

点燃香烛，呼唤着酒神的头衔，

大嗓门，哀伤的拯救者，

雷之子，再生者，印度人，

两位母亲的后代，葡萄榨酒之神，

人们在夜色中呼唤的名字，

还有希腊城镇所知的其他称呼。

这位神明，风华正茂，

永远是少年，天堂中最美的人，

纯洁无瑕，当他卸下额头上的角，

出现在人们面前之时，就连遥远印度的恒河，

都要对其俯首鞠躬，

杀死亵渎神明的彭透斯之人，

也毁灭了不虔诚的吕枯耳戈斯。

有一次，有人朝着他举起了战斧。

他把托斯卡纳水手变成了海豚。

山猫拴着闪亮的缰绳为他拉动战车，

羊男萨梯、狂女随之，

步履蹒跚的老酒鬼西勒诺斯，跟跄地跟在身后，

要么拄着拐杖跛行，

用三条腿颤抖地前进，

要么从可怜驴子的鞍子上跳下。

无论巴克斯去往哪里，女人们都会尖叫着

向他欢呼，年轻男子则欢快地呐喊，敲着鼓。

小手鼓的声响，铙钹的撞击声，还有长笛的音管声，

声声刺耳。[135]

奥维德对巴克斯的描述是"这位神明，风华正茂，永远是少年"，这表明希腊神话中颂扬的那位具有男子气概的神明已经进一步变了形。随着时间的推移，巴克斯的人格与另一位罗马神明——生育和葡萄酒之神丽伯特逐渐融合在一起，这又导致更多神话的叠加。古罗马的最后一批异教徒作家之一马克罗比乌斯（Macrobius）把这个复合人物年龄的老化解释为季节变化的结果。马克罗比乌斯在他的《农神节》（Saturnalia）第一部中写道：

有时［他会被描绘］为一个孩子，有时是一个年轻人。有时，他还会是个留着胡子的男人或老者……年龄的差异与太阳有关，因为冬至时的太阳就像个小孩……之后，随着时间的流逝，白昼越来越长，春分时的太阳在某种程度上获得了堪比青春期生长的力量……随后，他将在夏至被描绘成完全成熟的样子，留着胡子……在那之后，日子变短，仿佛他的晚年将至——这就是酒神的第四种形象。[136]

到了《农神节》问世的公元5世纪中叶，宗教和艺术都在强有力地朝着耶稣的方向发展。直到很久之后，在文艺复兴时期和巴洛克时期，酒神才再次以未成年的形象出现。

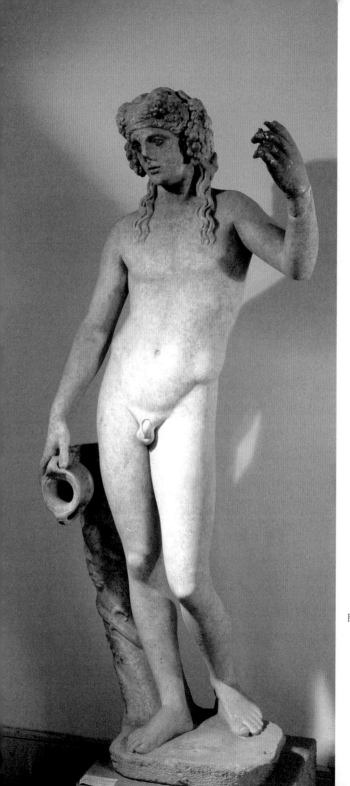

图29 《酒神巴克
斯》，大理
石雕塑，希
腊原作的罗
马仿制品

图30 《巴克斯、黑豹与赫尔墨斯头像石柱》，壁画碎片，公元1—2世纪

罗马艺术对酒神巴克斯的描述往往局限于奥维德留下的少数文本片段。其中最受欢迎的是有关他个人生活的一件叙事：克里特国王米诺斯的女儿阿里阿德涅被忒修斯遗弃在纳克索斯岛，巴克斯将她解救了出来。虽然古典时代的文学资料对此事件细节的描述有所不同，但大多数人都认同，巴克斯与阿里阿德涅在此之后很快就结为夫妻。这对儿古代热恋情侣的形象经常出现在石棺，也就是埋葬死者的容器上。其中一个可以追溯到公元2世纪末（图31），这块石棺上描绘的是巴克斯发现阿里阿德涅在海边沉睡的时刻。[137]他显然被酒精和爱情冲昏了头脑，站得有些不稳，一只手臂搭在支撑他

图31 《狄俄尼索斯与阿里阿德涅》，石棺纹饰，约公元190—200年，大理石

的同伴的肩膀上，另外两个同伴正在脱去阿里阿德涅的衣裳，向这位神明和观画者展示她的美丽与性感。拥挤的场景里还有一群宁芙仙女和羊男萨梯，以及西勒诺斯、一匹半人马和一只黑豹。

这类用作葬礼的画作表明，罗马人和希腊人一样将酒神巴克斯视为让人从尘世烦恼中解脱出来的使者，而对他的崇拜是确保来世幸福的一种手段。根据这一想法，阿里阿德涅的沉睡象征着死亡，而她的觉醒预示着来世的复活。当然，在从一种生存状态过渡到另一种生存状态的过程中，葡萄酒仍然是至关重要的。被酒精影响的性欲与死神的结合，肯定冒犯了某位石棺的早期观赏者，因为巴克斯的头被人除掉了，这种破坏方式在古代世界不受欢迎的统治者和政治人物的身上很常见。即使是在坟墓里，几个世纪前被李维记录的暴行仍然是让人反对和谴责的目标。

酒神游行也是罗马石棺上经常出现的一个意象。其中最流行的是描绘酒神从印度凯旋、与四季等寓言人物同行的作品。这些人物的出现暗示着重生的希望，将酒神的形象提升到了宇宙学意义这一更深刻的层次之上。[138]除了让这位神明拥有更新生命的力量，季节轮回还引入了腐朽与重生的概念，标志着时间在一年一年地流逝。对于埋葬在石棺里的死者——很有可能是酒神的一位崇拜者——石棺承诺的是拥有幸福的来世。这种来世以巴克斯的神化为原型，顺应了自然世界有序发展的模式。后来的石棺则用死者的肖像来代替酒神的标准形象，使重生的内容变得更加个人化。[139]

酒神画作的内容也有可能是惩罚性的，以用来预告那些阻止酒神崇拜的人会遭遇的悲惨后果。在希腊和罗马艺术中，吕枯耳戈斯的故事是次要的主题，却不断地提醒人们，质疑酒神神奇力量的人会有什么下场。根据荷马的《伊利亚特》，吕枯耳戈斯否认狄俄尼索斯为神明，用赶牛棒攻击了他，将惊慌失措的酒神赶入了海中（但酒神很快就被善良的宁芙仙女西蒂斯救了起来）。[140]荷马还告诉我们，为了惩罚，吕枯耳戈斯被殴打致盲。后来的一些作家又为这一神话加上了更可怕的结局。罗马作家希吉努斯（逝于公元17年）的《传说集》极尽讽刺地想象了吕枯耳戈斯自己也喝得酩酊大醉：

> 醉醺醺的他试图侵犯自己的母亲，随后砍倒了葡萄藤，因为他说葡萄酒是一种坏药，会影响他的头脑。被［酒神巴克斯］逼疯了的他接下来又杀死了自己的妻子和儿子，自己也被黑豹吃掉了。据说他死前还砍掉了自己的一只脚，因为他以为那是一根葡萄藤。[141]

罗马人对吕枯耳戈斯的描述倾向于强调他因惩罚所受的痛苦，而不是导致他死亡的行为。下面的这幅马赛克作品（图32）注重展现吕枯耳戈斯用棍棒打死儿子的瞬间，而另一个受害者安布罗西亚变成了一根葡萄藤，她在黑豹咬住吕枯耳戈斯的脚跟时用枝干紧紧缠绕住了他。因为蔑视酒神而付出代价的凡人不止吕枯耳戈斯一个——俄耳甫斯和彭透斯都被肢解，普罗透斯和弥倪阿得斯姊妹也因为同样的罪行被逼疯。

赫库兰尼姆古城的马赛克作品有些滑稽，甚至带有一些卡通色彩。事实上，并非所有对巴克斯的描绘都是由石棺上那种形而上的渴望所激发的。通常来说，私人餐厅的装饰——也包括出土

图 32 《吕枯耳戈斯、安布罗西亚和狄俄尼索斯》，赫库兰尼姆古城的马赛克画，公元 1 世纪

了吕枯耳戈斯画作的那一间——可能与抓住现在、活在当下的哲学思想更契合，而不是精神救赎。巴克斯与赫拉克勒斯之间的饮酒比赛就是世俗背景下一个轻松愉快的主题。两幅出土于安提阿的罗马房屋的马赛克作品以出色的现实主义手法渲染了这一场景。第一幅作品（图 33）可以追溯到公元 1 世纪末或 2 世纪初，它将酒神巴克斯描绘成了苍白、柔弱的模样（与上文提到的石棺上的阿

图 33 《赫拉克勒斯与狄俄尼索斯的饮酒比赛》，马赛克画，公元 1 世纪末—2 世纪初

里阿德涅没有什么区别）。他斜倚在长榻上，一只手抚着酒神杖，另一只手举着倒扣的酒杯，象征着自己的胜利。肤色红润的大力神赫拉克勒斯跪在他面前，一个女笛手试图鼓励他。尽管巴克斯的随从安佩洛斯和西勒诺斯已经发出了信号，但大力神和他的请愿者似乎都没有意识到比赛已经结束了。在这一点上，马赛克作品的观赏者比输家更早地知道了比赛的结果。

尽管大力神赫拉克勒斯是个臭名昭著的酒鬼——他会在工作间隙品上一瓶年份不错的好酒，或在欧里庇得斯的《阿尔刻提斯》

（*Alcestis*）中醉醺醺地追求一名女仆——但他与酒神巴克斯喝酒的故事并没有出现在神话文学中。该主题第一次出现在这样的图像里，反映的可能是同时代的普林尼在有关葡萄酒的文章中描绘的真实"饮酒比赛"的事实。[142]普林尼毫不掩饰自己对比赛的奖项和随后不可避免的放荡行为的不满，但他在写下这些评论时是清醒的，但许多早期观赏马赛克作品的人可能都不清醒。尽管一些艺术史学家希望将大力神的耻辱解释为一种可以避免的行为，但坐在这幅画前面大吃大喝的人似乎更有可能把其传递的信息理解为鼓励与打趣，而非对饮酒的劝诫。[143]

罗马医药

罗马的医药发展起步缓慢，原因在普林尼看来，与其说人们缺乏对罗马医疗水平的信任，不如说质疑行医者的道德素养。[144]公元前293年的瘟疫暴发时，人们的解决方法是派遣一艘船前往埃皮达罗斯的阿斯克勒皮奥斯神殿，通过蛇把希腊的药神请来。据李维所说，这条蛇在台伯河上的一座岛屿上定居了下来，瘟疫也得到了缓解。[145]这是希波克拉底去世后近一个世纪的事情。直到公元前219年，才有一位名叫阿奇埃加瑟斯（Archagathus）的执业医师从希腊的伯罗奔尼撒半岛来到这里，但他在罗马治病时得到的评价褒贬不一。据普林尼所说，"人们说他是治疗伤口的专家，刚到这里时颇受欢迎，但由于他野蛮地使用刀子和烧灼器治病，很快被人戏称为刽子手。和所有医生一样，他的职业成了人们厌恶的对象"。[146]马提雅尔也写下警句支持人们对医生的攻击，如"你曾经是一名外科医生，如今却成了送葬者"，以及"你现在就是个角斗士，以前你可是眼科医生。医生像角斗士一样残暴"。[147]在普林尼和马提雅尔的时代（公元1世纪下半叶），其他移居海外的希腊医生也开始尝试葡萄酒疗法，但并非所有人都认同其疗效。普林尼回避了这个问题，评论表示"没有［比葡萄酒］更难处理的话题了……对此医学界的意见分歧很大"。[148]

在那些移民到罗马、会在药方中加入葡萄酒的医生中，阿斯克莱皮亚德斯（Asclepiades，公元前124—公元前40年）是最杰出的一位。他是西塞罗的私人医生，也是人们公认的、提高了意大利半岛希腊医药标准的功臣。他开出的一些保健处方听起来十分现代，令人惊奇，其中包括控制饮食、户外锻炼和定期洗澡（据说就是他发明了淋浴）。[149]而葡萄酒是他药物治疗的核心。在一篇名为《关于葡萄酒的剂量》（"Concerning the Dosage of Wine"）的文章中，他讨论了各种希腊和罗马葡萄酒的治疗特性。他会给发烧及精神失常的患者开葡萄酒处方，以便他们在喝醉后可以入睡。针对嗜睡症患者，他也会推荐其饮用葡萄酒来刺激和唤醒感官。久而久之，这为他赢得了"葡萄酒赠予者"的称号。

其他希腊医生也都追随了阿斯克莱皮亚德斯的脚步（其中还包括一些罗马医生）。塞尔苏斯（约公元前25年—公元50年）是第一位通过医学论著来推广葡萄酒健康益处的本土作家。他的百科全书式著作《医学》（De Re Medicina）共分8部，内容涉及各种他认为可以通过饮食、手术或药物手段治疗的疾病。[150]尽管它基于希波克拉底和阿斯克莱皮亚德斯的早期希腊文献所作，但塞尔苏斯进一步阐述了二人的论点，并发表了关于不同年份、不同浓度葡萄酒治疗价值的评论。同时，他用甜味、咸味的葡萄酒和（加了蜂蜜或其他芳香物质的）开胃酒，对比了会导致便秘的未稀释酒、树脂酒和能够取暖的开胃酒，并将这几种酒的通便效果做了比较。他还为残疾人、需要止血的人和喜欢中午喝酒的人推荐了可引用的葡萄酒。葡萄酒疗法还能治疗眼、耳、牙和消化道等方面的疾病。这里仅举一个例子：塞尔苏斯建议用苦薄荷熬出的汁混合葡萄酒来冲洗耳蛆。他补充称，这种疗法对鼻腔和生殖器溃疡同样有效。

希腊医生狄奥斯科里迪斯（Dioscorides）进一步研究了葡萄酒的药理作用。据说他在尼禄（Nero）统治时期曾加入罗马军团。他在公元65年前后的多卷本作品《药物论》（De Materia Medica）中写下整整一卷关于"葡萄酒与矿物质"的内容，且更深刻地探讨了前辈们对纯葡萄酒与药用葡萄酒的研究。[151]但狄奥斯科里迪斯在葡萄酒药理作用上的成就很快就被盖伦（约公元130—201年）的贡献所掩盖。盖伦虽然出生在小亚细亚，但定居在罗马。在人生的最后30年里，盖伦在宫廷为马可·奥勒留（Marcus Aurelius）和多位皇帝服务。他在漫长的职业生涯中（他活到了70岁）创作了大量作品，他的著作的唯一现代版本包含22卷，共约250万字。

在很大程度上，盖伦推广并完善了自希波克拉底时代就存在的希腊医学理论。更重要的是，他通过多年来在家乡佩加蒙和罗马治疗角斗士的经验，改进了治疗伤口的方法。正如人们所料，他最喜欢用葡萄酒而非其他防腐剂作为敷料。他写道："我用一块浸透了辛辣葡萄酒的布覆盖伤口，用海绵叠加使其日夜保持湿润，治好了最严重的伤。"针对内脏流出的严重伤情，他会用葡萄酒浸泡内脏，再将其放回腹腔中。不过葡萄酒并不是他治疗伤口的唯一物质，他还会把用油煎过的面粉混合物，或鸽子粪（他曾用整整一章的篇幅探讨这个话题）抑或是写字的墨水当作敷料。[152]尽管如此，据说没有哪个角斗士是死于伤口感染的。

不过，盖伦在内服葡萄酒的疗效方面的建议并没有充足的根据。和同时期的人一样，他相信四液学说，也相信葡萄酒在维持体液平衡方面的功效。因此他建议"脾气差的人、悲伤的人或爱做梦的人"随意饮酒，"但暴躁的人在情绪缓和之前不要饮酒"。同样，他建议"受寒和败血的病人"不要饮用葡萄酒。

盖伦还错误地相信一种被称为"解药"（theriacs）的药物。这种药起初被用作解毒剂，是在被有毒的动物咬伤之后服用的。（希腊语的"theriake"源自"therion"，意为"野生或有毒的动物"）后来解药被用作一般的药剂，最终成为通用药物。[153]虽然它通常由几十种不同的物质制成——主要以植物为基础，添加了蝰蛇肉和各类矿物质——但纯净、浓烈、无添加的葡萄酒是将这些配方结合的黏合剂。经过漫长的制备和12年的熟成，这种药水才终于可以投入使用。据说，马可·奥勒留是最多服用它的人。随着这一疗法越来越流行，解药学被重新命名为"盖伦派医学"。用一位医史学家的话来概括，这种现象"迅速发展成历史上主观愿望力量的最好例证之一"。[154]尽管存在许多缺点，但盖伦的医疗体系还是非常全面、教条的，并有一定可信度。因此，在接下来的1500年间，它主导了欧洲的医学实践。直到18世纪的启蒙运动时期，他那些最华而不实的思想才最终被人淡忘。[155]

中世纪的葡萄酒

基督教是古典时代后期西方盛行的众多宗教之一。到公元30年左右耶稣被钉死在十字架上时，罗马帝国的崇拜仪式已经十分泛滥。官方资料记载，罗马人拥有许多不同的信仰，比如有些人相信在掌管宇宙秩序的个体中，医神阿斯克勒庇俄斯掌管健康，时运女神福尔图娜掌管财富，婚姻和母性之神朱诺掌管生育，酒神巴克斯掌管酒；有些人崇拜父系祖先；还有些人崇拜死后被神化的皇帝，如盖乌斯·屋大维和克劳狄一世（Claudius）。在如此激烈的竞争下，酒神形象与酒神崇拜在中世纪早期几乎无法出头，只能出现在远离基督教信仰中心的地方。对这位异教神明最近的描绘出现在埃及、伊朗或叙利亚，时间可以追溯到公元6或7世纪之前。[156]

　　非官方史料记载，无数"东方神秘崇拜"也在意大利和西方帝国找到了支持者。该说法假定对伊西斯（起源于埃及）、库柏勒和阿提斯（起源于小亚细亚）以及密特拉（起源于波斯）等神明的崇拜都起源于东方，但因为在希腊化时代的希腊①也能够找到对共同的神的信仰，所以"东方神秘崇拜"这一术语是不严谨的。[157] 基督教也引用了此类信仰，据说是被圣徒彼得和保罗从圣地带来罗马的。罗马人皈依基督教信仰的速度相当之快，到公元3世纪中叶，异教寺庙的建设已经停止，据估计，在接下来的一个世纪里，罗马世界的半数居民都已经接受了这一新的信仰。[158]

早期基督教的主要资料并没有什么价值，因为除了《使徒行传》，没有什么可以构成同时期的记录。事实上，所有相关的历史证据只有四部福音书、不同使徒写给不同信徒团体的书信，以及后来的一些会引起挑衅的、护教的和说明性质的文字。[159]在内容上，这些材料有的支持《旧约》中的隐喻，比如将耶稣称为"真葡萄树"（《约翰福音》15:1,5），或将祂的愤怒比作"一座巨大的葡萄酒压榨机"（《启示录》14:19），还有一些内容几乎和《以赛亚书》中对以色列神的描述一模一样（63:3）。

葡萄酒是第一段有记载的耶稣神迹的核心内容。祂在迦南的一场婚礼派对上把水变成了酒。《圣经》对此的描述异常清晰。《约翰福音》（2:1–11）告诉我们，奇迹已发生，负责筵席的管家就称赞新郎："别人都是先摆上好酒，等客人喝醉了便换成劣质酒，你倒把好酒留到现在！"这一评价揭示了两个层次的意义。第一，耶稣赞成饮酒——甚至可能允许过度饮酒；第二，加利利人在饮酒方面颇有鉴赏品味。更重要的是，《约翰福音》继续补充道，耶

---

① 希腊化时代即希腊语言和文化遍布地中海世界的时期（约公元前330年至公元前30年）。在此期间，希腊本土在希腊语世界中的重要性显著下降。——编者注

稣把水变成了酒，"这是耶稣所行的头一件神迹，显现了祂的荣耀，祂的门徒就信祂了"。

葡萄酒（而非面包或肉）的短缺凸显了这种饮品在犹太教和基督教世界观中的重要性。与此同时，一些基督教文本也揭示了其葡萄酒文化根源的不稳定。比如，非正统的《多马福音》就力图通过耶稣所表达的一系列葡萄酒隐喻来区分新旧宗教：

> 一个人不可能同时跨上两匹马，也不可能同时撑开两张弓。一个仆人不可能侍奉两个主人，否则他就会尊重一个，怠慢另一个。没有人可以喝着陈酒就立刻想喝新酒。新酒也不可能装在旧酒囊里，免得将它撑破；陈酒也不可能放在新酒囊里，免得将其毁坏。[160]

这段巧妙的比喻（《多马福音》用更著名的"旧补丁缝新衣"的比喻进行了扩展）在《马太福音》《马可福音》和《路加福音》三部福音书中重复出现，已表明它被人们广泛接受。

当然，《新约》中出现的葡萄酒最重要时刻是"最后的晚餐"。根据福音书记载，这件事发生在逾越节，指出这场酒宴发生时间为晚上的是《马太福音》（26:20）。《马可福音》（14:15）和《路加福音》（22:12）补充称，这顿晚饭是"在楼上的一个家具齐全的大房间里进行的"。四位福音传道士都正确地强调了耶稣设立圣餐的重要性，以及祂对犹大背叛行径的宣告。用《马太福音》的话来说：

> 他们吃的时候，耶稣拿起饼来，祝福，就掰开，递

给门徒，说，你们拿着吃。这是我的身体。又拿起杯来，祝谢了，递给他们，说，你们都喝这个。因为这是我立约的血，为多人流出来，使罪得赦。但我告诉你们，从今以后，我不再喝这葡萄汁，直到我在我父的国里，同你们喝新的那日子。

尽管"圣餐仪式"和"圣餐"这两个词不曾出现在《新约》中，但相信圣餐能将面包和葡萄酒转化为耶稣的肉体和血液，成了早期基督教救赎观念的基础。[161] 圣餐仪式既与犹太人对共享食物的祝福相呼应，也继承和发扬了希腊酒会和罗马酒宴的仪式传统，保证了古代葡萄酒文化在接下来几千年间的存续。[162]

早期基督教绘画

尽管基督教的肖像研究最终会成为西方艺术史的主要支柱，但用于宗教目的的绘画和雕塑在一开始的情况并不乐观。圣经对偶像的禁令贯穿于《旧约》和《新约》中。十诫中有一条称"不可为自己雕刻偶像"（《出埃及记》20:4），《申命记》（7:5）则将制造偶像列为希伯来人在以色列土地上要取代"可憎"的民族的行为。基督教《圣经》也保留了这种说法，尤其是圣保罗在《使徒行传》（17:16）中看到雅典"满城都是偶像，就心里着急"，而《哥林多前书》（I,8:7—10）也谴责偶像崇拜严重分散了对"唯一的主，耶稣基督"的关注。不过，四部福音书都没有提及偶像崇拜，这种缺失表明在福音传道士写作时，相关的问题几乎已经消失了。

近两个世纪以来，基督教完全避开了具象艺术，但到了公元2世纪末或3世纪初，着色的画像开始出现。[163]在约公元312年君士坦丁皈依前，这些画像只出现在地下墓穴的墙壁上，描绘的内容包括基督教花押字、鸽子、羊和鱼等基督教符号，令人更加期待的是《旧约》和《新约》中的圣经主题的圣像绘画。圣普里西拉地下墓穴的《耶稣是好牧人》（图34）等画作代表了这类图像中宗教符号与其他神话元素的融合，人物的经典扭曲姿态与无数希腊和罗马的原型相呼应。虽然其他神话中的神明也是以这种方式出现的，但这幅画中的人和上一章中的插图《巴克斯、黑豹与赫尔墨斯头像石柱》（图30）的对比尤其鲜明。

君士坦丁皈依之后，这类画像变得更加普遍。新的信仰比以往任何时候都更倾向于想象耶稣，这一结果不仅影响了艺术史，还影响了基督教本身的历史。与此同时，以耶稣、圣徒、殉道者和使徒的生活为基础的圣像出现在更广泛的圣经主题之中。但异教偶像的制造并没有停止。"一场画像的战争"在新旧宗教之间随之展开。尽管如此，到了公元4世纪末，对古代神明的描绘已经开始衰落。最后一尊有记载的朱庇特雕像的竖立发生于公元394年。[164]

早期基督教肖像学的传统观点认为，一旦基督徒有了自己信仰的皇帝，就可以开始自由地建造和装饰公共礼拜场所，将皇帝的肖像作为视觉模型。[165]鉴于真正的耶稣肖像并不存在，人们普遍认同，后世对其样貌的描绘是依照罗马人的原型创作的，但具体是哪一位仍旧存疑。早期基督教艺术史学家托马斯·马修斯（Thomas Mathews）曾提出，基督教艺术家应该摒弃他所说的"皇

图34 《耶稣是好牧人》，罗马圣普里西拉地下墓穴中的壁画，公元1—3世纪

帝的神秘性",转而从异教中汲取灵感。

公元4世纪下半叶的《耶稣进入耶路撒冷》(图35)石棺浮雕支持了马修斯的观点。这部作品中的所有元素——没有胡须的耶稣形象、祂的服装或参加游行的人——都没有透露出耶稣拥有皇家血统。更确切地说,无论是构图还是对人物的刻画,它都让人回想到2世纪的罗马酒神石棺(图31)。如果上文提到的《耶稣是好牧人》和《巴克斯、黑豹与赫尔墨斯头像石柱》之间的相似度只是一般性的,那么有关这两个石棺作品相似的说法就显得更加刻意了。早期基督教对耶稣的描绘多种多样,这表明祂拥有"神秘莫测、让人捉摸不定、多变、多形态的本质",尽管如此,图36描绘的年轻、卷发和没有胡须的特征也是十分常见的。[166] 人们可能会问,这种对异教形象的依赖是否有意义,还是说它仅仅模仿了风格?

图35 《耶稣进入耶路撒冷》,石棺浮雕,约公元325—350年,大理石

图 36 《耶稣讲学》，
大理石雕塑，
约公元 350 年

有人认为基督教崇拜的某些方面源自酒神崇拜，也有人认为酒神本身就是耶稣的前身。后一种观点基于荷马、欧里庇得斯、普林尼和其他古代资料中的几个传说。[167]两种观点的主要重合之处包括，相信耶稣和狄俄尼索斯一样是由神明和凡人女子所生的孩子，因此享有"童贞女之子"的身份，同时以人类的姿态出现，四处旅行，创造神迹。耶稣让葡萄酒成为自己仪式上的必需品，能将水化成酒，并且食生肉（预示着圣餐）；此外，还是一个死而复生的救世主。

葡萄酒在酒神和基督教的仪式中都是获得永生的关键。虽然这可能只反映了一种相同的文化传承，但栩栩如生的当代艺术证据表明，在想象耶稣外貌的过程中，某种程度的模仿显然起了作用。耶稣的早期形象普遍没有胡子，留着卷发，并没有反映出当时男性——无论是使徒还是皇帝——的流行风尚。[168]此外，在《耶稣进入耶路撒冷》和其他稍晚一些的作品中，比如《坐着的耶稣》，耶稣丰满的柔弱特征完全符合希腊罗马对异教神明阿波罗和狄俄尼索斯的描绘。阿波罗总是被描绘成处于青春期的男子，浓密的发丝在他成年后随时可以被剪掉，以示献祭。更值得注意的是，阿波罗有时还会被描绘成雌雄同体的模样，比如在被塑造成艺术的代言人时，他会领着缪斯女神轻歌曼舞，身穿女式的希顿古装，演奏里拉琴。[169]

当抵达意大利海岸时，狄俄尼索斯已经摆脱了不文明的形象，演变成欧里庇得斯后来在《狂女》中描绘的雌雄同体的性别特质："性格温柔，甚至有些阴柔……留着少女似的卷发"。[170]在这部戏剧的后半部分里，狄俄尼索斯诱导他的对手彭透斯穿上女装，表明他认为变性是应对逆境的一种手段。对彭透斯而言，这种努力是徒劳的，但雌雄同体为狄俄尼索斯提供了一种打破规范的社会范畴的有用手段，也使他的神话范围得以扩张。[171]由于《圣经》文本中没有任何内容暗示耶稣在性别方面存在任何类似程度的模糊性，祂早期形象中的阴柔——有时甚至包括肿胀的胸脯——只能从视觉作品中看到。阿波罗和俄耳甫斯等其他希腊救世主可能也充当了颇具吸引力的模板，但对于信奉耶稣是"真葡萄树"的信徒来说，狄俄尼索斯作为原型更具其特殊性。

无需多言，不应该将这两种信仰之间的相似之处联系得太过紧密。[172]因为在酒神仪式中，大量饮酒是为了实现与神的超凡结合；而对基督徒来说，少量饮酒是为了象征性地纪念耶稣的死亡与复活。不仅如此，酒神仪式上只有葡萄酒一种饮品，而基督教的圣餐还要用面包来配酒。最后，在古代宗教中，没有什么是可以与相信耶稣的血是为弥补人类的罪、圣餐是救赎的工具相类比的。

然而，与君士坦提乌斯一世的女儿君士坦提娅有关的两个葡萄藤意象范例，强调了基督教时代艺术中酒神意象的重新启用。首先，在她位于罗马圣科斯坦扎陵墓的马赛克天花板上，有一幅与酒神文化紧密相关的作品（图37），以至于雕刻及建筑家皮拉内西（Giovanni Battista Piranesi）在1756年的版画中误将这座建筑称为"酒神庙"。毫无疑问，皮拉内西能有此推断，线索不是来自建筑物，而是这幅马赛克作品，它代表着葡萄藤蔓延其上的藤架。画中的场景没有任何明显的基督教符号，和许多罗马墙壁画一样，它描绘了几个小天使在做着简单的杂事。画面中这些勤劳的人从葡萄藤上采摘果实，再把它们运往旁边的葡萄压榨机，在那里将

图37 《葡萄丰收》，罗马圣科斯坦扎陵墓的马赛克画细节图，公元4世纪

其碾碎。如果说榨汁的地方像一座罗马寺庙，那么小天使的手舞足蹈就更会让人想起狄俄尼索斯身边欣喜的狂女。最后，马赛克作品的中央是一幅经典的肖像，描绘的只可能是君士坦提娅本人。另外一幅几乎一模一样的马赛克肖像，纪念的是先于她去世的丈夫汉尼拔利阿努斯。

　　第二个将君士坦提娅与葡萄丰收联系在一起的纪念物是她的斑岩石棺（图38），大概是在公元354年她去世时雕刻的，如今被收藏于梵蒂冈博物馆（她的陵墓里保留了一件复制品）。这一华丽的棺椁上也有胖乎乎的小天使在葡萄园中劳作的浮雕：棺椁正前方刻着小天使们在采摘葡萄，两侧是其他天使在大盆中踩压葡萄，葡萄汁流进了下面的储罐里。天使周围环绕的葡萄藤花环下出现的羊羔和孔雀是耶稣及其复活的象征，进一步强调了葡萄与耶稣的救赎及来世之间的联系。

即使是《圣经》的叙事，葡萄藤意象在不同层次上的含义也在不断发展变化。第一个装饰葡萄藤的石棺是朱尼乌斯·巴苏斯（Junius Bassus）的。公元359年，也就是君士坦提娅死后第5年，这位罗马总督在临终前受洗成为基督徒。他的大理石石棺现存于圣彼得大教堂的珍宝室，它正面装饰的是《旧约》与《新约》中的10个场景，侧面的装饰摒弃了正面的建筑结构，描绘了葡萄的丰收与小麦的采摘，这显然是在映射圣餐。

纵观整个中世纪，葡萄藤的意象始终颇为流行，它的图案会出现在坟墓的装饰物、手绘的彩图、十字架，甚至纪念柱和柱顶

图38 《君士坦提娅斑岩石棺》，蚀刻版画，皮拉内西所作

上，尤其常见于礼拜仪式的圣餐杯上。其中一个著名的例子是公元6世纪的安提阿圣餐杯，上面描绘了被使徒赞美的耶稣（图39）。祂身旁的羊羔和脚下的鹰显然暗示复活，超大的葡萄藤与有鸟儿栖息的葡萄篮子则强化了圣杯本身的精神内涵。

在中世纪，圣餐面包在"基督身体"和"基督灵肉"观念中的中心地位始终没有改变。与圣餐面包不同，事实证明，葡萄酒在圣礼中是否必要的问题更受人关注。这一问题源于《圣经》中对"最后的晚餐"的菜肴和对话的描述。三本对观福音书都明确指出，逾越节需要"无酵饼"，却只提到耶稣血液的象征物要放

图39 《安提阿圣餐杯》，公元6世纪上半叶，银与镀银制品

到"圣杯"中，没有提到杯中装的是什么。同样地，《圣路加福音》和《使徒行传》将其他对基督教团体有意义的餐食简单地概述为"掰饼"。[173]殉道者游斯丁（Justin Martyr）公元2世纪的作品《护教辞》（*Apologies*）经常被引用以支持一种理念，即《圣经》中的圣杯里装的可能是水而非葡萄酒，[174]但证据模棱两可，因为在游斯丁对洗礼宴会的描述中，提到的是"一杯水和酒的混合物"。[175]虽然巴勒斯坦地区和叙利亚的一些中东基督教群体已经否认了圣餐仪式中会使用葡萄酒，但我们尚不清楚这是神学施压造成的结果，还是仅仅因为他们无法获得葡萄酒。公元3世纪，迦太基主教西普里安（Cyprian）在他的《书信集》（*Epistles*）中暗示，圣餐仪式中不用葡萄酒是"无知之人"的做法，与耶稣的制度相悖。[176]但事情并没有至此结束，关于该问题的争论贯穿了整个中世纪。

中世纪的葡萄酒生产与消费

从经济和地域的角度上来看，欧洲的葡萄酒生产在公元5世纪末罗马帝国衰落后发生了重大转变。[177]在某种程度上，这是野蛮的入侵者忽视或破坏农场及葡萄园的结果。相比葡萄酒，入侵者更喜欢大麦酒或其他谷物酒。[178]图尔主教格列高利的《法兰克人史》（*History of the Franks*）中就有大量相关记述，它详细记载了公元6世纪罗马帝国的部分土地被占领后，因外来者的口味不同而遭受的掠夺与破坏。[179]不过，被外来者破坏最严重的可能不是葡萄园和农场，而是罗马帝国的经济与社会结构，至少在西部是这样。意大利、高卢和伊比利亚被分裂成众多敌对的王国，这直接破坏了葡萄酒的长途贸易，而城市人口的减少，尤其是罗马人口的骤降更是大大削弱了对这类贸易的需求。此外，瘟疫和天花等传染病的暴发进一步降低了人口水平，减少了对葡萄酒的总体需求。

密封双耳罐在优质年份酒的储存和运输方面发挥了至关重要的作用，最后也逐渐被酒囊或木桶所取代。在所有这些因素的作用下，葡萄酒的生产与消费变得更加本土化，几乎仅取决于市场的即时需求。人们常常认为，酿酒之所以能在这一时期幸存下来，是因为它在基督教的圣餐仪式中具有重要的象征意义。葡萄酒家休·约翰逊（Hugh Johnson）对这一现象的解释如下：

> 教会曾是黑暗时代文明技术的宝库。积极扩张中的修道院清理了山坡，用篱笆圈出插枝用的田地，逐渐衰落的葡萄农将自己的土地赠予教会。于是，教会开始认同葡萄酒——不仅认同它是耶稣的血液，也认同它是这个世界上奢侈的享受与安慰。[180]

这一理论很有吸引力，但并不是没有人质疑。另一类观点就提出了不同的讨论：

> 教会与葡萄栽培从古代世界传入基督教世界之间几乎没有任何关系。葡萄酒酿制是由私人企业从黑暗时代带来的，而葡萄栽培的传统是通过普通的葡萄种植者的记忆而非修道院图书馆里的手稿来延续的。[181]

鉴于现存的证据只有修道院的档案——普通民众之中并没有任何书面的记录被保存下来——我们永远无法知道当时整个葡萄酒行业的情况究竟如何。

中世纪葡萄酒酿制的历史始于图尔的马丁、朗格勒的格列高利和南特的菲利克斯等早期主教，他们在法国建立并维护葡萄园。几个世纪过去了，无论是葡萄酒的酿制过程还是葡萄酒产品，都没有引起人们过多的注意。但到了公元9世纪初，一位公认的、让欧洲葡萄栽培复兴的领袖出现了。没错，他就是查理大帝——被视为黑暗时代终结之光的神圣罗马帝国皇帝。《查理大帝传》（*Vita Karoli Magni*）记载了这位皇帝的饮酒习惯，说他对一切都非常节制。这本当代传记出自查理大帝的仆人兼朋友艾因哈德（Einhard）之手："查尔斯在饮食方面都很节制，在饮酒的问题上更甚，因为他非常讨厌［看见］任何人醉酒，尤其是自己或手下……他在饮用葡萄酒和其他饮品方面也非常克制，一顿饭很少能喝三口以上。"[182]

此外，这部作品还讲述了一个与查理大帝有关的"神迹"，它也涉及将某种液体（书里是啤酒）变为葡萄酒。事情发生在辛齐希的皇家官邸，这一"神迹"与圣餐仪式的相似性令艾因哈德深感不安，以至于夜不能寐。他可能想到了耶稣的"迦南的神迹"，但在为"神迹"寻找解释时，他只能推测，"能够带来所有神迹的神圣的和天上的力量绝不会无缘无故地出现"。[183]

在查理大帝的统治下，各个经济领域都进行了改革。政府颁布了许多要求改善农牧业的指令，其中，《田产法规》（*Capitulare de Vills*）中有几条就是专门针对葡萄酒的酿造、存储、运输和销售的。这些规定要求：

> 主管要负责管理葡萄园，确保葡萄园的正常运作……
> 榨酒器要有序摆放，任何人不得用脚压榨葡萄，一切都必
> 须干净、体面……葡萄酒要被储藏在用铁箍的上好酒桶中，
> 不可使用皮革容器……葡萄酒在被运往军营或皇宫的途中
> 要格外小心……每位主管都要制作一份年度收入报表。[184]

当时，酿酒业属于由查理大帝发起的政治和文化革新的一部分。葡萄栽培作为自给经济的一部分仅在南欧能勉强存活，却在塞纳河与摩泽尔河北部，以及亚琛、兰斯和科隆周围的城镇与宫殿中蓬勃发展。同时，修道院的扩张——无论它对整个酿酒业的重要性为何——留下了连续的和有价值的记录。我们从巴黎圣日耳曼德佩区的记载中得知，修道院拥有300多万平方米的葡萄藤，其中大约一半都是当地农民种植的，以换取一定比例的葡萄酒。修道院每年提供约64万升的葡萄酒给弥撒使用，或供僧侣饮用及出售。[185]公元6世纪记录修道院生活的原始文本——本笃会的教规规定了负责分配葡萄酒之人的理想特征：

> 让我们从修道院的兄弟中挑选一人担任酒窖管理员。
> 他必须聪慧伶俐，固守习惯，性格温和、勤俭节约；不能
> 骄傲自负，急躁易怒，充满愤恨，懒惰迟钝或挥霍浪费。
> 此外，还要敬畏上帝，可以被所有兄弟视为父亲。[186]

查理大帝下令复制本笃会的教规，并将其发放给所有西欧的僧侣。本笃会还有一条教规规定了每顿饭应该供应多少葡萄酒（少于300毫升），但滥用行为显然时有发生。13世纪的一幅有趣的书稿彩色插画（图40）描绘了一名满脸通红的本笃会酒窖管理员在修道院的地窖里工作，他一只手拿着酒壶接酒，另一只手托

图40 《饮酒的僧侣》，
　　　书稿彩色插画，
　　　公元13世纪

着大碗痛饮。圣本笃在制定这项工作要求时显然不是这样考虑的。这幅小小的插画显然是已知最早的、对放纵的教士的讽刺——该主题将在19世纪的艺术作品中经常出现。

中世纪医学

古代的葡萄酒疗法在中世纪并未被遗忘，早在4世纪和7世纪，各类希腊–罗马史料的汇编就已为人所知。其中最完整的是10世纪的《农书》（*Geoponica*），这是为拜占庭皇帝君士坦丁七世编纂的20卷农业知识汇编。[187]其中第8卷的某些章节讨论了约36种药酒的治疗特性或制备方法，可以治疗从消化不良到被蛇咬伤等各类疾病。诚然，中世纪的医学没有取得什么进步，但修道院团体在保存其所拥有的古代手稿方面发挥了重要作用。在适当的时候，勤奋的僧侣把希波克拉底、狄奥斯科里迪斯、盖伦等人的希腊文作品译成了拉丁文，尽管内容并不总是准确无误的。这些文献对中世纪的思想产生了重大影响：新的，甚至更专业的论文在意大利和西班牙频现，赞颂了葡萄酒的治疗效果。11世纪的萨莱诺医学院健康守则以盖伦的处方为基础，相比其他治疗方式都更常使用葡萄酒。[188]毫不奇怪，需要使用葡萄酒来治疗的那些疾病仍然与体液失衡有关：

> 最好的葡萄酒能够产生最好的体液
> 深色的葡萄酒会让你的身体懒惰；

葡萄酒应该是清澈、陈化、细腻、醇厚的，

被充分稀释，口感辛辣，

而且要适量饮用。

另一方面，过度饮酒的补救办法绝不是禁止饮酒：

如果你因为晚上喝酒而宿醉，

那么明早再喝一顿；

这就是你最好的药。[189]

13 世纪晚期或 14 世纪早期的西班牙文献，阿尔瑙·德维拉诺瓦（Arnau de Vilanowa）的《葡萄酒面面观》（*Liber de Vinis*）整理了约 49 种不同的药酒，像医生的案头手册一样规定了这些药酒针对的几乎所有疾病的治疗用法。除杀菌的作用外，葡萄酒的主要实用价值在于它能溶解和掩盖与之混合的物质的味道。[190] 正因如此，德维拉诺瓦医生的药典传承了几个世纪，并得益于印刷术的发展，最终以多种语言形式出版了至少 21 个版本。[191] 他还出版过其他论著，其中，《保持青春与延缓衰老》（*The Preservation of Youth and the Retardation of Age*）中称葡萄酒对长寿具有至关重要的作用。

中世纪的修道院不仅是僧侣修行和人们礼拜的场所，它们还要为公众提供各种服务，包括为朝圣者提供住宿、为穷人行善举等，其中最重要的可能就是充当医院和药房。1348 年黑死病暴发之前，仅佛罗伦萨的 41 家新开的医院就全部是以宗教群体为基础设立的。[192]阶梯圣母医院、圣米尼亚托教堂医院和圣三一教堂医院等多家医院至今仍然存在，其他地方的此类教堂也是如此。罗马的圣母百花大教堂医院由教皇英诺森三世于12世纪创立，至今仍在运营。医院的理念是"招待穷人，为穷人提供食物和衣物，照看和安置病人、孕妇和被遗弃的儿童，并帮助囚犯"。[193]根据佛罗伦萨圣玛利亚诺瓦医院14世纪的账簿数据，葡萄酒占医院食品预算的20%——占总体预算的6%——显然是医院日常饮食的一部分。[194]

修道院团体的第二大贡献就是引入了蒸馏酒。蒸馏酒也被称为"烈性甜酒"（cordials，来自拉丁语的"cor"一词，意为心脏），[195]是炼金术士在寻找长生不老的灵丹妙药时生产的副产品，于13世纪"烧制"引进的葡萄酒（有可能引自阿拉伯）的过程中被制作出来。这种蒸馏后的产品被称为"生命之水"，被盛赞为万用的灵药。在意大利，博洛尼亚医学院的创始人、佛罗伦萨的撒迪厄斯（Thaddeus）在论文《论生命之水或炽热之水的优点》（"On the Virtues of the Water of Life，which is also called Fiery Water"）中毫无保留地向读者推荐它对健康的益处。和格拉巴酒以及其他利口蒸馏酒一样，现代的白兰地也是"生命之水"的后继型产品，如今，在古老的欧洲修道院药剂师的药房中你仍可以买到它。而班尼狄克汀朗姆酒（Benedictine）和意大利圣甜酒（vin santo）的名字本身就强调了众多流行的蒸馏酒的起源。

中世纪后期的葡萄酒意象

至于葡萄酒在中世纪的世俗生活中扮演了什么样的角色，很少有流传下来的插图可以说明这一点，但12世纪有几首戈利亚德歌（Coliardic poems）记录了活跃的饮酒文化的存在。[196]在《葡萄酒与水的较量》（"The Contest of Wind and Water"）一诗中，佚名诗人用28个交替的诗节讲述了葡萄酒与水的优点。在其中一回合的较量里，水这样贬低葡萄酒：

> 卑鄙无耻的你，
>
> 流淌进缝隙，
>
> 你可能躺在肮脏的洞里，
>
> 你应该在大地上游荡，
>
> 在大地上挥霍你的酒，
>
> 最后在痛苦中死去。

对此，葡萄酒的回应是：

> 你怎能装点餐桌？
>
> 没有人会在无聊沉闷的你面前
>
> 歌唱或讲述寓言；
>
> 但那个曾经欢声笑语、捉弄别人、
>
> 想做些荒唐之举的客人，
>
> 一靠近你，只会安静地坐着。

在这首诗的后半部分，葡萄酒提出了另一个令水几乎无法反驳的论点——这一指控也表明人们已经意识到井水被污染的危害：

> 你这渣子和腐烂东西的阴沟
> 丢进来的都是被人遗忘、
> 无人问津的粪便！
> 污秽和垃圾、恶臭和毒药。
> 你忍受着冲天的恶臭！
> 我就此打住，以免言语冒犯。

另一首名为《酒神狂欢》（"Bacchic Frenzy"）的诗是一首欢快的祝酒歌，精确地捕捉了已被人遗忘已久的古代仪式的精髓。它以一句呼语开始：

> 合宜的、不合宜的酒徒们！
> 不是因为渴，而是有更好的理由
> 让你一直豪饮！
> 把酒杯递来，
> 倒上一杯又一杯
> 不要睡觉！
> 欢声笑语，放声歌唱！
> 精神大振！

在视觉艺术方面，随着宗教信仰越来越多地转用视觉的辅助手段来吸引观众，神圣的叙事作品在中世纪后期激增。8世纪，在毁坏圣像运动[1]平息之后，由格列高利提出的"圣像是文盲者的书籍"的观念进一步得到普及。但是，由于艺术创作的主要来源——《旧约》和《新约》——在描绘叙事场景方面十分简练，艺术家（尤其是画家）在详尽描绘圣经中的大多数场景和必需的陈设时都要被迫依靠想象。

乔托（Giotto di Bondone，约1267—1337年）是第一位将自然主义观察作为故事叙述策略核心的画家。1305年前后，他在帕多瓦的斯克罗维尼教堂创作了38幅具有里程碑意义的壁画，以写实的手法描绘了圣母与耶稣的生活场景。中世纪早期的绘画喜欢以超凡脱俗的方式描绘宗教叙事，乔托却更加务实，他的作品仿佛人们在家庭环境中经常能够观察到的人类戏剧。他在帕多瓦创作的其中两幅壁画出现了葡萄酒的身影，其中最突出的一幅是《迦南的婚礼》，也就是耶稣将水化作葡萄酒的场景（图41）。乔托以蓝天下的庭院为背景，显然是拒绝按照当时的拜占庭传统，用金色的背景来指代天堂。画中，耶稣（画面左起第一个）、圣母玛利亚和另一位门徒坐在桌边，此外还有8个凡人。这些凡人的形象很容易辨别，因为他们的头顶上没有光环。其中最靠近耶稣的两人见证了神迹，画面最右边的三人是负责侍酒的仆从。前景的矮桌上摆着6只刻有圆形纹的大水壶，由两个人看守，第三个人正

---

① 8世纪，借拜占廷帝国人民对奢华教会的不满，皇帝利奥三世发起反对圣像崇拜，利用破坏圣像、圣物来抵抗修道院势力的运动。该运动实质为反对正统教会统治势力和教会修道院占有土地的政治斗争。——编者注

图41 《迦南的婚礼》，乔托作品，帕多瓦斯克罗维尼教堂的壁画，1304—1306年

把酒杯递到唇边。试酒的人明显是个厨师，因为他的头上戴着厨师帽，而且大腹便便。尽管他并不像后来绘画作品中的厨师那样看起来微醺，但他引人注目的仪态和腰围表明，这种形象已是当时流行创作的一部分。[197]那时的斯克罗维尼教堂观众认为，这是艺术家彻底忠于现实主义的一种表现。

当然，中世纪最常被使用的葡萄酒主题还是"最后的晚餐"。随着时间的推移，该主题的神圣意义将被艺术家们颠覆，因为犹大的背叛所带来的戏剧可能性会让他们面临更大的挑战。关于"最后的晚餐"，已知最早的绘画是拉韦纳市的一幅马赛克作品，可以追溯到公元6世纪。但在这幅标志性的作品中，餐桌上摆放的东西却仅有一盘鱼和6块面包。[198]几个世纪之后，如此抽象的作品演变为现实主义叙事：摆在耶稣和使徒面前的食物和饮品成了画面中更为显眼的部分。与乔托同时代的杜乔·迪博宁塞尼亚（Duccio di Buoninsegna）是最早精心描绘这一场景的艺术家之一。他的《圣母像》祭坛装饰画中的《最后的晚餐》（1308—1311年）描绘了一群充满活力的食客正在享用丰富的盛宴（图42）。主菜既不是象征性的鱼，也不是传统的逾越节羊羔肉，而是一头乳猪。考虑到《摩西律法》认为猪是不洁的动物，这实在是一个奇怪的选择。画中还可以明显地看到几杯红葡萄酒，几个图案复杂的陶瓷酒壶也在前景中占据着显眼的位置，就在耶稣的面前。酒壶的细节无疑直接来源于生活。到后来的文艺复兴时期，一些艺术家似乎更专注于描绘"最后的晚餐"中对象的摆设，而非阐释故事本身。

和神迹般的"迦南的婚礼"以及"最后的晚餐"一样，《旧约》

图42 《最后的晚餐》，杜乔作品，《圣母像》祭坛画局部，约1308—1311年，面板蛋彩画

中对"醉酒的诺亚"的描述也是中世纪后期艺术所喜爱的主题。这则发生在洪水之后的故事出现于《创世记》(9:20-23):

> ……农夫诺亚栽了一个葡萄园。他喝了园中的酒,便醉了,就在帐篷中赤着身子。迦南的父亲含看见自己父亲的下体,就告诉在外边的两个兄弟。于是闪和雅弗拿件方块外披,搭在自己的肩膀上,倒退着走,去把他们父亲的下体盖上。他们的脸向外,没有看见他们父亲的下体。

这个故事突出了诺亚过度饮酒和由随后的粗鲁行为带来的耻辱,以及他的一个儿子对他的不敬。[199]虽然这似乎很难成为令基督徒虔诚的典范,但在基督教信仰发展的早期,通过在希伯来圣经中识别耶稣的"前身",从而使《旧约》《新约》的内容统一的努力十分常见。诺亚被教父学作家视为宇宙进化论的关键人物,因为他从大洪水中得救,预见了以洗礼得到救赎,他不起的方舟就是教堂的建筑。

14世纪早期,《霍尔克姆圣经》绘本中的插画(图43)将诺亚的葡萄酒故事浓缩成了两个部分。上半部分展示了采摘后亟待压榨的葡萄,下半部分描绘了毫无知觉的诺亚倚靠在两只酒桶旁,一只手里还握着一个空杯,他的三个儿子站在前景中,另一个诺亚则在身后批评着儿子含的行为。

插画的下半部分就如同一幕中世纪的道德剧:父亲的软弱让其自我堕落,让一个儿子犯下罪行;另外两个儿子的良好表现凸显了第三个儿子的不良行为。这一典故没有体现出悔恨或宽恕。

图 43 《醉酒的诺亚》，《霍尔克姆圣经》绘本插画，约 1320—1330 年

诺亚恢复理智后（《创世记》9:24–27）就惩罚了含，诅咒了含的儿子迦南，还让闪和雅弗去奴役他。另一方，闪和雅弗得到了诺亚的祝福。善最终战胜了恶。可诺亚在谴责行恶之人时带有惊人的报复之心。事实上，他自身的酗酒行为才是导致整个事件发生的根源，但在圣经的叙述中却无可指摘。在《旧约》的其他福音书中，尤其是《箴言篇》（4:17，20:1，21:17和23:20–21）里，过度饮酒会被强烈谴责，诺亚却没有得到惩罚。

那么，诺亚的醉酒对基督徒有什么启示呢？既然他被认为是耶稣的原型，人们应该觉得他的酗酒是可以得到解释的。亚历山大学派的克莱门特（Clement）等某些早期主教对此称这是诺亚的"无心之过"，另一些人则倾向于淡化或宽恕这一事件。神学家奥利金（Origen）和圣哲罗姆（Jerome）都认为诺亚并不知道葡萄酒的效力；主教圣安布罗斯（Ambrose）着重强调他的"快乐和精神上的愉悦"；圣教父埃皮法尼乌斯（Epiphanius）认为醉酒原因在于诺亚的年迈。[200] 再后来，神学家托马斯·阿奎那（Thomas Aquinas）在《神学总论》（*Summa Theologica*，1265—1274年）中的第150个问题里谈到了"醉酒是否为一种罪"：

> 醉酒可以用两种方式来理解。首先，它可能是指一个人因饮酒过量而显露缺陷，后果是失去理智。从这个意义上来说，醉酒并不是一种罪，而是一种由过失造成的严重缺陷。其次，醉酒也可以指导致这种缺陷产生的行为。这种行为可能有两种。其中一种是酒太烈，饮酒者却没有意识到。在这种情况下，醉酒的发生也可能不

是什么罪过，尤其是如果这不是因为他的疏忽。因此我们相信，《创世记》第9章中的诺亚就是这样喝醉的。[201]

阿奎那的逻辑是有道理的，因为正如奥利金所指出的那样，作为世界上第一位酿酒师，诺亚是没有办法知道自己所酿之酒有什么效力的（宗教改革家约翰·加尔文后来质疑了这种解释，理由是《圣经》中并没有说这是他第一次品尝葡萄酒）。有意思的是，《创世记》最终提到，大族长诺亚在大洪水之后又活了350年，这表明对葡萄酒的嗜好几乎没有损害他的健康。[202]

《旧约》中另外两则关于葡萄酒带来恶行的故事分别是罗得和他的女儿以及朱迪斯与荷罗孚尼的经历。罗得的故事（《创世记》19:3–38）同样以一场灾难开始，描述了索多玛和蛾摩拉发生大火，正义的罗得及其家人逃过一劫，但他的妻子因为没有遵守不能回头看的命令，化作了一根盐柱。在此之后，罗得的两个女儿开始引诱他，因为她们错误地认为，世上没有其他人可以与她们繁衍后代。葡萄酒成了允许乱伦行为发生的媒介。连续几天，每晚都有一个女儿邀请罗得喝酒，以至于他失去了控制，后来都"不知道她是什么时候躺下或什么时候离开的"。

在朱迪斯与荷罗孚尼的故事中（《朱迪斯记》12:10–20），饮酒带来了比较好的结果，至少从犹太人的角度来看是这样的。当亚述军队即将占领伯图里亚城的定居地时，"美丽而令人赏心悦目"的寡妇朱迪斯承担起了打败亚述军队领袖、拯救犹太人的责任。在获得荷罗孚尼的信任之后，她受邀进入了他的帐篷，并在两人共进晚宴时表现得百依百顺。但令荷罗孚尼意想不到的是，在他"自出生以来"唯一一次"纵情豪饮"并入睡之后，却被朱迪斯斩首。

在中世纪的艺术中，无论是罗得的醉酒，还是荷罗孚尼被诱惑，都不如大火和斩首的情节受欢迎。这很有可能是因为此类故事内容涉及情色，导致葡萄酒排解压抑情绪的作用被忽视。但如我们后来所见，早期的现代欧洲社会就没有那么拘谨了，对同样的故事——尤其是罗得与其女儿的故事——有了截然不同的看法。

从神学的角度来看，更有趣的是葡萄榨酒机中的耶稣的寓言，该主题同样基于神学家对《旧约》与《新约》中段落的解释。在《以赛亚书》（63:3）中，我们可以读到："我独自踩着榨酒机；列族之民中没有一人与我同在；我气愤地踩踏着他们，恼怒地将他们践踏。"《启示录》（19:15）则写道："祂口中吐出一把利剑，可以攻击列国。祂必用铁杖统治他们，踩踏盛满全能上帝之烈怒的榨酒池。"愤怒与践踏暗指审判日的血腥收割，但在早期神学家的心中，先知的话更适用于受苦受难的救世主，祂如同榨酒机中的葡萄，被人打压，祂献祭的鲜血带来了救赎的希望。[203]

最早的有关葡萄榨酒机中的耶稣的画作可以追溯到12世纪下半叶。在此不久前，本笃会神学家，多伊茨的鲁珀特（Rupert，逝于1129年前后）重新提出，耶稣"在榨酒机上劳作，为我们奉献了自己；祂像葡萄一样，被压在十字架的重压下，酒随着灵魂的抽离从祂的身体里流出"。[204]关于该主题的早期画作通常描绘的是耶稣站在一只简陋的木桶里，用脚踩着葡萄。这也是当时压榨葡萄的普遍方法。[205]

后来，随着螺旋压制机（一种罗马人已知的机械装置）的革新，这一主题在木刻版画中变得越来越常见。[206]螺旋压制机很快成了压碎葡萄、印刷书籍和木刻的主要手段。后来的大多数关于葡萄榨酒机与耶稣的作品都反映了这项被复兴的技术（图44）。[207]这类图画通常描绘的是浑身鲜血淋漓的耶稣扛着一根连接着螺纹杆的重物，踩着葡萄。原汁直接流入酒杯。这些粗糙而廉价的作品在那时颇受欢迎（仅15世纪下半叶就有9种不同的版画），表明了血与酒的象征性统一的信仰已经逐渐渗透到社会的各个阶层。[208]值得注意的是，这些画中的形象全都来源于《头戴荆冠的耶稣画像》或《忧患之子》中对充满同情心的耶稣的传统形象的描绘，从未呈现过《以赛亚书》和《启示录》中那种愤怒的形象。正如我们即将看到的，救世主的人性化是文艺复兴时期艺术家们持续热切追求的诠释对象。

图44 《葡萄榨酒机中的耶稣》，15世纪，木版画

文艺复兴时期的葡萄酒

随着中世纪接近尾声，葡萄酒的消费量显著增加。正如法国历史学家费尔南·布罗代尔（Fernand Braudel）指出的那样，1400年之后，"虽然只有一部分欧洲地区能够出产葡萄酒，但整个欧洲都在饮用葡萄酒"。[209]伴随封建主义向资本主义的转变，葡萄栽培与葡萄酒贸易的蓬勃发展刺激了各个经济领域。尽管1400年之前消费的葡萄酒大多是由契约农民生产的，但文艺复兴时期的农民解放使商业生产得以扩大，同时，银行业和信贷体系的进步让贸易变得更加有利可图。除了劳动力的迭代和更强的利润动机的出现，16和17世纪的人口增长也刺激了经济增长和对奢侈品的需求。[210]

彼时，社会各阶层的葡萄酒消费量都在增加。据估计，在15世纪，人均每天要消耗0.5升到2升葡萄酒。到了17世纪，葡萄酒的产量稳步上升。[211]社会经济层次越高的人，喝的葡萄酒也越好。葡萄酒质量的提升源于两个因素：来自外地的葡萄酒更容易获得，以及葡萄酒专用的品种葡萄的栽培的发展。虽然古代世界拥有对葡萄酒鉴赏的记录——普林尼的《自然史》对产自不同风土条件下的葡萄酒表达了由衷的欣赏，其中包括一些陈年的葡萄酒——但这方面的内容在中世纪并没有留存下来。到了13世纪，亨利·丹德利（Henri d'Andeli）创作了一首名为《葡萄酒之战》（"La Bataille des Vins"）的诗歌，诗中首次出现葡萄酒鉴赏复兴的迹象，其中描述了欧洲各地超过70种葡萄酒的比拼。作为裁判的英格兰牧师会判断每种酒是属于"美酒"（Celebrated Wines）还是应被"逐出教会"（Excommunicated Wines）。被品鉴的葡萄酒自然大多产自法国，但最后，一款产自塞浦路斯的甜葡萄酒在综合品评中拔得头筹。[212]

随着时间的推移，人们对地区差异的认识变得越来越明确，正如我们在14世纪的《田园考》（*Liber Ruralium Commodorum*）中发现的一样——这是博洛尼亚农学家皮耶罗·德·克雷申齐（Piero de'Crescenzi）受古典时代启发而创作的一部论述。[213]此书按地区归类了约24种意大利葡萄，并给出了陈酿的建议。其他文艺复兴时期的思想家在这些原则的基础之上进一步拓展，完善了用于描述葡萄酒的词汇，并在讨论中加入了个人偏好。洛伦佐·德·美蒂奇（Lorenzo de'Medici）在诗歌《猎鹧鸪》（"The Partridge Hunt"）中用"一桶冷却酒"来庆祝他和友人捕获的猎物，且描述得相当幽默：

> 特雷比亚诺葡萄最是可疑，
> 但渴望能令一切变得美味。[214]

在16世纪的众多葡萄酒专著中，有两部16世纪50年代的作品格外突出。其中一部由教皇保罗三世的御用侍酒师圣兰塞里奥（Sante Lancerio）所著，记述了他与他的教皇品尝过的多款葡萄酒。[215] 书中涵盖57种不同的葡萄酒——除一般的"法国葡萄酒"和"西班牙葡萄酒"外，均产自意大利——不仅按地区对其进行了分类，还对它们的口味做出了评价。在这本书中，人们第一次对葡萄酒的色泽、质地、口感、香气以及所持的所有药用特性进行了细致的考量。书中的"圆润"（tondo）、"饱满"（grasso）、"清淡"（delicato）、"浓烈"（possento）、"烟熏"（fumoso）和"发酵"（maturo）等描述特征的词汇为文章增添了不一样的风味，书中偶尔还会指出可以与不同葡萄酒搭配的食物。圣兰塞里奥在许多条目的结尾处都提到了教皇品酒时是否"愉快"。不出所料，他说法国葡萄酒"不适合绅士饮用"，西班牙葡萄酒"不值得一喝"。蒙特普尔希亚诺城的红酒得到了最高的赞誉，被圣兰塞里奥称为"在香气、色泽和口感方面……最佳"的葡萄酒。对他而言，这款托斯卡纳葡萄酒的独特之处在于它的芳香（odorifero）、浓郁（polputo）与温润（non agrestino）。显然它也是教皇的最爱，是唯一一种被教皇称为"贵族之酒"的品种。时至今日，来自教皇的认可仍然是当地葡萄酒生产商的骄傲。他们会在瓶身上贴上蒙特普尔希亚诺高贵葡萄酒的标签。

大约在圣兰塞里奥创作的同时，诗人乔瓦尼·巴蒂斯塔·斯卡利诺（Giovanni Battista Scarlino）以三行体发表了《罗马葡萄酒品种与质量新协定》（Nuova trattato della varietà, e qualità dei vini, che vengono in Roma）。通过其中列出的清单，读者可以获知当时罗马酒铺里出售的所有葡萄酒。不过，和圣兰塞里奥一样，斯卡利诺的文章不仅是一份商品清单，它还针对葡萄酒的质量做了推荐，偶尔还会给出食物搭配方面的建议。正如我们从烹饪的角度看待厨师巴尔托洛梅奥·斯卡皮（Bartolomeo Scappi）的《烹饪艺术集》（*Opera dell'arte del cucinare*）那样，我们可以发现，那时葡萄酒与烹饪在味觉上的联系已相当普遍。通过两部作品的对比，我们发现斯卡利诺与斯卡皮偏爱的葡萄品种甚至都是一样的，比如沙雷洛（Chiarello）、加纳查（Guarnaccia）、玛尔维萨（Malvasia）和野生麝香葡萄（Moscatello）等。[216]

　　法国人一向十分重视葡萄酒。葡萄栽培在他们的土地上有着古老的历史：它始于高卢人，在罗马人的统治下繁荣发展，后来受到修道院的控制。从教皇约翰二十二世的时代开始，人们就有了对产区的偏好。这位教皇来自卡奥尔，却对隆河谷的葡萄酒情有独钟。正是他为自己所住的新堡出产的葡萄酒命名为"教皇酒"，后来改称"教皇新堡酒"。据预言家诺查丹玛斯（Nostradamus）所说，16世纪时这款葡萄酒已经被出口到意大利。[217]在波尔多地区，由让·德蓬塔克（Jean de Pontac）于1550年创建的奥比安庄出产的葡萄酒是第一款以产地命名的酒。

　　勃艮第，尤其是其金丘地区，在文艺复兴时期享有盛誉。这里上乘的修道院葡萄园大多为私有，其数量之多是其他地方无法比拟的，比如隶属圣维旺修道院的沃恩–罗曼尼酒庄，或被朗格勒大教堂出售的贝兹特级园酒庄。研究结果显示，截至1600年，法国的小规模独立生产商比3个世纪前多出很多。[218]事实证明，被命名的葡萄品种和能够长期储存的葡萄酒尤其有利可图。蒙哈榭是第一款（在1600年）打出名声的白葡萄酒。

在社会层面的另一端，葡萄酒有着截然不同的特征。由高产的普通葡萄品种所量产出的葡萄酒生产时间短，通常面向大城市的批发市场。廉价的葡萄酒连同啤酒和后来的谷物酒一起，促成了布罗代尔所说的"普通饮酒者数量不断增加……城市里普遍存在酗酒现象"。[219]举例而言，在16世纪的罗马，葡萄酒贸易是城市经济的重要组成部分，每年有多达700万升葡萄酒进入里帕格兰德港。在零售方面，只有4万人对葡萄酒有需求，却有数百家葡萄酒商铺来满足他们。[220]葡萄酒税也带来了可观的收入。一年之内，这项税收为教皇的财库创造了大约18万斯库迪①的税收。这些钱后来被用来建造新的大学。[221]

罗马人的饮酒习惯被复制到了欧洲大部分地区。截至15世纪，法国的人均葡萄酒供应量已经达到每天1至2升，这是自古罗马鼎盛时期以来从未有过的情形。[222]从伊丽莎白时代的英格兰到威尼斯共和国，各地很快出台了针对在公共场合饮酒的法律制度，并通过了有关戒酒的法律，但通常收效甚微或毫无成效。[223]考虑到这一点人们不禁会问，在那个时代，以宗教和政治的名义犯下的暴行，就像1527年罗马之劫②期间发生的那样，有无可能是因为作恶者喝醉了酒。[224]

---

① 斯库迪（scudi）为19世纪以前意大利半岛各州使用的硬币的名称，18万斯库迪折合约135万元人民币。——编者注
② 1527年5月6日，在科涅克同盟战争期间，神圣罗马帝国皇帝查理五世的叛变军队占领了当时属于教皇国的罗马城，随后发生了劫掠，导致数千人死亡，珍贵的艺术品及文化遗产被毁。——编者注

文艺复兴时期艺术中的葡萄酒

　　文艺复兴时期的艺术展现了当代葡萄酒文化的丰富性与多样性。和葡萄酒一样，艺术也有"高""低"之分。高级艺术的主题来自圣经和古典神话，其他的大部分来自日常生活。在天主教国家，与中世纪时代衔接最为紧密的必然是与葡萄酒有关的叙事，比如"最后的晚餐""迦南的婚礼"，甚至是"醉酒的诺亚"。在15世纪初的文艺复兴初期，《圣经》仍旧是基本的文献来源，持续满足着艺术家的精神需求，并激励他们用自己的想法来美化其简洁的描述。在世俗环境中描述神圣的叙事是15世纪人文主义的理想之一，直到近世纪末，神话题材才开始被艺术所接受。

　　皮亚韦河畔圣保罗区的圣乔治教堂里有一幅1466年创作的《最后的晚餐》（图45），乍看之下它完全属于传统作品，构图与早期作品对这一主题的处理十分相似。但艺术家扎尼诺·迪彼得罗（Zanino di Pietro）借鉴了150多年前杜乔的《最后的晚餐》（图42），在原本十分朴素的壁画上相当精细地描绘了食物和饮品。画面为俯视的角度，能看到桌子上放着一盘盘鱼肉（有的已经被切成了段），还有一些完整的或被剥开的小龙虾，以及6瓶酒和用餐者人手一只的酒杯。当然，《摩西律法》禁止人们食用甲壳动物，但皮亚韦河畔圣保罗区地处威尼斯东北角的水路地区，以淡水小龙虾和葡萄酒而闻名。即使在今天，来自该地的甲壳动物仍因其"多汁"而备受赞誉。当地的拉波索酿酒葡萄也因其"鲜明而独特的个性"受到追捧，托凯（Tocai）和维多佐（Verduzzo）等白葡萄酒因"爽口的酸度抵消了青涩的果味"而得到人们的称赞。[225]

有趣的是，画中桌上有5只玻璃酒瓶装的是红葡萄酒，1只装的是白葡萄酒。

如果说饮品的选择表达了艺术家对世俗的现实主义的执着，那么同一张餐桌上既有白葡萄酒又有红葡萄酒则反映了基督教教义在圣餐酒问题上的模糊性。尽管圣餐酒源自救世主的鲜血，却不一定总是红色的。约瑟夫·荣曼（Josef Jungmann）在《罗马弥撒仪式》（*Mass of the Roman Rite*）中写道：

> 东部人更爱喝红葡萄酒，西部人偶尔也是如此，因为这样可以更有把握地避免将［混酒用的］水与之混淆。但无论什么时候，都没有任何必须普遍遵守的强制规定。自16世纪以来，人们普遍偏爱白葡萄酒，因为它不太会在亚麻布上留下痕迹。[226]

图45 《最后的晚餐》，扎尼诺·迪彼得罗作品，皮亚韦河畔圣保罗区圣乔治教堂壁画，1466年

和扎尼诺一样，大多数15世纪的艺术家在绘制最后的晚餐时都会淡化圣餐的习俗，而更加强调耶稣宣布叛徒时使徒们的反应。尽管乔托与杜乔早在一个世纪前就预见了这一重点会发生转移，但总的来说，这是文艺复兴时期的艺术家对神秘或超自然传说感到不适的典型表现。达·芬奇的《最后的晚餐》虽然在大众的想象中始终扮演着独特的角色，但它在这个问题上的处理其实相当传统。从构图上来说，它不同于该主题的大多数绘画作品，主要把犹大及其同伴放在桌子的同一边。和杜乔、扎尼诺一样，达·芬奇也对这顿晚餐本身特别感兴趣，描绘了圣餐的诸多独特细节。

图46 《最后的晚餐》，达·芬奇作品，米兰圣玛利亚感恩修道院和教堂壁画，1495—1498年

20世纪90年代末，人们在对这幅保存情况不佳的壁画进行清洁和维护时有了一些新的发现，其中就包括观察到耶稣及其门徒面前摆放的逾越节盛宴里有一盘装饰着橘子片的烤鳗鱼。[227] 鉴于此，再加上艺术史学家乔治·瓦萨里（Giorgio Vasari）的评论——桌布被"描绘得如此精巧，以至于亚麻布本身看起来极其逼真"，你可能会更加仔细地去观察被达·芬奇放在桌子上的葡萄酒。[228]

画中的每个人都有自己的酒杯，杯中的酒是淡红色的。如此浅淡的颜色有可能是加水稀释的结果（桌子上有一只玻璃水瓶），也有可能只是因为达·芬奇自己的实验性颜料易变色。但对一场描绘得如此真实的宴会来说，达·芬奇在碟子、盘子和盐瓶的组合中居然没有加上一只酒壶，这着实奇怪。名画的复制品通常会弥补创作者认为原画存在的缺陷。达·芬奇的《最后的晚餐》就曾被人多次复制。其中最常见的复制品出自马尔科·多迪奥诺（Marco d'Oddiono）之手，画中完全拿掉了餐桌上的食物和饮品；另一幅由切萨雷·马尼（Cesare Magni）绘制的复制品加深了葡萄酒的颜色，并又加上一只玻璃水瓶。不过，"缺失的酒壶"最后出现在拉斐尔用墨水临摹的作品中。约1515年，马尔坎托尼奥·雷蒙迪（Marcantonio Raimondi）对这幅画进行了再版雕刻，正是他的版画开始让更多人看到了达·芬奇被修改的作品。[229]

没有哪幅《最后的晚餐》能比委罗内塞（Paolo Veronese）在1573年为威尼斯圣若望及保禄大殿的多明我会餐厅绘制的作品更显得酒香四溢了（图47）。抱持着对圣经文本的开放态度，这位艺术家在独特的威尼斯风格背景下描绘了这场宴会。出席宴会的宾客少说也有40多人，各个衣着华丽。画面背景中矗立着由建筑师桑索维诺（Jansovino Sansovino）新建的图书馆，且所有高脚杯都是穆拉诺岛生产的玻璃制品。画中几乎随处可见各种类型的酒器，如银制或玻璃制的酒罐、皮革酒瓶，甚至是基安蒂酒至今仍在使用的酒椰叶纤维包装酒瓶。

委罗内塞的画创作于反宗教改革或天主教改革时期正统宗教兴起的时代。因此，他的多明我会赞助人对画中众多不相干的因素感到惊愕，并将此事转告给宗教裁判所。鉴于特利腾大公会议此前提出的，建议对艺术说教的要求要高于其他的考量，所以裁判人对委罗内塞的追问特别猛烈。当被问及他认为谁应该出现在《最后的晚餐》中时，这位艺术家承认："如果在一幅叙述性的作

图47 《利未家的宴会》，委罗内塞作品，1573年，布面油画

品中有剩余的空间，我会用想象出的人物来填充。"[230] 听证会结束后，委罗内塞被要求对画作进行"修正"，但他没有这么做，而是直接将作品重新命名为《利未家的宴会》。这张巨幅油画（约12米×5米）如今悬挂在威尼斯学院美术馆的非宗教馆中。

委罗内塞作品中的盛大节日氛围反映了威尼斯贵族的社会抱负与高雅品位。至少从表面上看，这类社交生活的乐趣似乎没有受到16世纪下半叶欧洲大部分地区经济和政治不稳定的影响。威尼斯宗教绘画的奢华与佛罗伦萨或罗马地区的作品不尽相同。事实上，类似《利未家的宴会》或《迦南的婚礼》这样规模宏大的宴会画作在威尼斯以外的地区十分罕见，而像《以马忤斯的晚餐》这样简练的叙事在其他地区越发受欢迎。但即使在一些对以马忤斯的故事最奢靡的解读中，也会穿插自由流动的葡萄酒的身影。《圣经》中（《路加福音》24:28–32）讲述了耶稣复活后的一次偶遇。当时耶稣与其两名门徒在一家乡村旅店的同一张桌子前用餐，耶稣起初却没有被对方认出。尽管《圣经》中提到，唯一的食物是上帝赐福的面包，但大多数艺术家在处理该主题时，都会将其想象成一场更为丰盛的宴会。

在将现实中的细节融入神圣的场景方面，佛罗伦萨的样式主义（矫饰主义或风格主义）画家蓬托莫（Jacopo Pontormo，1494—1557年）的《以马忤斯的晚餐》（图48）尤其值得注意。瓦萨里告诉我们，背景中站着的5个身着白袍的人物是切尔托萨修道院的庶务修士，"其肖像被描绘得惟妙惟肖"。16世纪20年代的瘟疫期间，这位艺术家和上述修士们共同居住在佛罗伦萨外的这间修道院里。[231] 其他的现实元素还包括躲在桌子下的两只猫以

图48 《以马忤斯的晚餐》，蓬托莫作品，1525年，布面油画

及前景中的一只小狗和一张掉落的纸片（上面写着1525年）。令人困惑的是，蓬托莫选择了不自然的高视角来观察这一场景。通常来说，使用这种视角的艺术家想要强调的是桌上物品的重要性。然而，人们对一顿美味佳肴的期待全部落空了，因为这顿晚餐只有两小块面包。

在如此拮据的一顿晚餐中，我们吃惊地发现，左边的门徒完全不顾眼前的戏剧性场面，他正拿着一只陶瓷酒壶往杯中倒着葡萄酒。画画中还有一瓶水和两只显眼的带底座的玻璃杯。《圣经》文本中并没有提到桌子上的酒，但人们在描绘以马忤斯的晚餐时经常影射圣餐。蓬托莫可能就想到了这一点，或者只是把他个人的用餐习惯投射到了这段故事里。

我们从蓬托莫晚年的日记中得知，他的饮食习惯非常不好，有时一天可以吃下"400克的面包、烤猪肉、一份莴苣沙拉、奶酪和无花果干"，接下来的两天中，又只吃400克左右的面包。[232]面包似乎是他生活中重要的一部分，就像面包对画中的耶稣和两名门徒一样。不过，这位艺术家在饮酒上从不吝啬。日记内容记录了他经常去拉达和卡伦扎诺的葡萄园装灌酒桶，或是去找一个名叫皮耶罗的朋友买酒。

"醉酒的诺亚"的主题在文艺复兴时期的艺术中不如中世纪时那样受欢迎，可能是因为对含的严厉指责所传达的寓意在早期令人着迷，但此时已经失去了吸引力。1508年，"醉酒的诺亚"作为《创世记》中的9个场景之一，被米开朗基罗绘制在西斯廷教堂的天花板上，提醒人们不要忽视这位族长也曾有过判断失误的时候。米开朗基罗对《创世记》的复述有些特殊，因为他跳过了该隐与亚伯的

图49 《醉酒的诺亚》，米开朗基罗作品，罗马西斯廷教堂壁画，1508—1512年

传说，颠倒了大洪水与诺亚牺牲发生的顺序。他通过醉酒的诺亚来结束这个循环，表达了自己对人类完美前景日益悲观的态度。

从构图上看，他的壁画与《霍尔克姆圣经》的插画（图43）区别不大：诺亚斜倚在酒缸旁，面前站着三个儿子。两幅画都是双重叙事，一边是含遭到指责，另一边是诺亚扮演酿酒师的角色。与中世纪插画画家不同的是，米开朗基罗强调了含的嘲讽（他就是中间那个伸出手指的男孩），而避免暗示他会被指责。

米开朗基罗特别强调了诺亚及其儿子的裸体（这一点在《圣经》中找不到正当的来由）。这位头发花白、皮肉松弛的族长沉浸在醉酒状态中，看起来十分自在，并不像米开朗基罗在十年前设想的那样充当了酒神的角色，倒像是醉酒的西勒诺斯。还有一点几乎可以肯定，诺亚的姿势模仿的是当时教皇尤里乌斯二世观景台广场上的古代河神的姿势。值得一提的是，几年后，米开朗基罗又在自己创作的场景中以类似的姿势描绘了亚当（他按照倒序的时间绘制了《创世记》的情节）。

米开朗基罗通过《醉酒的诺亚》传达的信息显然是带有悲观色彩的。他没有像之前的艺术家和神学家那样画出含的不敬，而是把焦点放在诺亚身体的软弱上。米开朗基罗因为与自身肉欲作斗争而闻名，对他而言，诺亚的软弱可能比人们普遍想象中的更具艺术家的个人性。这让人不禁好奇，米开朗基罗对葡萄酒的态度又是怎样的。虽然他从未在诗歌或书信中提过，但画中陶罐的形状与他几年后在手写的购物清单上所画的一模一样。[233]

值得注意的是，中世纪与酒有关的最明确的宗教主题"葡萄榨酒机中的耶稣"并没有在文艺复兴时期消失。如果要说有什么不同的话，那就是该主题在16世纪下半叶拥有了实用意义，因为它重申了1551年特利腾大公会议第十三场会议的法令和准则（该会议讨论了圣餐问题）。为了回应马丁·路德、加尔文和茨温利这些只愿意把酒视作耶稣的"象征"或"标志"的宗教改革者，[234]会议法令的前两章重申了耶稣在圣餐中是"真实存在"的，以及圣餐变体论的教义。[235]因此，在欧洲对圣餐意义的看法存在分歧的背景下，雕刻师耶罗尼米斯·维力克斯（Hieronymus Wierix）制作了《神秘葡萄榨酒机中的耶稣》这样的版画（图50），这是为了支持天主教的传统立场。

除了维力克斯等少数宗教小册子插图雕刻师，其他艺术家在创作时都倾向于无视天主教改革的教义，除非他们的创作兴趣正好与教会的说教一致。17世纪初的卡拉瓦乔无疑就是如此。这位艺术家深陷暴力问题，因此能够以教会赞助者所想要的现实方式

图 50 《神秘葡萄榨酒机中的耶稣》，耶罗尼
米斯·维力克斯作品，1619 年以前，
版画

描绘早期基督徒的殉道。更多时候，宗教肖像画会遵循艺术的需
要，而不是相反。

酒神巴克斯重返意大利

　　酒神的意象在绘画作品里重现之前，先一步出现在了诗歌
中，其中最早的是与乔叟同时代的诗人约翰·高尔（John Gower，

约1330—1408年）的作品。然而，他的诗歌《一个情人的忏悔》（"Confessio Amantis"，约1390年）所表达的不是对酒神之酒的赞美，而是在基督教的忏悔框架内对葡萄酒的弃绝。在描写"暴食之罪"的第6章中，叙述者坦述了自己对葡萄酒的沉迷，并得到了倾诉对象的谅解：

> 因此，我把你当作朋友
> 贫瘠的心希望得到这样的恩典，
> 对各处的醉鬼来说，
> 无论是在哪一边，
> 葡萄酒都对人有害，让人堕落
> 我常陷入这样的窘境中，
> 在他离开的地方，我不会出现。[236]

酒神巴克斯"东山再起"的时间更晚一些，直到15世纪才出现在乔瓦尼·蓬塔诺（Giovanni Pontano，1426—1503年）和雅各布·桑纳扎罗（Jacopo Sannazaro，1458—1530年）等新拉丁语诗人的作品中。蓬塔诺是那不勒斯阿拉贡宫廷中的重要人物。在他为自己的赞助者创作的早期作品中，有一首名为《帕耳忒诺派俄斯》（"Parthenopeus"）的长诗，它用冗长的篇幅赞美了巴克斯及葡萄酒的滋补能力。这首创作于1450年前后的作品是文艺复兴时期第一首赞扬非基督教背景神明的诗歌。

> 有酒，自能消除胸中愁；

此酒减轻讨人嫌的悲哀，

此神能令困苦之人安心，赋予贫穷之人希望；

翻上一页，用宽容的手倒上法勒诺姆酒。

豪饮之间［巴克斯是爱情的守护者］，

我喜欢

带着醉意吻上与我唇齿相依的嘴

用我的手轻抚她柔软的大腿，抚摸她的胸脯，

陷入一场甜蜜而温柔的交合。[237]

近半个世纪之后，桑纳扎罗在为酒神巴克斯创作的挽歌中以更接近古代原型的方式塑造了这位神明的形象，令人回忆起提布鲁斯（Tibullus）、普罗佩提乌斯和维吉尔（Virgil）的作品。与蓬塔诺相比（或就此与提布鲁斯比较），桑纳扎罗的作品中再现的酒神没有那般好色，而是与普罗佩提乌斯与维吉尔的田园牧歌风格更契合。他在诗的最后几行（《挽歌》2.5）中特别回忆了《埃涅阿斯纪》（Aeneid）的片段：

圣父啊，求你驱走我的愁苦：用陈酒清洁我忧愁满布的胸膛。让我安静地入睡吧，用你的灵感照亮我疲惫的双眼……为我带来热情的缪斯，大发慈悲地来看望我，让我平静地蒙受圣恩。[238]

尽管文艺复兴时期的艺术家可以接触到许多从中世纪幸存下来的古代雕塑与石棺，但他们接纳异教肖像画的速度还是比较

图51 《酒神节与西勒诺斯》，安德烈亚·曼特尼亚作品，15世纪下半叶，蚀刻版画

慢。网上的"文艺复兴时期已知古代艺术与建筑作品普查"列举了100多件有记载的、绘有酒神图案的雕像与石棺。[239]毫无疑问，其中一件石棺作品启发安德烈亚·曼特尼亚（Andrea Mantegna，1430/31—1506年）创作了《酒神节与西勒诺斯》和《酒神节与酒缸》。这两幅版画分别创作于15世纪60年代中期和15世纪90年代初，但无论年代如何，它们都是意大利最早的版画之一。曼特尼亚的主要创作地点在帕多瓦和曼托瓦，而非佛罗伦萨或罗马，即便如此，他对古典时代历史的热情却超越了同年代的其他艺术家。他孜孜不倦地临摹古画，尽可能地收集艺术品，还会利用一切机会创作古代的主题。

　　《酒神节与西勒诺斯》的背景是莎草茂密的水池畔，某座葡萄庄园的一边。9名几乎全裸的男性和1名女性沉浸在粗鄙的寻欢作乐的氛围中，向巴克斯醉酒的导师西勒诺斯致敬。在排成一排的游行队伍中央，这位大腹便便的神明被一个羊男萨梯和两个农牧神举了起来。他一只手把葡萄藤花环戴在头上，不知不觉却弄洒了另一只手中的酒杯，尴尬的醉态显而易见。在他的身后，一个醉汉被另一个男人扛在肩上，而左边的肥胖女子在爬出水塘时也需要同样的帮助。右边的两位音乐家举着潘神箫和双管笛，为鱼龙混杂的人群吹奏着乐曲。

曼特尼亚将对古物的兴趣渗透到了这幅版画之中。和他的许多作品一样，这幅画模仿的是古典浮雕的风格，手法干脆利落，看起来像是石雕作品。曼特尼亚的《酒神节与西勒诺斯》不仅是意大利最早的版画之一，也是最早融入古典题材的作品之一。对于版画和古典题材作品的发展而言，15世纪中期活字印刷术和印刷机的发明起着至关重要的作用。和手写羊皮纸副本是唯一的复制手段的那个时代不同，此时的古典文本变得更加容易获得，造纸业的相关发展也刺激了绘画艺术和版画制作的发展。

在题材方面，曼特尼亚的《酒神节与西勒诺斯》似乎是以曼图亚最杰出的先民维吉尔的作品为原型的，相关记录可以在《牧歌集》（*Eclogues*）中找到。这是公元前37年的一部作品，公元1450至1476年间共有其三个印刷版本，内容均为拉丁文。书中，醉酒的西勒诺斯被两个羊男和一位宁芙仙女从睡梦中唤醒，在引导下，他伴着一对农牧神吹奏的乐曲唱着歌。这位老人唱的是奥林匹斯山众神的神话事迹，一直唱到夜幕降临，身旁林地里的同伴陪着他一起畅饮。

曼特尼亚从未盲从地模仿古风，他的版画与维吉尔的作品大相径庭。他没有将异教徒的形象理想化——这在当时是一个冒险的举动——而是把酒神节的参与者都描绘成了粗鄙之人。他笔下无能的西勒诺斯不是古代艺术作品中经常出现的好脾气酒鬼，而是一个缺乏幽默感的醉汉。左边的女子应该是"埃格勒，水中宁芙仙女中最美丽的人"，却得到了更糟糕的待遇。她不仅肥胖，而且丑陋、无助。事实上，曼特尼亚笔下美丽的宁芙仙女都是基督教七宗罪中"暴食"与"懒惰"的化身。由于他的艺术作品中还有其他肥胖的女人出现在被雅典娜驱逐的罪行中——比如《阿佩莱斯的诽谤》（*Calumny of Apelles*）中的"无知"——有人怀疑他熟稔古代的面相学理论，认为一个人的外貌是其性格的关键。[240]考虑到这一点，人们在观赏他的作品时，更倾向于将其理解为针对过量饮酒可能带来恶果的警告，而不是对古典神话的致敬。

如果说曼特尼亚的《酒神节与西勒诺斯》颠覆了酒神的神话主题，那么米开朗基罗的大理石雕塑作品《酒神巴克斯》就是在一心一意地挑战古典理想了。这座雕像创作于1496年，彼时这位21岁的艺术家刚从佛罗伦萨搬来罗马。由于受到流行的古典时期作品的启发（如雕像《贝尔维德尔的阿波罗》刚刚被发现），又得到了越来越多赞助人和收藏家的追捧，米开朗基罗显然受到了触动，想要创作一件可以被视为古物的作品。阿斯卡尼奥·孔迪维（Ascanio Condivi）和瓦萨里，（一个是他以前的学生，另一个是他谄媚的崇拜者）都为这位艺术家书写过传记（分别出版于1553年和1568年），热衷于谈论这位年轻的天才在佛罗伦萨时"伪造"过一尊古代雕像。[241]起初，一种模糊的光环似乎也笼罩着《酒神巴克斯》。[242]虽然该作品是受红衣主教拉法埃莱·里亚里奥（Raffaele Riario）的委托而雕刻的，但第一个收藏它的人却是罗

图52 《酒神巴克斯》，米开朗基罗作品，大理石雕塑，1496—1497年

马贵族雅各布·加里（Jacopo Galli）。16世纪30年代中期的一幅画记录了后者的雕塑花园里的场景，其中就有这座雕像。从草图中我们得知，《酒神巴克斯》是花园主人的古代收藏品中唯一一件新式作品。和其他藏品一样，这座雕像也被砍断了手臂、切掉了阴茎。至于它是如何从里亚里奥转移到了加里手中，又是如何被损坏的，我们不得而知。16世纪的古物学家让-雅克·布瓦萨尔（Jean Jacques Boissard）认为，是米开朗基罗自己打碎了雕像，以欺骗观众，让他们相信这是一件货真价实的古物。[243]这种欺骗游戏在文艺复兴时期的文学和戏剧中是最受欢迎的主题，它的发展在1556年的一份罗马古代雕塑指南中达到顶峰。这本指南先是对该大理石雕塑做出了冗长的描述，让读者兴奋不已，后来才透露

这其实是一件当代作品。[244]

孔迪维在为米开朗基罗书写传记时表示，这座雕像"在形式和外观上都符合古代创作者的意图"。不关心肖像学的瓦萨里则认为，这座雕像"是年轻苗条的男性与丰腴圆润的女性的奇妙结合"。[245]这两种评论值得被放在一起思考，瓦萨里对雌雄同体的认可实际上证实了孔迪维的断言，那就是该作品是有其历史依据的——埃斯库罗斯和欧里庇得斯都曾用"女性化"来形容这位神明，后来的希腊和罗马艺术绘画也经常把他描绘成一个懒散且缺乏男子汉气概的人物。正如一位艺术历史学家所说："这个人物不仅有柔软的肚皮，还有微微隆起的胸脯。这都是传统意义上的女性特征。已知的所有古代形象没有哪个能像这座雕像一样，如此突出地在视觉上显现这位神明的女性特征。"[246]除了年轻人的身体外貌，米开朗基罗还在巴克斯的手中放了一块兽皮，以暗示他的性本质。这一微不足道却引人联想的象征让人物的裸体变成了一种自我暴露的行为。

孔迪维进一步观察到，《酒神巴克斯》有着"醉心于酒之人的那种欢快的表情和斜向一边的淫荡的眼神"。[247]米开朗基罗塑造的这个人物行步缓慢，看起来的确有些醉意，在这方面，孔迪维关于艺术家的创作依赖于古代文本来源的断言并不适用。因为在早期的文献中，醉酒并不是这位神明的典型特征之一。阿特纳奥斯的《餐桌上的健谈者》等作品甚至宣称"酒神其实十分体面，喝醉了也不会摇摇晃晃"。[248]重要的是，古代雕塑中并没有酒神醉酒的形象，尽管他有时会靠在羊男的身上。米开朗基罗对酒神醉酒的构想是该作品最独特的创意。

虽然酒神醉酒的构想并不直接来源于古代文献，但文艺复兴时期的文本可能是另一种灵感的来源。[249]据说米开朗基罗6年前在佛罗伦萨曾受到新柏拉图主义的影响。当时他只有15岁，加入了美第奇宫的洛伦佐家族。身处诗人与作家之中，他肯定会接触到文艺复兴运动的两位真正倡导者——马尔西利奥·费奇诺（Marsilio Ficino）和皮科·德拉·米兰多拉（Pico della Mirandola）。文艺复兴时期新柏拉图主义的核心原则是异教文化与基督教信仰在哲学上的兼容，以及相信感官在将灵魂从低级境界提升到高级境界方面发挥的重要作用。按照这种思路，以酒神巴克斯为例的醉酒能将人引向优雅的状态。皮科在他的《论人的尊严》（*Oration on the Dignity of Man*）中对这一观点进行了解释：

> 缪斯女神的领袖巴克斯，将通过他的奥秘，即自然的可见迹象，向我们那些追求哲学的人展示上帝的不可见之事，并以上帝居所的丰裕灌醉我们。[250]

费奇诺在《论柏拉图的〈会饮〉》（*Commentary on Plato's Symposium*）中将这种灵魂提升的状态命名为"神圣的疯狂"，并解释称：

> "神圣的疯狂"是指人超越了人的本性，升华后与上帝合二为一。神圣的疯狂是理性灵魂的一种启迪，让上帝能够借此将堕落的灵魂拉回更高的境界。[251]

费奇诺继续解释，酒神巴克斯在神化的过程中发挥着关键的作用，因为这位神明在升天的四个阶段中处于中间人的位置，能将升天者统一为一体。按照同样的逻辑，酒神巴克斯脱下的兽皮以及他背后的羊男都只能是这位醉酒的青年留下的底层社会的象征。

米开朗基罗是新柏拉图主义者吗？为了证实这一点，过去的人们阅读他的诗歌，付出了大量的心力。一些虔诚的信徒至今仍在努力。相比之下，对意大利文艺复兴时期艺术的主要文献的研究对这种论断持悲观态度，认为该时期的新柏拉图主义作品本质上是"千变万化"的，以至于同一个古典传说可以延伸出许多不同的含义。[252] 不幸的是，将米开朗基罗的《酒神巴克斯》与他的其他早期作品相比较也不能解决这个问题。

15、16世纪之交，异教神话在意大利艺术中变得更容易被接受，特别是在威尼斯及其周边地区。酒神巴克斯是最受欢迎的神明之一，他在葡萄酒方面的天赋以及对阿里阿德涅的拯救被视为它复杂且矛盾的神话的亮点。自中世纪末以来，酒神巴克斯的神性被认为它与耶稣的神性融为一体，这可能也没什么坏处。被改写的奥维德作品，即所谓"道德化"的奥维德的许多版本都肯定了异教与基督教神明之间的联系，而这些联系其实最早就在古老的俄耳甫斯文学中出现过。[253] 与酒神巴克斯/耶稣的情况一样，朱诺被阐释为圣母的原型。月神戴安娜也一样，作为三重神的她被视为三位一体的隐喻。

1511年，阿方索一世·德斯特（Alfonso d'Este，1476—1534年）在费拉拉的公爵宫为自己的新画廊构想了装饰品，它们真实地体现了酒神巴克斯在文艺复兴时期的复兴。[254] 这座用雪花石膏打造的画廊本打算陈列他那个时代主要画家的杰作，其中就包括米开朗基罗和拉斐尔的作品，但在拖延了许久之后，成果超出了最初的设想。

最终，有5幅油画完工，其中一幅出自乔瓦尼·贝利尼（Giovanni Bellini）之手，一幅由多索·多西（Dosso Dossi）所作，还有三幅来自年轻的提香。这些作品的主题全都与酒神巴克斯或节日有关：贝利尼的《诸神的盛宴》、多西的《众人的酒神狂欢》以及提香的《酒神巴克斯与阿里阿德涅》《酒神的狂欢》《维纳斯的崇拜》。不幸的是，这些作品如今已四散在各地，其中多西的那幅已遗失。

在文艺复兴时期的艺术中，从未有其他作品比这一系列作品处理异教主题的方式更能引起共鸣了。每一幅画都基于古代文献，比如奥维德的《岁时记》（*Fasti*）或斐罗斯屈拉特（Philostratus）的《想象》（*Imagines*）。贝利尼与提香的《诸神的盛宴》（图53）是其中最早、最平淡的一幅作品，创作于1514年，描述的是《岁时记》中的一个冬季节日。和诗中描写的一样，贝利尼（以及后来完成这幅作品的提香）画出了"潘神和性饥渴的年轻羊男……宁芙仙女的发丝蓬乱，随风飘荡……面色红润的普里阿普斯和他那已准备好的无耻部下"，当然还有正从木桶里倒着酒的"头戴常春藤花冠的酒神巴克斯"，以及"骑在一头吼叫着的驴子身上的西勒诺斯"。[255] 巴克斯的形象是个非常小的男孩（就是左边身穿蓝色衣服的那个人），与奥维德在《变形记》第4卷中所说的"这位神明非常年轻，永远是个男孩"一致，也符合马克罗比乌斯在《农神节》（*Saturnalia*）中把冬至比作"一个小婴儿"的说法。[256] 贝利尼显然对年幼的酒神巴克斯这个概念很感兴趣，因为在之前的另一幅油画中，他描绘了一个年纪更小的男孩捧着酒壶独自坐在美景之中。这幅画如今被收藏在美国国家艺术馆中。

提香的《酒神巴克斯与阿里阿德涅》（图54）绘于1522到

图 53 《诸神的盛宴》，贝利尼与提香作品，1514/1529 年，布面油画

图 54 《酒神巴克斯与阿里阿德涅》，提香作品，1522—1523 年，布面油画

1523年间，灵感来自奥维德的另一部作品，内容出自《爱的艺术》第1卷。奥维德在诗中讲述了金发的阿里阿德涅被旧情人抛弃在纳克索斯岛，深陷悲伤，被骑着老虎拉的战车、以"铙钹和铃鼓的敲打"宣告自己到来的酒神巴克斯拯救。和往常一样，巴克斯的随行人员包括"脚步轻盈的羊男""头发蓬乱的狂女"和"[醉得]几乎无法在驴子身上坐稳的老西勒诺斯"。值得注意的是，提香对这一情景的生动再现丰富了奥维德的文本内容，他在前景中加入了一个身上被蛇缠绕着的男子。这个人物在酒神狂欢中出现的灵感只有可能来自卡图卢斯的诗句，其中描述了酒神的崇拜者"会将扭动的蛇缠绕在自己的身上"。[257]但提香对他动作的设计显然是参考了当时在罗马出土的著名希腊神话雕像《拉奥孔》。同样值得一提的是，提香的《酒神巴克斯与阿里阿德涅》是第一幅认识到这个人物具有传达强烈情感的潜力、能够适应不同主题环境的作品。

在用雪花石膏打造的画廊的所有作品里，能将葡萄酒与爱情结合的最有趣的作品是提香的《酒神的狂欢》（图55）。其主要灵感来源于斐罗斯屈拉特的《想象》。在这篇发表于3世纪的文章中，作者声称自己在那不勒斯附近的一座庄园里看到过一系列画作，并对其展开了描述。《想象》的第一个拉丁文版本出版于《酒神的狂欢》问世的5年前，是一本视觉描述或"艺格敷词"（ekphrasis）①作品。

斐罗斯屈拉特描述的其中一幅画就是酒神的狂欢，一个古代艺术中不为人知的主题：

> 这幅画的主角是安德罗斯岛上的一条葡萄酒溪流，以及岛上被溪流里的酒灌醉的人们。拜狄俄尼索斯所赐，安德罗斯岛的土地里满是葡萄酒。酒涌了出来，形成一条河……男子们头戴常春藤和洎根花，为妻子和孩子们歌唱，有的人在河流的两岸舞蹈，有的则躺着。这条葡萄酒溪流很有可能也是他们歌唱的主题……[258]

提香笔下的安德罗斯岛上的人处于完全放纵的状态，因为喝了大量的葡萄酒而失去了控制。这位艺术家用各种各样的方式美化了文本中的主要内容，其中最令人难忘的是，他在画面右边的前景中放置了一个熟睡中的性感的宁芙仙女。这一灵感无疑来自罗马石棺上出现过的类似人物（图31），但在她脚边撒尿的无耻孩童是艺术家自己的发明。更为巧妙的是，提香在前景中央放置了一张歌谱，将声乐引入了画面。人们必须伸长脖子、睁大眼睛才能读到歌谱。这首歌是弗兰德作曲家阿德里安·维拉尔特（Adrian Willert）的作品，他刚刚被阿方索一世任命为费拉拉的宫廷音乐家。歌谱的内容翻译过来就是："喝了不能再喝的人，不明白喝酒的真谛。"[259]

放纵和肉感几乎渗透到了《酒神的狂欢》的每一个细节里，让人很难不想象这幅画是在致敬人们失去的异教信仰的快乐。一些深奥的论证试图将放纵与肉感的存在解读为"葡萄酒、爱情和生育之间的和谐关系，以节制为标志，以混合了水的葡萄酒为象

图55 《酒神的狂欢》，提香作品，1518—1519年，布面油画

征"，但这似乎与人们所看到和感受到的不一致。[260]自从酒神巴克斯在希腊和罗马神话中以难以捉摸、变幻莫测的形象存在以来，现代的解读还是无法对他形成一个明确的概念。

和所谓新柏拉图主义哲学一样，酒神巴克斯的复兴似乎从未超越宫廷的范围而扩散到更广泛的公众之中。15世纪90年代末，宗教改革家萨沃纳罗拉（Savonarola）及其狂热的追随者点燃了"虚荣的篝火"。虽然佛罗伦萨早期的一些异教神明画作在此之后可能已经失传，但这些主题显然在宗教改革之后就已失去人们的青睐。天主教教义对内部的叛乱威胁的回应是皈依宗教正统，而这一举动实际上既是反宗教改革，也是反复兴。

到了16世纪中叶，作为15世纪文化坚实基础的人文主义理想已经失去了绝大部分的支持。直至70年后，画家安尼巴莱·卡拉奇（Annibale Carracci）才会重启酒神狂欢的主题。在此之前，提香是最后一个描绘此类内容的重要画家，但艺术家和诗人对葡萄酒的赞美在这几十年间绝没有消失。罗马酿酒师学院和米兰布雷拉美术学院尽全力维系着酒神精神的活力。建于16世纪30年代的罗马"学会"是滑稽讽刺诗歌的中心，经常以神职人员为目标。在葡萄酒的刺激下，像弗朗切斯科·贝尔尼（Francesco Berni）和弗朗切斯科·莫尔扎（Francesco Molza）这样的诗人格外擅长在《桃子颂》（"Ode to the Peach"）等听起来天真无邪的诗歌中，将各种各样的水果和蔬菜作为性隐喻。[261]位于米兰的美术学院由画家主导，学院的名字来自瑞士南部一个风景如画的地区。那里晦涩难懂的方言被校方用作交流用的官方语言。选择布雷拉（或该地区的另一个名字"布莱尼奥"）并不是异想天开，因为根据传统，那里是为米兰提供葡萄酒搬运工的地区。学院的印章上描绘了酒神巴克斯乘坐老虎拉着的战车，上面写着"令人振奋的浆果"（Bacco inspiratori）字样。学院的日常计划还包括模拟狄俄尼索斯风格的饮酒仪式。

乔瓦尼·保罗·洛马佐（Giovanni Paolo Lomazzo）是布雷拉美术学院最著名的艺术家。学院号称在鼎盛时期拥有超过一百名成员。1568年，洛马佐被推选为第二任院长或"修士"。正是由于他担任过这个职位，他的自画像如今被收藏在布雷拉美术馆中。自画像在那个年代十分常见，但洛马佐的这幅紧凑的作品却运用了异常复杂的象征手法（图56）。许多对作品的解读都将注意力集

图56 《自画像》，洛马佐
作品，1568年，布
面油画

中在象征意义和他奇怪的衣服上，但大多数人都认同，此画的典故为学院的守护者——酒神巴克斯。[262]

意大利的葡萄酒与才思

中世纪末，人们广泛使用一种被称为"boccali"的陶瓷酒壶。许多这种酒壶都绘有色彩斑斓的抽象或具象的装饰。杜乔在《圣母像》祭坛装饰画中的《最后的晚餐》就是描绘了14世纪早期陶瓷酒壶的精致范例。在随后的几个世纪中，许多陶瓷酒壶都被保留了下来，证明了它们在文艺复兴时期各个社会阶层的家庭生活中无处不在。[263]到了16世纪，在这种常见的餐具的基础上，出现了一种巧妙的变体——用于整蛊或猜谜的酒壶。当然，整蛊喝醉的人是一种起源于古希腊的消遣方式，常出现在正餐之后的酒会上。在本书《古希腊的葡萄酒》一章中，我们提到过有人会用专门的希腊陶瓷器皿来迷惑或为难那些已经喝得晕头转向的人。尽管没有记录表明文艺复兴时期也流行过这样的物件，但16世纪的马约利卡陶器作坊生产过类似的器皿，这绝不是巧合。如我们所见，那段时期非常流行欺骗的主题，而带有欺骗性的餐具正是这种现象的 部分。[264]

托尔贾诺的葡萄酒博物馆展出过几只七巧壶（图57），为嘲弄喝酒之人，每只酒壶上都写着"有本事你就喝"（*bevi se puoi*）的字样。《陶艺家艺术三本》（*I tre libri dell'arte del vasaio*，1557年）的作者奇普里亚诺·皮科帕索（Cipriano Piccolpasso）揭露了所谓

图57 《七巧壶》, 16世纪末—17世纪
初, 马约利卡陶器

"没有壶嘴的酒壶和猜谜酒杯"的秘密, 称"这些东西没有规则
可言", 并在书中加入了组装这类酒壶的内外容器的剖面图。[265]这
类容器的颈部有孔, 以确保盛在里面的东西永远倒不出来, 让使
用者感到挫败, 喝不到里面的液体。[266]而其中的秘密就在于酒壶
的把手和边缘内隐藏的通道, 使用者可以通过边缘上的一个小喷
口用吸管吸入。考虑到使用者的醉酒程度和沮丧程度, 可想而知,
这种易碎的桌上玩具的"存活率"是相当低的。

葡萄酒与医学

除了日常使用的陶瓷酒壶 (即前文提到的 "boccali") , 文艺
复兴时期还会大量生产一种被称为"药罐"(*albarelli*) 的陶瓷器

皿。欧洲家庭和各地的药店都会用它来储存草药、香料、蜜饯、蜂蜜、药膏、糖饵剂等干燥或黏性物质。当时已知的药典总共记录了 1000 多种药剂，很多制陶工人仅靠制作这种容器便能维持生计。[267] 早期的药罐可能会装饰纹章、叶状图案甚至人物画，但在 15 世纪中叶之后，罐身正面通常会刻上所盛装物品的拉丁文（或伪拉丁文）名称。我们从中可以了解到当时可用的调配药物有哪些，并通过众多的草药与药典来获悉它们可以治疗何种疾病。

对草药的分类始于古代的希波克拉底或盖伦，以及要特别强调的狄奥斯科里迪斯。狄奥斯科里迪斯的《药物论》研究了超过 500 种植物的药用效果。1000 多年后，神学家圣希尔德加德·冯·宾根（Hildegard von Bingen）在她的著作《自然界》（*Physica*，又称《简单医药之书》）中总结了 12 世纪的传统药物，写下了 230 种具有疗效的植物的概要。[268] 她建议患者在服用草药前，将它们浸泡在"优质"或"纯净"的葡萄酒中。用酒调制的混合物可以治疗的疾病包括关节炎（配合使用的植物是欧洲柏大戟）、口臭（使用鼠尾草）、肠道出血（细叶芹）、骨折（矢车菊）、咳嗽（兜藓，疗肺草属）、发烧（洋车前子、芍药、茜草、大星芹和无花果）、心脏不适（高莎草）、消化不良（艾菊）、偏头痛（土木香）、中毒（金盏花）、耳鸣（玻璃苣）和疥疮（剑兰）。对希尔德加德而言，葡萄酒不是一味活性剂，而是一种"配药饮品"，其目的是让苦味的物质变得可口。

另一方面，纯葡萄酒因其治疗功效还在继续被使用，自希波克拉底时代以来的每一份处方文献都在宣扬它的益处，新的应用也层出不穷。举个例子，1494 年梅毒横扫欧洲之后，医生建议的治疗方法就包括用白葡萄酒清洗阴茎，或用葡萄酒与草药溶液泡澡。[269]

文艺复兴时期的首批综合药典在汇编时通常会重申传统的用药观念。其中最早的一部是瓦勒留斯·科尔杜斯（Valerius Cordus）编纂的《药典》（*Pharmacorum Conficiendorum Ratio*，或 *vuilgo vocant Dispensatorium*，1546年），它将葡萄酒疗法与其他一些民间医术结合，药物成分可能包括蝎子和蜈蚣的骨灰、狗的粪便和狼的肝脏。[270]《药典》最初在纽伦堡出版，后来再版了35次，并出版了8个译本，最终成为欧洲各地药店的标准参考用书。

这一时期出现的最奇怪的葡萄酒配方不是基于有机样品的，而是基于矿物质锑和铁。该配方由菲利浦·冯·霍恩海姆（Phillip von Hohenheim，1493—1541年）发明。为了与罗马百科全书编撰者塞尔苏斯一争高下，他将自己改名为"巴拉塞尔苏斯"（Paracelsus）。巴拉塞尔苏斯是炼金术士、占星家、医生和神秘学家，在他开出的众多药方中，有用锑（一种有毒金属）混合酒石、氧化铁或用葡萄酒溶解的苦杏仁制成的汤剂，用于治疗伤口、溃疡和麻风病。在治疗贫血上，他建议使用浸泡在葡萄酒里直至生锈的铁屑。[271]巴拉塞尔苏斯吸引到了一批忠实的追随者，但和他傲慢的个性一样，他这种非正统的医疗方式使其成为传统医学界恶意谴责的对象。[272]

在文艺复兴时期的药理学中，葡萄酒的作用可能是次要的，但它在医学界的重要性不止于此。在意大利的医院里葡萄酒随处可见，保存完好的佛罗伦萨圣玛利亚诺瓦医院的账簿就清楚地说明了这一点。1510至1511年间，医院的酒窖能够提供"各种［单独储存的］葡萄酒：甜的、淡的、干的、白的和红的——一年五六千桶"。[273]与此同时，一篇有关医院服务的记叙文告诉我们：

"病人吃饭时会有三个人在病房为其服务，为他们倒上优质的葡萄酒。每个人都能喝到适合其病情和胃口的适量的特定葡萄酒——白的、红的、淡的、甜的或干的。"[274]

葡萄酒的细分并不是为了纵容病人，而是（正如那句"适合其病情"所暗示的）要与特定的疾病相匹配。根据体液学说，这种联系以假定的个体需求为基础。我们从之前的章节中了解到，体液学说是希波克拉底在公元前5世纪提出的一个伪科学概念，它的基本原理在西方医学中存在了2000多年都没有被改变。从本质上来说，体液学说认为人的身体是由四种基本的液体维持的：血液、黏液、黄胆汁和黑胆汁。这四种体液应该是不稳定的，很容易受到四元素、四季等外在因素以及性别的影响；体液状态还与人的性情、体内温度和湿度有关。实际上，黄胆汁与易怒的性情和热燥有关；黑胆汁与抑郁的性情和寒燥有关；黏液与冷漠的性情和湿冷有关；血液与乐观的性情和湿热有关。

古往今来，人们一直认为葡萄酒的保健功效源自其维持体液平衡的能力，尤其是在温度和湿度方面。16世纪的许多论著都是在考虑到这一点的情况下来颂扬葡萄酒的益处的。[275]其中最早的是乔瓦尼·巴蒂斯塔·康萨洛涅里（Giovanni Battista Confalonieri）的《自然之辩》（De vini natura disputati，1535年），它的开篇回顾了作者那个年代对葡萄酒本质及其与体液的联系方面的不同观点。[276]乔瓦尼承认，有些人认为葡萄酒是湿热之物，有些人则认为它性干，还有一些人认为它性凉。据说，葡萄酒会以不同的方式对人产生影响。根据饮酒者"气色"的不同，同一款葡萄酒可以使体寒者变热，令体湿者变干，让暴躁者冷静。他表示，加了水的葡萄酒对黏液多者和暴躁之人的影响是不一样的；而一款性热、易挥发的葡萄酒会让体热之人喝得更快，比起体寒之人，它更容易让体热之人上头。总之，他推荐体寒、干燥者饮用比较湿热的（甜）葡萄酒，体湿之人饮用简单的、带有单宁酸的葡萄酒。按照这个逻辑，因醉酒而晕倒的现象也可以从体液学说的角度来解读了，因为这是酒冷却了体内的热导致的，就像水能扑灭火的道理一样。不过，康萨洛涅里至少有一点说的是对的，他在谈到葡萄园的土壤时承认，土壤和水的质量会影响最终产品的口感。

这一时期的其他一些医学文献也认可康萨洛涅里关于4种体液和5种葡萄酒之间存在着令人困惑的联系的观点。[277] 同样，葡萄酒的益处也被应用于越来越多的症状，比如这方面的应用包括提升气色、改善失眠、振奋精神、利尿、帮助排气、促进性欲、激发食欲、提升智力、疏解障碍和治疗宿醉。与此同时，针对包括健忘、麻木、精力下降、好斗、懒惰、撒谎、愤怒和自杀倾向在内的酒后不良影响，以及葡萄酒与浮肿、瘫痪、痛风、昏迷、痉挛、震颤和眩晕之间的联系，大多数16世纪的文献都会对应用葡萄酒发出警告。显而易见，这些著作在一定程度上受到了当时社会和道德风气的影响，其中一部分更关心葡萄酒行为控制的问题，而不关心它对医学论述是否做出贡献。[278]

欧洲北方流行文化中的葡萄酒

虽然酒神巴克斯最终成为普桑和鲁本斯等风格迥异的艺术家

们最喜欢的题材，但他在欧洲北方国家的复兴过程比在意大利的要漫长得多。在文艺复兴时期的法国、德国和荷兰，葡萄酒不像在南方那样被神化，而是常与更严肃的罪恶联系在一起。它作为道德说教题材的绘画及文本的自然主题，成为北方情感中非常重要的组成部分。在绘画方面，与葡萄酒相关的最受欢迎的主题是"浪子的故事"（《路加福音》15:11–32）。这是一则寓言，旨在说明上帝会赐福于那些叛逆却知道悔改的人。寓言中讲到，无名的儿子离开了舒适的家，"往远方去了。在那里任意放荡、浪费资财"，堕落成为猪倌，最终回到父亲的怀抱。这个故事的独特之处在于，它能唤起人们对不同的社会和情感的思考，被底层生活题材吸引的艺术家描绘起谷仓院子里的生活，那些对人类情感感兴趣的艺术家也会去展现家人的团聚。例如，对弗兰德艺术家彼得·科耶克·范阿尔斯特（Pieter Coecke van Aelst，1502—1550年）来说，描绘奢侈生活的机会是不可抗拒的。他的《浪子》（图58）就想象了一个仍旧相当体面的年轻男子在一群优雅的女性乐师的包围下，享受着她们不断递来的浆果和大杯葡萄酒。葡萄酒在构图中的突出地位表明，它在男子堕落的过程中发挥了重要的作用，就像在圣安东尼的诱惑中，葡萄酒往往是撒旦用来折磨坚忍隐士的第一个诱惑一样。

　　浪子的冒险经历很快便超出了《圣经》的叙述范围。以妓院为背景的绘画在北方特别受欢迎，随着这类作品数量的不断增加，对浪子的道德谴责逐渐变得不那么明显，甚至完全消失了。与范阿尔斯特同时代的荷兰同胞扬·范赫梅森（Jan van Hemessen，1502—1550年）就描绘过这样的场景，他将年轻男子换成了年长

图58 《浪子》，彼得·科耶克·范阿尔斯特作品，约1530年，画板油画

的男子，此画如今被戏称为"放荡之徒"（图59）。当时的观众可能会把这个人与埃尔克里克联系起来。埃尔克里克是荷兰道德剧中有着冒险之旅的"普通人"。在范赫梅森的版本中，这个男人被两个丰满年轻的女子的凝望所征服，妓院的老鸨则在一旁看着。性的象征在画面中随处可见——猫、狗、水罐和一碗樱桃——但这位旅人真正渴望的并不是对性的满足，而是名妓举在空中的那杯诱人的葡萄酒。

图 59 《放荡之徒》，扬·范赫梅森作品，1543 年，画板油画

16 世纪的北方画家们通常会毫不含糊地将饮酒的罪恶描绘出来，并将其与"愚蠢"或更糟糕的七宗罪之一的"暴食"联系在一起。在《愚人颂》（1511 年）中，荷兰鹿特丹的人文主义者伊拉斯谟反复提到葡萄酒的化身巴克斯是个"缺乏智慧的笨蛋，永远快乐，永远意气风发，永远为人们带来乐趣与游戏"，但他的魅力也是稍纵即逝的。他接着表示，"巴克斯因能消除人们心中的烦闷而受到称赞——但这只能持续很短的时间，因为一旦你喝完酒睡上一觉，所有的焦虑就会如同一群野马，狂奔回你的脑中"。[279] 伊拉斯谟的作品"介于意大利文艺复兴的优雅与北方人文主义的诚挚之间"，在整个欧洲都备受欢迎。[280]

说到对愚蠢的想象，没有哪个艺术家能比荷兰画家博斯（约

1450—1516年）更有创意。他的肖像画如此复杂且富于个性，就连伟大的艺术史家埃尔温·帕诺夫斯基（Erwin Panofsky）都不得不认输。后者在《早期荷兰绘画》（*Early Netherlandish Painting*）中承认："他作品的水平远超出我的智慧所能诠释的范围，我宁愿把它们忽略掉。"博斯的作品中充斥着神秘的炼金术图像，大部分内容光怪陆离、超凡脱俗、难以描述，但那些与酒精相关的画作相对容易理解。[281] 可以预见的是，酒罐和酒桶也出现在了他对《浪子》和《圣安东尼的诱惑》的描绘中，在他的《暴食与欲望的寓言》（图60）中最为突出。这幅画是他《七宗罪》三联画（现已被拆解，有一部分已遗失）中的一个片段。[282]

画中，博斯描绘的罪恶是"暴食"，但他关注的焦点却是过度饮酒，而非毫无节制地进食。一个大腹便便、头上扣着漏斗的"乡巴佬"吹着喇叭跨坐在一只浮在水面的酒桶上，在几个游泳的人的推动下进入了画面。画中海洋的意象与他的另一幅作品《愚人船》的主题有关，"愚人船"源自德国作家塞巴斯蒂安·布兰特（Sebastian Brant）的同名作品里关于人类缺陷的论述的核心隐喻（1494年）。在小丑的引领下，这艘"放纵号小船"正驶向散落着废弃衣物的岸边（那些衣物可能属于这些游泳的人）。"乡巴佬"的目的地是岸上的一座帐篷。帐篷里有两个人贴在一起，中间隔着一只举着的酒杯。

当时的人们普遍认为，暴食造成的社会后果比其带来的最显著影响——肥胖——更为严重。而暴食与饮酒的联系起源于早期教会神父的著述，在中世纪后期得到了充分发展。当时的一本基督教手册将小酒馆比作"魔鬼的教堂，是他的门徒们侍奉他的地

图60 《暴食与欲望的寓言》，博斯作品，约1495—1500年，画板油画

方"。另一本手册将饮酒的后果分为"淫荡、咒骂、诽谤、中伤、蔑视、鄙视、拒绝承认上帝、偷窃、抢劫、杀戮以及其他众多此类罪行"。[283] 在博斯画中的帐篷里，那对男女可能暗指淫欲。这是一项与暴食一同被圣格列高利一世归为肉体罪过的恶行。

葡萄酒最常见于欧洲北方艺术作品中的风俗画场景中，其寓意（如果真的存在的话）往往不那么按部就班。这些画通常与婚筵、宗教或季节性节日相关。说到这一点，就很容易让人想到老勃鲁盖尔（Pieter Brueghel the Elder，约1525—1569年）的作品，因为它们独特地捕捉到了乡村狂欢中农民的日常生活。不过，在他所描绘的节庆活动中，出现的大多是啤酒而非葡萄酒。啤酒在当时拥有明显的价格优势，在北方的一些地区，啤酒的价格仅为葡萄酒的1/6。这一事实无疑促进了底层阶级对啤酒的消费。[284]

尽管如此，在身份"低微的"、描绘酒精的木刻版画中，占据主导地位的还是葡萄酒。由于许多版画都带有幽默或讽刺的意味，这不禁让人怀疑它们的主要目标是讽刺底层阶级，而不是提倡道德正义。1528年，德国画家埃哈德·舍恩（Erhard Schöen）在纽伦堡创作的一幅木刻版画是所有风俗画的典范（图61）。这幅版画题为《葡萄酒的四种特性》，系统地将葡萄酒对人类行为造成的各种影响进行了分类。[285] 艺术家以一颗缀满果实的葡萄藤图形为中心，将画面分成了四幅小图，每幅小图中都有5到7个酒徒，酒徒身边是一种与他们的天性互补的动物。从左上角开始顺时针观察，第一幅小图说明了适量饮用葡萄酒的好处，其中最主要的作用是可以推动求爱。画中的动物是羊羔，它凝视着一个形单影只的人，仿佛在提醒他，单靠酒是不能消除懦弱的。第二幅小图中，破碎

图61 《葡萄酒的四种特性》，舍恩作品，1528年，木刻版画

的容器表明这群人喝的酒已经超出了适度的量。图中没有女性，只有5个扭打成一团的男人。一只咆哮的狗作为这幅画的自然表现物，象征着不文明。第三幅小图似乎主要表达愚蠢，但其中一个男人脸上的表情则是更加严重的淫乱罪的暗示。这次的动物是一只打扮成小丑的猴子，它正与另一个人做游戏，这个游戏无疑会让对方喝下更多的酒。在最后的第四个场景中，醉酒导致人们失去了所有的约束，堕落到了舔舐呕吐物的猪的水平。

　　作为纽伦堡本地人，舍恩在创作这幅木刻版画的前几年就皈依了路德教。在1525年的布道以及1530至1546年间的书信中，马丁·路德（1483—1546年）针对饮酒的利弊给出了自己的看法。尽管在他的家乡纽伦堡（一座号称在1579年就拥有49家啤酒厂的小镇），啤酒是人们的首选，但路德在谈论酒精时却只关注葡萄酒。[286]因此，在1525年的布道中，他宽恕了那些"可能喝了超出解渴程度的酒而心情愉悦"的人，但警告称，"在我们这个年代，过量的习惯就变成另一回事了，人们不是吃喝，而是暴饮暴食、寻欢作乐，表现得好像过度饮食是一种能力或力量的标志……他们不是为了快乐，而是为了充实、为了疯狂。但他们是猪，不是人"。[287]舍恩的《葡萄酒的四种特性》中的第四幅小图与路德的结语完美契合。

16世纪的德国人似乎已经养成了路德与舍恩在警示中提到的那种习惯。1581年，思想家蒙田（Michel de Montaigne）在一篇关于醉酒的文章中声称，"我们这个时代最粗鄙的民族是唯一崇尚葡萄酒的民族"，"德国人几乎什么酒都爱喝。他们的目的是大口豪饮，而不是细细品尝"，而且"他们会在用餐快要结束、开始比拼喝酒时换上更大的杯子……"。[288]当时的游记记录了这样的事实，"在德国……如果游客没有为自己找到同伴，东道主会帮他挑选一个。与他同床共眠的人可能是一位绅士，也可能是一名车夫。唯一可以肯定的猜测是，他上床睡觉时肯定是醉醺醺的"。[289]16世纪的医学论文也证实了这种德国人与酒的刻板印象，有时还会将其归因于德国恶劣的气候。[290]

但事实证明，在酒精的问题上，路德和约翰·加尔文都不是最严格的改革者，再洗礼派的路德维希·黑策（Ludwig Haetzer）、激进改革者塞巴斯蒂安·弗兰克（Sebastian Franck）和新教改革家布塞尔（Martin Bucer）才能享有这一殊荣。他们都发表过谴责饮酒罪行的小册子。[291]黑策的《论福音派信徒的饮酒问题》

（*On Evangelical Drinking*，1525年）引领了这一潮流，但弗兰克的专著《关于醉酒的可怕恶习》（*Concerning the Horrible Vice of Drunkenness*，1528年）涉及面更广，读者也更多。对他来说，禁酒是他试图在德语地区推进的道德改革的重要组成部分。他认为，过量饮酒会导致"精神错乱、头晕眼花、双目昏沉、口臭、胃痛、手抖、痛风、水肿、脓肿的腿疮和脑积水"。[292] 他还说，酒精会削弱人们已经受损的理智，并且会不可避免地导致亵渎神明、邪神崇拜、盗窃和谋杀的罪行的发生。值得一提的是，黑策在呼吁禁酒的过程中将葡萄酒列为罪魁祸首，并且没有放过任何一个社会阶层的人：

> 啊，痛苦！我们不仅喝了酒，而且喝醉了，醉得谎话连篇、错误百出、无知愚蠢。人们应该惩罚公众的恶习，用语言和禁令来惩罚传教士，用刀剑和法律来惩罚贵族……只要没有禁令存在，我就不承认任何的福音书或基督教群体。

布塞尔的《论上帝的国度》（*On the Kingdom of God*，1550年）一书写于作家被流放到英格兰的时期。与黑策和弗兰克不同——德国人对他们的作品充耳不闻——据说他的观点对英国清教徒和加尔文本人都产生了影响。[293]

相比之下，路德在这个问题上就比较开明了。在1530年写给他年轻朋友杰尔姆·韦勒（Jerome Weller）的信中，这位忧郁的改革家透露了令人惊讶的不羁态度，尤其值得一提的是以下语句：

"每当魔鬼用可怕的思想来烦扰你，你就去找人做伴，多喝酒，开开玩笑，或是参加其他形式的娱乐活动。有时，为了不让魔鬼有机会令我们拘泥于琐事，我们有必要多喝点酒，找一找乐子，甚至蔑视魔鬼。"路德心目中的酒不是啤酒或烈酒，而是葡萄酒，因为在这封信的后面，他承认自己喜欢"豪饮"，并发问道："你觉得我喝纯葡萄酒的理由是什么……如果不是为了折磨那个下定决心要激怒我和让我痛苦的魔鬼？"[294]

路德的推论看起来有些虚伪，但从历史的角度来看，他的评论只是以宗教名义为饮酒辩护的一长串理由之一。多年后，他在一封更具启发性的书信中向朋友韦勒表达了自己的信仰。1546年2月，在去世的11天前，他在从曼斯菲尔德写给妻子的信中又提到：

> 我们在这里生活得很好。顾问每顿饭都会给我两升的莱茵弗［一种来自伊斯特里亚里弗格里欧的葡萄酒］，味道不错。有时我还会把它拿去和伙伴们分享。当地的葡萄酒也不错。瑙姆堡啤酒的味道好极了，只是我觉得它会让我的胸腔里满是痰。魔鬼用沥青到处糟蹋啤酒，用硫黄糟蹋家里的葡萄酒。但这里的酒十分纯正，尽管它无疑受到了土壤和气候的影响。[295]

比路德年轻些的同时代人约翰·加尔文（1509—1564年）对宴饮交际的态度更为严格，但对食物和葡萄酒的态度却出人意料的宽容。他认为，饮食是上帝赐予的礼物，是快乐与滋养的源泉。"如果我们问祂创造食物的目的是什么，"他写道，"我们会发现，祂这样做不仅仅是出于必需，也是想赠予我们一些享受与欢乐……因为如果这不是真的，先知（《〈圣经〉诗篇》104:15）就不会提到葡萄酒能使人心情愉悦，油水能使人容光焕发。"[296]他还在其他作品里提到耶稣在迦南的婚礼上提供了大量的好酒，以此作为补充的证据，证实葡萄酒的美好。

因此对加尔文来说，问题不在于葡萄酒带来的享受，而在于它与放纵之间的关系。他曾在几次布道中警告人们不要毫无节制，有一次甚至批评了希律王的生日宴（《马太福音》14:6–11）充斥着"奢侈、傲慢、放纵的欢乐和其他放肆的言行"。[297]在日内瓦发表的另一场布道中，他将注意力集中在随处可见的百姓醉酒现象上：

> 我们看到当今世界在这一点上是如何运作的。那些酗酒之人，那些如同食槽旁的猪一样毫无智慧或理智可言的人，我们见过多少呢？他们填满了自己的胃，但毫无疑问，他们要朝着天空抬起头，赞美上帝用如此丰盛的食物喂养和支持他们。他们的整个口鼻总是深深地埋在饲料里。[298]

和路德1525年的布道及舍恩的木刻版画一样，猪的形象再次被提到。人类兽性的一面有时夸张到了怪诞的地步，或以讽刺的细节被加以修饰——几乎没有什么东西能像葡萄酒那样引发16世纪欧洲北方人的想象力了。人们尤其怀疑葡萄酒与最恶劣的堕落形式有关。

在捕捉葡萄酒对人的摧残方面，没有哪幅画作能比汉斯·维

图62 《酒囊与独轮手推车》，汉斯·维迪兹作品，约1521
年，木刻版画

迪兹（Hans Weiditz）的木刻版画《酒囊与独轮手推车》（图62）
刻画得更绝妙了。这幅画创作于1521年前后，创作地点可能就在
维迪兹的家乡斯特拉斯堡。画中描绘的男子的肚子被酒撑得鼓鼓
的，变成了一只酒囊，他不得不用手推车推着自己的肚子前进，
这成了这个酒鬼的负担。他看起来也许十分滑稽，但不悦的表情
表明，他已经意识到了自己身上发生的悲惨境遇。维迪兹创作的
怪诞意象的一个主题是长颈的皮酒囊，类似绑在画中男人身后的
那个东西。[299]

在文学方面，舍恩和维迪兹塑造的形象很快就被拉伯雷的《巨人传》（1532—1564年出版的浪漫小说）中的想象力所超越，道德层面的主题思想也遭到了小说故事的反驳。拉伯雷的世界是一场浓缩了庸俗与污秽、变形与堕落，以及荒诞、微小和怪诞的庆典。故事始于巨人高康大的出生，据说他的母亲吞下了"16大桶的酒和足够装满2只酒桶、6只酒壶的牛内脏"，以至于人们把她的排泄物和高康大弄混了。[300]几百页之后，在故事接近尾声的地方，高康大的儿子庞大固埃发现了一大堆凝固的字，它们看起来"就像五颜六色的糖果"，一边融化一边用"野蛮的语言"说着话。[301]

小说中频繁出现葡萄酒（却从未提及啤酒或蒸馏烈酒），在快速发展的故事中，几乎每一段冒险、每一个事件中都有葡萄酒的身影。事实上，葡萄酒是作者幻想小说所设定的荒谬世界的核心。作者在前言中的第一行就称呼读者为"最杰出的饮酒者"，而高康大说的第一句话也是"喝呀！喝呀！喝呀！"，最后一卷更是以劝诫结尾："让我们喝吧。"[302]拉伯雷拥有幻想家和讽刺作家的称号，但正如批评家米哈伊尔·巴赫京（Mikhail Bakhtin）指出的那样，小说中的许多情形都是基于与狂欢节和大斋节有关的流行节日形式而创作的。[303]拉伯雷自己也承认过，高康大喝稀粥的巨大石碗是仿照布尔日市著名的"巨人杯"设计的。这个"巨人杯"每年会为穷人装满一次酒。[304]

有时，拉伯雷会通过思考过度饮食的好处来扩展甚至改掉自己的叙述。他一开始就告诉我们，当婴儿高康大"喜怒无常、烦躁不安或脾气暴躁"时，一杯酒就能让他恢复愉快。后来，他的儿子庞大固埃将酒灌进邪恶的阿纳克国王的喉咙，让他醉倒，然后放火烧了他的营地，打败了他。就在这次遭遇中，庞大固埃的伙伴巴汝奇发现爱比斯德蒙被斩首后，也是用"上好的白葡萄酒"洗净了他的伤口，还为他撒了些粪粉，将他的头颅接了回去。爱比斯德蒙很快就活了过来，只不过"喉咙嘶哑了三个多星期，还伴有干咳，最后喝了很多酒才算痊愈"。在第三部中，这位经验丰富的饮酒者因为可以"在酒的问题上做出形而上学的哲学思考"，且因为能"深思熟虑，冥思苦索，下定决心，得出结论"而受到称赞。在第四部中，葡萄酒还被认为具有治疗由晕船引起的"胃部或头部不适"的神奇功效。[305]

虽然拉伯雷也接受过神父和医生的教育，但他显然是在嘲笑那个时代所盛行的理性与节制的呼声。他对非理性的拥护很快就引起了学术界和教会团体对其著作的密切关注。没过多久，他的书就被索邦大学审查，同时他也被天主教会指控为宗教叛徒，还遭到了约翰·加尔文的攻击，作品也位列梵蒂冈1564年公布的《禁书目录》（*Index Librorum Prohibitorum*）的"一级异教徒"名单之首。[306]

即便到了今天，拉伯雷的作品仍会受到不同解读的影响。人们对各个层面葡萄酒的重要性的判断也几乎无法达成一致。针对拉伯雷作品的最新评述告诉我们："葡萄酒在他的作品中不是其他事物的象征。"而另一本现代文献《葡萄酒与意志：拉伯雷的酒神基督教》（*Wine and Will: Rabelais's Bacchic Christianity*）提出了这样的观点：所有由葡萄酒引起的粗俗、下流的行为里，都存在着"大量的基督教和古典符号"。[307]也许在葡萄酒的历史中，这种饮品已经深陷于欧洲彼此冲突的社会与宗教态度之间，以至于想对拉伯雷作品的内涵作单一的解释几乎是不可能的。

17
和
18
世
纪
的
葡
萄
酒

he Seventeenth and
ighteenth Centuries

文艺复兴时期对葡萄酒地域差异的认识在接下来的一段时间里还在不断扩大。继圣兰塞里奥对托斯卡纳葡萄酒的赞颂以及斯卡利诺的酿酒诗学之后，最著名的当属弗朗切斯科·雷迪（Francesco Redi）的长篇酒神颂《托斯卡纳的酒》（*Bacco in Toscana*，1685年）。作为托斯卡纳人，雷迪更为人所知的身份是医生而非诗人。他所指的葡萄酒只不过是托斯卡纳地区出产的一个"无趣的品种"。在这首献给酒神的漫长赞美诗的结尾，雷迪提到自己最喜欢的是卡尔米尼亚诺的干红葡萄酒。他将其比作"神明的琼浆与甘露"。[308]不足为奇的是，当时意大利葡萄酒写作中的地域排他主义在烹饪文献里得到了体现，直到17世纪，托斯卡纳、博洛尼亚和那不勒斯的美食才第一次拥有了属于自己的赞美诗。[309]

法国的奥比安庄酒庄成立于1550年，这里出产了第一款以酒庄名称命名的葡萄酒。奥比安庄葡萄酒很快享誉国际，尤其在英国广为人知。1663年4月10日，英国作家塞缪尔·佩皮斯（Samuel Pepys）在日记中写道，最近的一个晚上，他在伦敦的一间小酒馆中"喝到了一种名为'Ho Bryan'的法国葡萄酒",他又写道:"这是我喝过的最美味、最特别的葡萄酒。"这一记录被称为"波尔多历史上最重要的品酒笔记"。[310]

为了夜晚能够在家饮酒,佩皮斯会把自己的葡萄酒存放在酒窖里。1665年,这座酒窖里拥有"多于一桶的干红葡萄酒、两个1/4桶加纳利甜酒、一小瓶萨克酒、一瓶西班牙红酒、一瓶马拉加葡萄酒和一瓶白葡萄酒"。[311]那个时候,一个英国人能够拥有来自法国、西班牙甚至是加纳利群岛的葡萄酒,本身就是件很了不起的事。但佩皮斯的酒窖库存还说明,葡萄酒的储存手段有了新的改进。这一进步部分源自西班牙发明的熟成葡萄酒新技术的发展——增加酒的含糖量,使其不易变质;但大部分归功于密封性更强的容器和瓶塞的引入。

早在罗马时代,玻璃器皿就已经被用于饮酒了,同时还会被用作盛酒的器具,但直到17世纪,才有人想到用它们来储酒。巧合的是,英国将烧制酒瓶用的燃木熔炉改成了温度更高的燃煤熔炉,从而发明了一种新型酒瓶。[312]这种酒瓶仍旧由人工吹制而成——铸造酒瓶要到一个世纪之后才会出现——但更重,颜色更深,和以前的酒瓶相比成本更低。这些被称为"英国酒瓶"的器皿被大量运往欧洲各地,仅纽卡斯尔一年的产量就有3.6万份。[313]

大约在同一时期,软木瓶塞开始代替木质、皮质或玻璃瓶塞。[314]不过,软木瓶塞的全部潜力直到18世纪中叶才被充分挖掘出来,因为那时人们在制作酒瓶、装瓶和开瓶方面都有了进一步的创新。最初的创新包括将酒瓶的形状从球形改为圆柱形,以方便侧放储存。紧接着人们意识到,和干软木塞相比,湿软木塞的密封性更好，完全插入瓶口的软木塞效果更佳。接下来是开瓶器的发明和酒瓶瓶口与软木塞的尺寸标准化。软木塞来自西班牙和葡萄牙，这也促进了两国与英国之间的贸易增长。1703年，葡萄牙与英国签订了一项贸易条约，确保英国消费者能够获得波特酒的稳定供应，而英国的葡萄酒商人也能得到所需的所有软木塞，此举也成为葡萄酒政治的一个典范。[315]

一个经济部门需求的增加往往会刺激其他部门创新的衍生。[316]意大利经济历史学家乔瓦尼·雷博拉（Giovanni Rebora）将这种现象称为"主导需求理论"，并给出了几个近代早期的例子：在某些地区，人们对绵羊、山羊以及牛的食用需求有所增加，纺织与皮革贸易也随之兴起。[317]对葡萄酒行业而言，密封瓶的使用所产生的最重要的副产品就是波特酒和起泡葡萄酒等强化饮品。

起泡葡萄酒之所以能"起泡"，是因为"基酒"在密封瓶中进行二次发酵时产生了二氧化碳。[318]在19世纪初对加糖的具体要求被提出之前，瓶身很有可能会因为气体的过度积聚而爆炸。第一款起泡葡萄酒——香槟——的发明者，是法国修道士唐·皮埃尔·佩里尼翁（Dom Pierre Pérignon，1639—1715年）。他居住在埃佩尔奈北部的欧维莱尔本笃会修道院，是一名酒窖主管。佩里尼翁显然是无意间研制出了起泡葡萄酒，但他对这一意外结果非常高兴，惊呼："我在喝星星。"[319]故事在继续。据说，这种葡萄酒被两名地主介绍到了凡尔赛宫，并很快成为路易十四的最爱。[320]但它"国王酒"的称谓却并非路易赐予的，而是与兰斯大教堂的皇家加冕礼有关。路易十四不仅很喜欢这款酒，还会按照医生安托万·达坎（Antoine d'Aquin）的建议，每顿饭都用它来配餐。然而，对迅速增长的起泡酒产业而言不幸的事发生了，国王的健康状况每况愈下，生命走向尽头。这时，他的新医生居伊－克雷桑·法贡（Guy-Crescent Fagon）建议他改喝勃艮第红酒。[321] 没过多久，香槟被取代的消息不胫而走，两种葡萄种植区之间很快爆发了激烈的争执。但香槟始终保持着自己的风格，到1668年时已扩展到法国境外，并在英国君主制复辟时期的喜剧作品中获得了"爱情灵药"的美誉。[322]

到了17世纪，葡萄酒酿造技艺传到了"新大陆"。在美国，弗吉尼亚和卡罗来纳殖民地是最先尝试利用本地的葡萄品种酿造葡萄酒的，但没有成功，因此，人们开始进口欧洲的葡萄品种。害虫、复杂多变的气候和各种葡萄藤疾病等因素阻碍着"新大陆"葡萄品种的栽培。宾夕法尼亚的亚历山大葡萄等杂交品种的偶然诞生推动了美国葡萄酒产业的发展，而美国本土葡萄酒商业化生产的梦想直到1806年才得以实现。[323]

17世纪的医药

达坎和法贡两位医生为路易十四提供的饮食建议以体液学说为出发点，针对的是国王的痛风、发热和肛瘘等疾病。就平衡体液的适宜疗法，医学界始终没有达成一致，他们认为体液容易受到许多变量的影响。尽管17世纪的科学（如血液循环、腺体的功能以及对呼吸系统和神经系统的更好的理解）给解剖学和生理学带来了一些非凡的见解，但人们几乎仍旧普遍相信体液的作用是包罗万象的。1600年，凯撒·克里维拉蒂（Cesare Crivellati）出版了《关于葡萄酒在治疗疾病和固疾中的应用》（*Trattato dell'uso et modo di dare il vino nelle malattie acute*）。该书共有26个章节，广泛引用了希波克拉底和盖伦的话语，除了推广作者家乡维特波的葡萄酒，几乎没有什么新的内容。[324]17世纪末，大量的药典问世，都以相似的方式赞扬了葡萄酒的好处。[325]苏格兰人威廉·巴肯（William Buchan）在《家庭医学》（*Domestic Medicine*）或《用养生法和简单的药物治疗疾病的论著》（*A Treatise on the Prevention and Cure of Diseases by Regimen and Simple Medicines*，1769年）中写道："葡萄酒的作用在于强健脉搏，促进排汗，温暖身体，振奋精神。"[326]巴肯接着指出了不同类型的葡萄酒都有哪些益处，无论是作为主要的药剂，还是"用作提取其他药用物质优点的溶剂"。在回顾了无数的甜食、汤剂、草药、乳剂、输液药物和万能药之后，他在文中得出结论："说实话，（葡萄酒）比其他所有东西加在一起都有用。"

宗教艺术中的葡萄酒

巴洛克风格始于卡拉瓦乔（1571—1610年），于16世纪90年代来到罗马。卡拉瓦乔出生在伦巴第大区的卡拉瓦乔村，他的创作天赋对整个欧洲的画家都产生了深远的影响。他的作品之所以远近驰名（当然也饱受诟病），既是因为其中包含的非理想化的现实主义，也是因为卡拉瓦乔对那些矫揉造作的样式主义前辈的蔑视。对比他于1601年创作的《以马忤斯的晚餐》（图63）与蓬托莫在75年前的同一主题作品（图48），就能看出他对自然的观察与追求。

与蓬托莫的画不同，卡拉瓦乔用紧凑的构图与特写赋予以马忤斯的晚餐丰盛晚宴和人类戏剧结合的想象空间。我们从蓬托莫的日记和瓦萨里的传记中可以知道，蓬托莫显然有消化不良的毛病，而卡拉瓦乔是个颇具野心又喜欢吃肉的人。在他的这幅画中，烤珍珠鸡为主菜，水果作甜点，而面包和葡萄酒在构图中扮演着特殊的角色。这两样东西被放在一侧，与耶稣伸出的手臂在一条直线上。耶稣抬手的方式暗示着圣餐祝福，强调了它们重要的象征意义。众所周知，卡拉瓦乔的作品"以世俗亵渎神圣"（*tra il*

图63 《以马忤斯的晚餐》，卡拉瓦乔作品，1601年，布面油画

sacro e profano）——这一点在这幅画中体现得再明显不过了。他对餐桌陈设和用餐习俗的描绘遵循了当时的惯例，甚至将盛水的玻璃瓶放在了酒壶旁边，以表现将二者混合、降低酒精含量的传统做法。[327]达·芬奇与蓬托莫在自己的圣餐中也加入了水罐，但卡拉瓦乔更进一步，他将杯中的葡萄酒设计成淡红色，表明它已经被稀释过了。

晚餐场景并不是唯一与葡萄酒有关的神圣主题。荷兰艺术家亨里克·霍尔齐厄斯（Henrik Goltzius，1558—1617年）的《救世主耶稣》（图64）将救世主想象成一个面对着观众、袒露半身的

图64 《救世主耶稣》，亨里克·霍尔齐厄斯作品，1614年，画板油画

人物。祂出现在明亮的前景中，身后的背景则是黑暗的。从风格上来看，这幅作品属于意大利风格，但从肖像学的角度来看，它让人想起了耶罗尼米斯·维力克斯多年前的版画作品。不过，维力克斯充分阐释的是肖像本身，霍尔齐厄斯却只关注圣杯。从耶稣的身上几乎看不出圣痕，但伤口没有流血，杯里盛放着什么也无法看出来。不过，耶稣虚弱的表情和几乎翻倒的圣杯表明，祂先是把自己的血装进杯里，然后把它当作酒喝了下去。不仅如此，祂的姿势与中世纪典型形象"忧患之子"（Man of Sorrows，一个直接把血流进杯子里的人物）有着相似之处，这肯定了葡萄酒作为救赎工具的首要地位。

《圣经》中没有哪个主题能比《旧约》中罗得及其女儿的故事（《创世记》19:32-38）更能生动地描述葡萄酒带来的不良影响了。尽管这个乱伦的故事会出现在中世纪和文艺复兴时期的艺术作品中，但在16世纪末和17世纪更加自由的氛围下，它变得更流行了。和苏珊娜与长老（无关葡萄酒）的故事一样（《苏珊娜》1:14-27），罗得的醉酒堕落是为数不多有理由在一幅画中描绘女性裸体与男性欲望的圣经主题之一。北方的艺术家们似乎格外喜欢这个故事，但往往会强调裸体胜过情欲。鲁本斯（1577—1640年）是一位以描绘性感女人和肉欲而闻名的艺术家，也是少数几个直观地画出醉酒父亲抱着女儿的画面（图65）的画家之一。葡萄酒在这幅作品里的中心地位很明显地表达了鲁本斯作画的重点。

17世纪，欧洲北方人将葡萄酒视为打开感官诱惑的大门，它会导致人们失态，这一点在颇受欢迎的圣安东尼的故事中便有反

图65 《罗得与他的女儿们》，鲁本斯作品，1611年前后，布面油画

映。在比利时画家大卫·里克查尔克三世（David Ryckaert Ⅲ）1649年的画作（图66）中，葡萄酒是摆在隐居圣人面前的主要诱惑，而音乐是现场唯一的世俗消遣。和同时代更知名的小大卫·特尼斯（David Teniers the Younger）一样，里克查尔克在作品中也加入了各种可怕的生物，让人想到博斯噩梦般的想象力。博斯作品中放纵之恶的形象经久不衰，再加上葡萄酒作为其最有力媒介的声誉，均凸显了这种比喻在欧洲北方的适应性。只有睡在安东尼脚边的猪——战胜暴食与欲望的象征——是基于现实的，其余的都是纯粹的、毫无理性的幻想。

图66 《圣安东尼的诱惑》，大卫·里克查尔克三世作品，1649年，铜板油画

酒神巴克斯与巴洛克艺术

随着宗教改革和反宗教改革渐近尾声，导致17世纪早期异教形象消亡的宗教不确定性和正统性逐渐减弱，以至于神话主题重新被人们接受。这种现象在欧洲北方和南方都表现得十分明显，但由于缺乏古代的酒神原型，北方的经验成果格外显著。另一方面，南方的酒神形象只是继承了米开朗基罗与提香的遗作。

北方艺术方向的改变在很大程度上是因为意大利样式主义对少数在16世纪末南下的荷兰画家产生的影响。在往返意大利的路上，他们中的有些人会在法国的枫丹白露宫稍作停留，那里本身就是意大利艺术流派理想的中心。在枫丹白露宫，他们看到画家弗朗切斯科·普里马蒂乔（Francesco Primaticcio）、罗索·菲奥伦蒂诺（Rosso Fiorentino）及其法国追随者的作品。这些追随者都喜欢充斥着成群裸体人物的复杂构图。

尼德兰革命①生根于三座城市：天主教南部荷兰的安特卫普、以新教为主的北部荷兰小城哈勒姆与乌德勒支。从肖像的角度看，这三个地方的艺术家都喜爱世俗的而非神圣的意象，更偏爱神话题材。酒神的盛宴与狂欢是最受欢迎的主题，典型的代表为约阿希姆·乌提耶沃（Joachim Wtewael，1566—1638年）的作品。他1612年创作的《佩利乌斯与忒提斯的婚礼》（图67）将佩利翁山上的这场婚礼描绘成了一场节日盛会，大量的葡萄酒用以振奋酒神巴克斯与众多随行神明的精神。不幸的是，派对的结局十分糟糕，因为不请自来的客人厄里斯献上了一只金苹果，先是为巴黎审判奠定了基础，最终引发了特洛伊战争。但和大多数选择这一主题的荷兰画家一样，乌提耶沃只在画中暗示了饮酒过量可能导致悲剧后果。值得注意的是，画面中央摆放的丰富食物竟然一口都没有被动过。

---

① 又称"八十年战争"，是西属尼德兰与西班牙帝国（哈布斯堡王朝）于1568年至1648年期间爆发的战争。战争过后尼德兰七省联邦共和国独立，成为"荷兰共和国"，因此"八十年战争"也被认为是荷兰独立战争。——编者注

图 67 《佩利乌斯与忒提斯的婚礼》，约阿希姆·乌提耶沃作品，1612 年，铜板油画

在意大利屈服于卡拉瓦乔的自然主义和安尼巴莱·卡拉奇（1560—1609年）的古典主义之后很久，约阿希姆·乌提耶沃所信奉的样式主义才在北方盛行起来。我们已经见识了卡拉瓦乔的《以马忤斯的晚餐》是如何将圣经叙事带入现实的，但其实他在职业生涯早期就已经开始运用自己的独创性来处理酒神狂欢的主题了。

《生病的酒神巴克斯》（图68）是卡拉瓦乔早期的传记作家乔瓦尼·巴廖内（Giovanni Baglione）描述的第一幅他的绘画作品。据巴廖内说，这是一幅自画像，艺术家将其伪装成"手持好几串不同种类的葡萄的酒神巴克斯，尽管风格上有些枯燥乏味，但画得十分用心"[328]。对于画中这个脸色青白的年轻男子，人们的看法各不相同。有些人认为他正在从疟疾中康复，另一些人则认为他的神情是带有诗意的，还有人说那是羊男的相貌。作品的淫荡本质昭然若揭，这表明它暗示了画家参加过希腊酒会的同性恋活动，或者至少画家对自己所处时代"淫荡"的象征十分熟悉。[329]桌上的桃子进一步增添了情色的味道，摆放的角度使它看上去像年轻人的臀部。"pesca"一词是双关语，在当代意英词典中的定义既是"桃子"，又是"年轻男子的臀部"。[330]

几年后，卡拉瓦乔在一幅几乎没有留下多少想象空间的作品中重温了酒神狂欢的主题（图69）。在这幅画中，酒神面对着观众，一只手递出一杯葡萄酒，一只手解着腰带，慵懒的表情清晰地表达了他的性意图。这绝对是一幅现实主义的作品：桌上的水果有被虫子咬噬的痕迹，果盘是那个年代的克雷斯皮纳碗，玻璃酒瓶反射了艺术家站在画布前的形象，酒杯是威尼斯茶托状浅杯。不仅如此，酒神的指甲里还藏着污垢，双手（而不是双臂）有轻微

图 68 《生病的酒神巴克斯》，卡拉瓦乔作品，1593 年前后，帆布油画

的晒伤。他雌雄同体的面相看起来不那么真实，但这可能是因为艺术家忠于埃斯库罗斯、欧里庇得斯和奥维德等古代作家的作品，因为他们都将这位神明描述为有阴柔气质的或"女性化"的。[331]

1500 年前，卡利斯特拉图斯在为普拉克西特列斯的一部失传的作品书写评语时，似乎就预见了卡拉瓦乔会有如此创作："一个年轻男子……身体如此柔软、放松……散发着青春的气息，婀娜多姿，被欲望融化。"[332]卡拉瓦乔对神秘莫测的酒神巴克斯的重塑不仅以文学资料为基础。这幅画创作于1596年前后，当时画家正

图69 《酒神》，卡拉瓦乔作品，1596年前后，布面油画

住在他的第一位赞助人红衣主教弗朗切斯科·德尔蒙特（Francesco del Monte）的罗马宫殿里。德尔蒙特的宫殿中摆满了古今艺术品，其收藏品中有不少酒神主题的作品，包括5尊酒神雕像。[333] 不幸的是，我们没法知晓这些作品的样子，但很容易想象到卡拉瓦乔是受到了其中一个的启发。对德尔蒙特和他的朋友圈子来说，将古代作品与当代作品、雕塑作品与绘画作品进行比较的机会，在人们对这类活动产生前所未有的兴趣时出现了。[334]

在卡拉瓦乔画完第二幅酒神作品一两年后，安尼巴莱·卡拉奇开始为罗马的法尔内塞宫的画廊工作。创作《众神之爱》是他职业生涯中最重要的任务。这部雄心勃勃的壁画装饰作品由20多个场景展现，描绘了神明之间的复杂关系。穹顶中央画的是巴克斯与阿里阿德涅的凯旋（图70），这个关于抛弃与救赎的故事第一次出现是在荷马的《奥德赛》中，后来又被奥维德、希吉努斯等人重现。

卡拉奇将这一幕设置在游行的场景中，他让醉醺醺的西勒诺斯走在前面，身后那对幸福的夫妇坐在由老虎和山羊拉的战车上。除了借用文学资料中的内容，这幅画的构图似乎更多地借鉴了一些视觉作品，比如巴尔的摩的罗马石棺（图31）——虽然石棺是为葬礼而作的雕塑作品，在构图上让巴克斯与阿里阿德涅彼此分隔，但卡拉奇却将二者结合在一起，让阿里阿德涅就坐在与巴克斯相邻的战车上，以一名性感的女神取代了曾经只在角落位置的阿里阿德涅。17世纪的艺术评论家贝洛里（Giovanni Pietro Bellori）的评注解释了性感女神出现在这幅画中的原因：

前景中，有个半裸的女子躺在地上……她似乎从睡

图70 《巴克斯与阿里阿德涅的凯旋》，安尼巴莱·卡拉奇作品，罗马法尔内塞宫壁
画，始创于1597年

梦中被喧闹的嘈杂声惊醒，转过头看向西勒诺斯，西勒
诺斯移动过来并注视着她。她的身旁是粗鲁、世俗的维
纳斯，道德败坏的爱神叠着手臂靠在她的肩头……她转
向西勒诺斯，象征着醉酒与淫荡之间的呼应……婚礼的
舞蹈还在继续，在酒神追随者的喧闹声中热闹地进行着。
事实上，这幅画是对舞蹈和音乐的一种刺激，表达了常
常占据被酒征服之人的愤怒和甜蜜的疯狂。[335]

你可能会好奇早期的观众在看待这幅画时会有多认真。对贝
洛里本人来说，卡拉奇的整组作品构成了一场关于神圣与世俗爱
情的讨论，"表明战胜非理性欲望能将人带至天堂"。[336]但是，作
为一个整体，这组作品明显缺乏主题的连贯性；更不用说，某些
主题还明显具有情色意味。鉴于此，我们从中看不出任何统一的
思想或说教。针对这座天花板的一种解读认为，它不过是"一种
讽刺，带着温和的淫荡［画中内容］，本着嘲笑的精神，对通常令
人敬畏的异教神明的荒谬进行了强烈的讥讽和嘲笑"。[337]不过，人
们最近几乎放弃了以明确的方式来解读这部作品。[338]但另一方面，
酒神巴克斯对调情的核心作用——无论有没有回报——肯定有其
自身的意义，它相当于在强调葡萄酒的重要性，以及葡萄酒本身
对促进爱情发展的重要性。

卡拉瓦乔和卡拉奇都对他们那个时代的艺术产生了深远的影
响，但当涉及酒神的主题时，卡拉瓦乔的风格还是占了上风。圭
多·雷尼（Guido Reni）等年轻的追随者将酒神变成了一个朝气蓬
勃的男孩，从而弱化了大师作品中形象的尖锐（图71）。回忆起奥

维德在《变形记》第4卷中说的"这位神明非常年轻，永远是个男孩"，或乔瓦尼·贝利尼在《诸神的盛宴》中的类似演绎，雷尼的诠释去掉了一切有关性堕落的暗示。事实上，他笔下的巴克斯看上去就像一个穿着万圣节服饰的孩子。处于另一个极端的胡塞

图71 《年轻的酒神巴克斯》，圭多·雷尼作品，1601—1604年前后，布面油画

佩·德里贝拉（Jusepe de Ribera，1591—1652年）是在那不勒斯工作的西班牙人。他在处理《醉鬼西勒诺斯》（图72）时严格遵循了自然主义风格。事实证明，这幅被收藏在卡波迪蒙特国家博物馆的画作颇受欢迎，以至于在17世纪中叶之前就已经有三个版本的复刻品了。[339]

传统画作中的西勒诺斯都是骑着驴或在羊男的帮助下行进的，但德里贝拉的画作想象他斜倚在地上，身旁是一只巨型的酒缸。他将讨人嫌的身体暴露在观众的眼前，陪伴着他的是年幼的酒神巴克斯、一个年长的羊男和几个身份不明的人物，其中一人在为他斟酒。德里贝拉笔下的西勒诺斯不修边幅的面容和清晰明亮的

图72 《醉鬼西勒诺斯》，德里贝拉作品，1626年，布面油画

身体透露了这位画家曾借鉴卡拉瓦乔的作品,但他进一步地研究了西勒诺斯的姿势。他的灵感最有可能来自希腊酒会花瓶上描绘的那些侧躺的饮酒者,或是他颇受欢迎的雕塑《巴布伊诺》(这座雕塑曾在他位于罗马的住所附近展出)。正如最近一位学者描述的那样,德里贝拉的画作显然带有社会和政治含义。[340] 面对涉及底层阶级的题材,见多识广的那不勒斯人会通过认可这些画作、感受恐惧与着迷之间的冲突,来证实自己的博学。和西班牙流浪汉小说的读者一样,德里贝拉的《醉鬼西勒诺斯》的观众可能也经历了包括同情、嘲笑和厌恶在内的一系列反应。

鲁本斯对酒神主题的解读略有不同,他曾在职业生涯早期针对该主题创作过好几个版本的作品,其中最典型的是《醉鬼西勒诺斯》(图73),如今被收藏在慕尼黑。画作中,一个极其肥胖的人跌跌撞撞地出现,身旁围绕着宁芙仙女和羊男,氛围活跃又喜庆。鲁本斯还赋予了这幅画一些个人色彩,他将自己描绘成西勒诺斯,将弟弟画成了羊男,而妻子是一位宁芙仙女,右下角还有他的小儿子。[341] 和卡拉瓦乔把《生病的酒神巴克斯》当作自画像来创作不同,这场"家庭聚会"没有什么不健康的意味。鲁本斯是个有原则且自律的人,但对他来说,葡萄酒及其神话的拟人化与其说是一种需要避免的罪恶,不如说是一种力量,它们象征着自然本身的丰饶。[342]

17世纪,文艺复兴初期在神圣与世俗、神话与民俗之间的区隔依然模糊。如果说鲁本斯的《醉鬼西勒诺斯》是将古典主题与肖像艺术融合在一起,那么其他巴洛克画家就是把神话或《圣经》元素与世俗流派结合起来,创作出混合的肖像画。同样,这

图73 《醉鬼西勒诺斯》，鲁本斯作品，1617—1618年，画板油画

种做法在卡拉瓦乔的追随者中特别流行。巴尔托洛梅奥·曼弗雷迪（Bartolomeo Manfredi，1582—1622年）是罗马最接近这位大师的模仿者，也是在酒神与醉鬼主题中第一个将身着当代服饰的人物与古代巴克斯形象相结合的人。十年后，也就是1628年，西班牙画家迭戈·贝拉斯克斯（Diego Velázquez）将曼弗雷迪简单的双人构图变成了《酒神的胜利》（图74）中规模盛大的聚会。

这幅画是贝拉斯克斯离开家乡塞维利亚，在马德里担任宫廷画家时创作的。他在塞维利亚时的大部分作品描绘的都是日常生活中的平凡主题，但在马德里，人们期待他专注于创作肖像画和古典神话。《酒神的胜利》标志着寓言与现实世界之间的过渡，同时因为引用了其他艺术作品的内容，所以看起来十分生动。酒神巴克斯与随行的羊男都拥有理想化的体型，穿着古典的服饰。但画家在描绘他们的同伴时，采用了更加个性化的方式，让他们穿上了现代的衣装。综合来说，这种组合展示的是普通饮酒者进入了古典神话的世界，是对艺术与日常生活的夸张演绎。[343]

贝拉斯克斯在《酒神的胜利》中描绘的酒神入会仪式，不是李维的《罗马史》中那种神秘莫测、有时甚至包含施虐、受虐的仪式，而是当代艺术家与诗人团体能够再现的更有趣的仪式。我

图74 《酒神的胜利》，迭戈·贝拉斯克斯作品，1628年，布面油画

们在前文讨论过两所这样的学院：罗马酿酒师学院和米兰布雷拉美术学院。但人们了解更多的是17世纪罗马的一个名为"画家集团"（Schildersbent）的荷兰与佛兰德画家团体。[344]它成立于1620年前后，一个世纪后被教皇敕令解散。该团体自称"一丘之貉"（Bentvueghels），鼎盛时期的艺术家成员超过两百人。该组织的专业原则有两项：成员们拒绝按照法律对艺术家的要求向圣卢卡艺术学院纳税；偏爱风俗画——以意大利的标准来看，这类画作在题材和风格上都很"低俗"。他们的作品将卡拉瓦乔式的自然主义推向了极限，把对日常生活的迷恋与对整个古典传统的蔑视结合到了一起。

　　加入画家集团要参与一套神秘的入会仪式，其目的是削弱入会者拥有的任何社会虚饰。据当时的目击者描述，参加这种所谓"洗礼"仪式时，入会者必须站在一个黑暗的房间里，首先通过一项包括火药爆炸或幽灵鬼怪的恐吓挑战，这是让入会者吓得魂飞魄散的勇气测试。接下来，他必须跪倒在地——有时甚至赤裸着身子，一名成员一边吟诵"神秘"的词句，一边将葡萄酒浇在自己的头上。从他脸上滴下的酒会被收集到一只高脚杯里，再递给这名新人饮用。整个仪式由一位艺术界的大师主持，他的出席凸显了整个仪式背后的戏谑性。

　　仪式之后，入会者会被赋予一个具有个人特色的昵称。这种昵称大多都没有恶意，但像"大象""雪貂"或"螃蟹"和"山羊胡子"这样有辱人格的称呼也并不少见。彼得·范拉尔（Pieter van Laer, 1599—1642年）是一名残疾画家，被称为"笨拙的木偶"（*Bamboccio*）。那些和他一样的成员也常被这样称呼。[345]

画家集团的入会仪式以宴会的形式举行，由入会者出资，大概持续一天一夜。正如我们所想的，这样的活动肯定是美酒不断，参与者通常会在天亮之后跌跌撞撞地走出饭店，穿过罗马市区，前往他们心目中酒神之墓的所在地。那里实际上是圣科斯坦扎陵墓。在那里，他们往坟墓上浇酒。在聚会接近尾声时，新人们会在这座古老建筑的墙面上留下自己的签名和绰号。

如果说"笨拙的木偶"、德里贝拉和年轻的贝拉斯克斯追随卡拉瓦乔走上了更加写实的现实主义道路，那么17世纪的另一些画家寻求的就是更崇高的目标：沉浸在古典文学之中。提及这些人，首先会让人想到尼古拉·普桑（Nicolas Poussin，1594—1665年）。他的神话作品中有超过6幅描绘的是酒神的狂欢仪式。普桑职业生涯早期的大部分作品都是对贝利尼和提香作品的沉思，他于1657年最后一次为该主题创作的《酒神巴克斯的诞生》（图75）标志着其绘画才能的完全成熟。[346]普桑的朋友、艺术评论家和传记作家贝洛里对这幅画的含义进行了解读：墨丘利将婴儿巴克斯献给宁芙仙女迪尔斯（河神阿刻罗俄斯的女儿），头顶的云朵中是巴克斯的父亲朱庇特。迪尔斯与巴克斯的身后是一块露出地面的岩洞，岩洞上是吹笛的潘神。在左边的前景中，一群水泽仙女的一半身体没入水中，聚精会神地注视着中间的场景，画面右边则是两个静止的人物。贝洛里接着说道：

这两个人物不是寓言的一部分，因为画家是按照奥维德在《变形记》中的描述和顺序而作，接着又画了自恋的纳西索斯头戴水仙花死去、化作水仙花的寓言。极

图75 《酒神巴克斯的诞生》，普桑作品，1657年，布面油画

度迷恋他的女神厄科坐在附近，她苍白的脸色象征着她已经化作了石头。[347]

有人可能会好奇，普桑为何要把酒神巴克斯的诞生与看似毫不相干的纳西索斯之死的寓言结合在一起。普桑不仅参考了奥维德的作品，还借鉴了欧里庇得斯的《狂女》。只有了解此背景，两个神话的并置才有其意义，因为《狂女》是唯一一部提到迪尔斯是婴儿巴克斯保姆的文献。斐罗斯屈拉特的作品《想象》（提香的《酒神的狂欢》的灵感来源）对这幅画也产生了重要影响。普桑尤其关注其中的两段内容。第一段描述的是狄俄尼索斯的母亲塞墨勒在长满常春藤和葡萄藤、附近流淌着泉水的洞穴前分娩。第二段关于纳西索斯的描绘又是以洞穴为背景：纳西索斯呆呆地望着水池，"头顶上坠着……一串串葡萄……与酒神狄俄尼索斯的狂欢仪式不无关系"。[348]普桑清楚地认识到，斐罗斯屈拉特认为巴克斯与纳西索斯神话的自然背景之间存在着联系，据此推测出迪尔斯、塞墨勒和纳西索斯的水塘是同一个。通过关联这些古代叙事、将它们融合到一起，普桑创作了一幅名称正确（但有些冗长）的画作——《迪尔斯之泉、潘神之洞穴以及西塞隆山的宁芙仙女：巴克斯被生母转交给迪尔斯，以及纳西索斯在迪尔斯之泉畔的死亡》。[349]通过将巴克斯的童年与纳西索斯之死联系在一起，普桑以水既能赋予生命、又能结束生命的特性为基础，描绘了一个生死的循环，并将这一主题贯穿于自己的整个职业生涯。[350]

普桑这幅画作背景的博学性表明，狄俄尼索斯的神话即使在这么晚的时期依然可以继续发展。与普桑同一时代的年轻画家彼得罗·泰斯塔（Pietro Testa，1612—1650年）和他有很多相同的兴趣，泰斯塔谴责卡拉瓦乔风格的画家"本质上就是肮脏、可笑的猿猴"，同时还拒绝乔瓦尼·兰弗兰科（Giovanni Lanfranco）等进步艺术家的幻觉主义。[351] 尽管泰斯塔在普桑的圈子里活跃过，但他作为画家并不成功。20多岁时，他把精力转向了版画。他的大型蚀刻版画《酒会》（图76）创作于1648年，描述了柏拉图《会饮篇》终场的一幕：亚西比德来到诗人阿迦同的家参加酒宴。[352]

泰斯塔借鉴了普桑作品中让人物斜倚着的设计，但在美化布景时借用了色诺芬在《酒会》中提过的专业的表演家。不过他对柏拉图的文本有着完全属于自己的理解，并直接描绘了前一晚刚醉酒狂欢过的波萨尼乌斯在夜幕降临时就限制宾客们饮酒的场景。

图76 《酒会》，彼得罗·泰斯塔作品，1648年，版画

画面中的侍从们正要把葡萄酒收走，宾客们也似乎都很清醒。但画面的焦点集中在招摇入场的亚西比德身上。他"略带醉意，放声高呼"，立即宣称自己"已经醉了，酩酊大醉"。他打断的是一场关于爱的本质的讨论，和他打招呼的人只有招待他的主人，也是他的情人阿迦同。而坐在他身旁的苏格拉底无视这位闯入者，继续发表着关于真与美的论述。众所周知，亚西比德是苏格拉底渴望的对象，他风度翩翩的姿态印证了这段论述的起源。泰斯塔熟悉他们的对话，他在一本笔记中经常提到这些。[353] 他的解读肯定了苏格拉底的传统观点，即美丽的外表只有在与更高尚的哲学真理相通时，才是有价值的。但这位艺术家并没有止步于此，因为亚西比德和阿迦同身后的石碑上刻着这样一句话："酒能让宴席变得丰富/智慧则可以滋养灵魂"，加上酒宴的桌子上明显没有酒，所以这句碑文打破了人们认为这种聚会主要是为了让人放纵的假设。相反，泰斯塔以节制为重要议题，这正是其早期传记作家所说的"冷静与忧郁性格的标志"。[354] 泰斯塔在36岁时自杀身亡，可能恰好暗示了，他被剥夺了在版画中坚决谴责的那种常人的欢乐。

葡萄酒与日常生活

在17和18世纪，普通人喝酒的景象常常出现在各类艺术中。例如，路易·勒纳安（Louis Le Nain）的《农民家庭》（图77）就是一个朴素的写照，展现了葡萄酒也是清醒的节俭乡民日常饮食的一部分。在这幅17世纪40年代绘于巴黎的画作中，三代人围坐

图77 《农民家庭》，路易·勒纳安作品，17世纪40年代，布面油画

在壁炉前的一张餐桌旁。尽管地上明显摆着一只瓦罐，但存在食物的唯一证据是大家长手里捧着的一条面包。画面的背景朴实无华，人物是如此的拘谨，以至于让人自然而然地想到了"古朴"一词。勒纳安显然对画中坐着的这些人充满了同情。他们清贫的生活必然遭到了三十年战争[①]的毁灭性破坏。他们的餐食仅限于面包和葡萄酒，使得这场庄严的聚会充满了圣礼的意味，让人联想到最后的晚餐。当时的艺术家经常将宗教与世俗结合在一起。左边手持酒瓶和酒杯的女子占据了突出的位置，画面中央的面包和

① 因神圣罗马帝国的内战演变而成的大规模的欧洲国家混战，是欧洲历史上持续时间最长（1618—1648年）、破坏性最大的冲突之一。——编者注

这场无言聚会的庄严感，显然都具有一定的隐喻。

　　大约在同一时间，一位来自托斯卡纳蒙特鲁朴镇的无名画家也创作了一幅画，描绘了一个手持酒壶与玻璃杯的女子（图78）。[355]但这幅民间画作与勒纳安的作品完全不同。在令人眩晕的风景中，女子醉得东倒西歪，甚至没有意识到自己的胸脯从紧身的衣服里露了出来。可以说，这幅画将女性的性欲与酒精的神话故事一起暴露于人们审视的目光之前。长久以来，人们对过度饮酒的女性始终持质疑的态度，正如13世纪的诗人罗贝尔·德布卢瓦（Robert de Blois）在诗歌《女性的贞洁》（"Le chastoiment des dames"）中明确提到的那样：

　　　　她贪得无厌，
　　　　食饱醉酒时，

图78 《醉酒的女子》，圆
　　盘画，17世纪餐盘
　　的20世纪复制品，
　　马约利卡陶器

思淫欲之心！

高尚的男子，

不会追求如此卑微的女士。[356]

乔叟在《巴斯妇人》（*The Wife of Bath*）的序言中称，好色之徒凭借经验得知，一个喝了酒的女人无法抵御自己的求欢。锡耶纳的圣贝纳迪诺地区也警告称，酗酒的寡妇"不会有好下场"。与马约利卡陶盘大约同时期的英格兰民谣《戴绿帽男人的避风港》（*Cuckold's Haven*）直言，一个女人喝醉之后，"什么钥匙都能开启她的行李箱"。虽然这些观点中有的是对放纵行为会给女性带来耻辱的由衷担心，但大多都带有厌女情绪。我们会读到"饮酒要有度，以免招致罪责。因为你若经常喝醉，定会沦落至备感羞耻的地步"，以及"女子若无节制地饮酒，无论是守寡还是已婚，往往会名节不保"。

尽管如此，酒精刺激女性性欲的影响并不总是负面的。事实上，葡萄酒有时会因其催情功效而受人赞赏。这一概念源自古罗马喜剧作家泰伦提乌斯（Terence）的名言："无美酒无美食，爱情到此为止。"将食物与酒作为爱情的先兆，这在16、17世纪的文献中并不少见。有些文献甚至还公开称赞巴克斯能够"勾引不情愿的女孩"或"打开所有女人的大门"。[357]

风俗画在新教徒的土地上蓬勃发展，尤其在尼德兰北部。上一代意大利样式主义艺术的发源地乌德勒支又一次率先将意大利的最新风尚介绍到了低地国家。到了17世纪20年代，卡拉瓦乔朴实的现实主义尤其深入人心。经过几十年风格的过渡，许多荷兰画家发现，卡拉瓦乔早期作品的自然主义的直白令人难以抗拒，但他们也会忽视他的一些难以理解的肖像画。这些作品表达出的生理学和心理学自然主义不仅是艺术上的创新，还是开放的认识论成为时代特征的标志。[358]

亨德里克·特尔布鲁根（Hendrick Terbrugghen）的《烛光下手持酒杯的青年》（图79）创作于1623年，是卡拉瓦乔风格在荷兰扎根的典范之作。和乌德勒支的许多艺术家一样，特尔布鲁根去过罗

图79 《烛光下手持酒杯的青年》，亨德里克·特尔布鲁根作品，1623年，布面油画

马，目睹过这位大师的杰作。但他的作品与上文提到的几幅酒神的画作（如图68、69）不同，显然属于混合风格，因为画中手举酒杯向观众致意的男孩既不肮脏，也没有面露病态，而是衣冠楚楚，兴高采烈的样子。乌德勒支派偏爱气氛和谐的场景，最受欢迎的画作背景之一是妓院，这里常常是风姿妖娆的妓女和满脸欲望的顾客。这种新的视觉形象让人不禁好奇，早期北方绘画中的说教热情是否已经消逝，或是逐步演变成了另一套规范。葡萄酒在特尔布鲁根画作中的位置如此显眼，很难让人不去想象它是在传达某种含义。

17世纪的画家经常会被日常题材所吸引，且往往会用影射的方式来解释自己的艺术创意。比如添加几个相关的细节就能将一只简单的花瓶转变成虚构的寓言，将三个酒徒变成"人的三个年龄段"，将景色的循环变成"四季"。因此，作为特尔布鲁根作品的重点，葡萄酒可能代表了"五感"中的味觉，"五感"是17世纪艺术与文学中常见的主题。不过到目前为止，人们只找到了一幅可以被归为这类主题的作品，其内容似乎象征着嗅觉。[359]

特尔布鲁根对味觉的影射可能只是权宜之计，他是为了赋予在各方面无足轻重的风俗画以更高的地位，才补充了一些附加内容。不过，和许多荷兰巴洛克艺术作品一样，《烛光下手持酒杯的青年》（也称"味觉的寓言"）可以用不止一种方式来解读：它可以是卡拉瓦乔式"现实主义"的一种表达，是前现代的"现代性"的一种先兆，也是那个时期记录感官直觉偏好的一个标志。最后，它也可能象征着仍旧可以引起人们共鸣的道德价值。某篇发表于1620年的文章印证了这一道德角度的解读，文章作者把所有感官直觉看作来自魔鬼的主要诱惑：味觉"带来的令人愉悦的饱足感"是对"上帝仁慈的沉思"的一种挑衅，目的是"用对上帝赐予的渴求来满足我对罪恶的渴望"。[360]事实上，即使特尔布鲁根真的希望他的作品能改善道德，他传达出的信息也很难用更模糊的措辞来表达。

模糊酒精含义的典型代表是扬·斯滕（Jan Steen，1626—1679年）。这位艺术家的《上梁不正下梁歪》（图80）描绘了三代人在家中的餐桌旁欢庆的瞬间。画面有两个焦点：母亲倚在椅子上，一个人往她手中的酒杯里倒着葡萄酒；父亲将一支烟斗递给年幼的儿子。值得注意的是，母亲的服饰和身旁的物品——脚炉、从笼子里飞出来的鸟、一盘牡蛎和一些甘美的水果——都暗指她是一名妓女。鉴于画中的父亲是画家的自画像，母亲是画家妻子的肖像，这幅画其实是带有自传性质的。斯滕本身是一名酿酒师和酒馆老板，不可能拒绝酒精。葡萄酒在画面中占据了中心位置，可能表明了在艺术家的心里，酒才是欢乐时光真正的标志。这种对道德懒散的奢华展示传达了什么样的信息呢？第一个线索来自祖母歌单上的文字："歌/被这样唱，也就被这样吹奏。人们对此早就心知肚明。我一开口，从1岁到100岁的［所有］人都会跟着歌唱。"由此我们明白，这幅画所描绘的是荷兰的那句谚语："上梁不正下梁歪。"这种决定论的看法认为，糟糕的育儿方法会培养出举止无礼的成年人。

在"是本性所致还是后天养育所致"的问题上，当时的人们一直争论不休——加尔文主义者支持前者，天主教徒支持后者。斯滕是天主教徒，但这一事实还是无助于解释这幅画的意义。我

图80 《上梁不正下梁歪》（又名
"愉悦的陪伴"），扬·斯滕
作品，1663年，布面油画

们可以有多种解读：画家可能是在自我讽刺；或者，他画出这种行为是为了让观众来谴责；或者，他是在用虚构的罪恶来代替真实的罪行；又或者，他根本没有任何道德评判的意思，画中那些带有警告的题词都是虚伪或伪善的。

虚伪的表意在荷兰文献中并不难找。正如历史学家西蒙·沙玛（Simon Schama）所说，雅各布·卡茨（Jacob Cats）等伦理学家用成百上千页的文字洋洋洒洒地记录了淫荡之人的行为。到了17世纪下半叶，色情文学甚至发展出了一个完整的分支，试图以令人难以置信的体面的面具来伪装自己。[361]其中一本名为《阿姆斯特丹的邪淫》（*Amsterdam's Whoredom*）的作品标榜自己是城市治安官对城中罪恶的衰叹。听上去这本书是堕落的城市发出的绝望哭喊，作者为阿姆斯特丹的恶行编纂了一份目录，还附上了地址、价钱、风俗、在售的酒水，并针对如何避免被骗或被感染提出了建议。[362]

正如沙玛后来在《富人的尴尬》（*An Embarrassment of Riches*）中详述的那样，荷兰的社会成员为自己被物质财富和肉体的享受所吸引而深感矛盾，因为他们天生节俭吝啬。[363]就像《上梁不正下梁歪》可以从两个角度来理解那样，用沙玛的话来说，这是一种"始终存在的文化分裂症现象"。总而言之，斯滕的画作既是在嘲讽加尔文派改革者的热情，又是在假意暴露自己风流放荡的行径。结果是滑稽的，但从他整个职业生涯的背景来看，这并不与他的性格相违背。[364]

随着荷兰社会的繁荣和艺术市场的扩张，风俗画的分支变得越来越复杂。新的肖像画中出现了来自社会经济两端的公共与私人的生活场景。阿德里安·布劳尔（Adriaen Brower）和阿德里安·范奥斯塔德（Adriaen van Ostade）等画家专门描绘底层阶级的生活，突出那些只能在酒馆里逃避严酷生活的人的粗鲁行径。研究发现，这一时期酒精饮品消费量的增加与迅速增长的底层阶级的心理需求有关。不出所料，如小大卫·特尼斯1680年的画作《酒馆里的一幕》（图81）等作品展示的那样，最受底层阶级欢迎的酒不是葡萄酒，而是啤酒。[365] 与勒奈笔下沉默且有尊严的农民不同，特尼斯描绘的对象都是些喧闹的莽汉。他们赌博，争吵，抽烟，言语粗鲁，不知羞耻。女性很少出现在这类作品中。光线昏暗的房间里，微弱的日光体现了对平凡世界的蔑视。我们可以假设，这种画的受众都是城市里的中产阶级，他们的职业道德和体面的生活方式与画面中展现的懒惰、粗鄙的作风格格不入。早

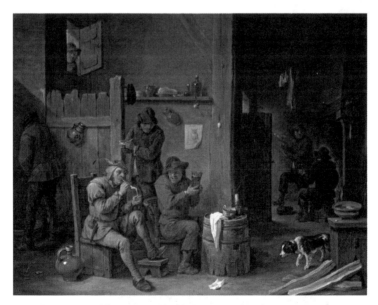

图81 《酒馆里的一幕》，小大卫·特尼斯作品，1680年，布面油画

期受众在面对自己所处的开放社会的成功与失败时，肯定会在愉悦与憎恶、恐惧与迷恋之间摇摆不定。

扬·弗米尔（Jan Vermeer，1632—1675年）和赫拉德·特尔博尔奇（Gerard ter Borch，1617—1681年）等画家代表了另一个极端，他们把葡萄酒作为荷兰最精致的社会生活的象征。他们所处的社会背景自然不会是公共酒馆，而是装潢精美的室内住宅，里面出现的人物都来自有闲阶级。作为一位低调保守的大师，弗米尔最喜欢的主题之一是：在正午时分，喝着葡萄酒的情侣低语调情。这样的气氛暗示了这是一场不正当的幽会，或是某种更加淫荡的交易。[366]他于1657年前后创作的《军官与微笑的女孩》（图82）就是这方面的典型。女孩手

图82 《军官与微笑的女孩》，扬·弗米尔作品，1657年前后，布面油画

中的酒杯暗示她可能会依从对方提出的任何要求。弗米尔从未明确地描绘纵情酒色的场景——毕竟这样的画作在当时会遭到各种论著的谴责——他通常会满足于将道德说教留给观众自己去想象。[367]

与弗米尔相反，特尔博尔奇不喜欢暗讽，他会阐明葡萄酒给少女带来哪些缺乏远见的影响，且不会为此感到良心不安。他于1662至1663年创作的作品《勇敢的军官》（图83）在情节上更进一层，刻画了一位喝光了杯中酒的女子，以及一个正向她递来一把钱币的男人。男人傲慢专横的表情和女子小心翼翼的神色形成了鲜明的对比。诸多与性有关的象征和背景里的四柱床都强调了这次无言邂逅的情色意味。

图83 《勇敢的军官》，赫拉德·特尔博尔奇作品，1662—1663年，布面油画

葡萄酒与死亡

我们在之前的章节中注意到，在古希腊与古罗马，与酒相伴的有时并不是欢乐的酒神巴克斯，而是可怕的死亡。"勿忘你终有一死"的死亡警告是早期的伊壁鸠鲁主义的一种标志，其受欢迎程度让人难以想象，它传达的抓住现在、及时行乐的观念鼓励着人们面对未知，纵情饮食。中世纪，对先验意义的追求超过了对享乐主义的追求，享乐主义逐渐消失，但在文艺复兴时期重新发挥作用。彼时，它的意义已有所不同。变化发生在宗教改革之后，对生活和来世的悲观态度引导人们放弃了短暂的世俗乐趣，转而追求长期的精神回报。

静物画家——尤其是北方新教国家的画家——将古老肖像对象的范围扩展到了骨骼与头骨之外，把沙漏、熄灭的蜡烛和其他稍纵即逝、腐朽破败的象征囊括进来。到了17世纪，对奢侈品的过度展示反映了荷兰中产阶级的物质主义，却遭到了加尔文主义者和新斯多葛派的斥责。[368]在加尔文主义者看来，奢侈是一种应该被避免的罪恶："享受富足会让人变得奢侈，在放纵中滥用……暴饮暴食。"[369]另一方面，新斯多葛派斥责物质享受是一种诱惑，会让人们转移对建立与上帝的精神亲密关系的注意力。[370]

在罗曼语族中，温和的"静物"一词（荷兰语为"stilleven"）的潜在含义被更加明确地解释为"没有生命的自然物体"（*nature morte* 或 *natura morte*）。似乎是为了向北方的观众强调其意义，16世纪的拉丁语创造了"劝世静物"（*vanitas*）一词，用以指代那些明确提及稍纵即逝的生命及其乐趣的图像或文献。[371]在"三十年战争"后的几年里，人们对此前的悲剧仍然记忆犹新，繁荣的景象似乎轻易就会被破坏，这时的肖像画又有了特殊的意义。"劝世静物"的词源拥有坚实的《圣经》基础，因为《旧约》中无数次提及人类生命的短暂。事实上，光是《传道书》中提到"虚空"（vanity，是对希伯来语中"hebel"的传统翻译）的次数就不下 38次。其中最令人难忘的是开篇的几句（1:1–4）：

> 传道者的言语，大卫的儿子，耶路撒冷的王。
>
> 传道者说，虚空的虚空，
>
> 虚空的虚空！一切皆是虚空。
>
> 人的一切辛劳，在阳光下的劳碌，有什么益处呢？
>
> 一代过去，一代又来，
>
> 但大地永远长存。

17世纪的静物画描绘的世俗乐趣中经常出现葡萄酒。彼得·克莱兹（Pieter Claesz，约1590—1661年）等艺术家特别擅长探索葡萄酒的多面性。他的强项是所谓"早餐画"，这类作品会摒弃头骨和沙漏，专注于展现摆满食物和精致餐具的桌子。尽管克莱兹偶尔也会画啤酒杯，但他画作的标志性元素是"锥脚球形酒杯"（roemer），一种球状杯身、粗圆柱形杯脚的高脚杯，杯上装饰着"覆盆子"粘花或浮雕。[372]克莱兹作品中的葡萄酒始终是白葡萄酒，产地应该是莱茵兰。

《静物与锥脚球形酒杯》（图84）画面的右边是一只野鸡、几只牡蛎和一只剥了一半皮的柠檬，左边是一只锥脚球形酒杯、一只翻倒的银碟和一种很受欢迎的被称为"brootje"的荷兰面包。面包与葡萄酒的结合暗指的会是圣餐吗？克莱兹的画作所表达的通常不止乍看之下的样子，频繁出现的翻倒的锥脚球形酒杯或餐具暗示着突然发生的灾难，相当明确地指代着人类的死亡。值得一提的是，许多留存下来的这种酒杯上都刻着暗示生命脆弱的铭文和图案。[373]

朱迪丝·莱斯特（Judith Leyster，1609—1660年）的画作《最后一滴酒》（图85）将劝世静物的内容替代为饮酒的诱惑。在模糊的背景中，画家描绘了两个酩酊大醉的人。其中一个嘬着酒壶里的最后一滴酒，另外一个则向观众展示着自己空荡的

图84 《静物与锥脚球形酒杯》，彼得·克莱兹作品，1647年，板面油画

图85 《最后一滴酒》，朱迪丝·莱斯特作品，1639年前后，布面油画

酒杯。从两人的服装上判断，他们是参加狂欢节的狂欢者，享受着庆典的氛围。[374]虽然欢聚主题里的放纵感大体没有被破坏，但一手抱着沙漏、另一手端着头骨和蜡烛的骷髅却在斜着眼嘲笑着他们。这一幕让人想起"死亡之舞"中的流行形象，以及七宗罪中"暴食"的酒徒的姿势。[375]当然，对莱斯特和她同时代人来说，死亡警告的意义显然与庞贝古城的马赛克骷髅图案对观众的意义大不相同。

莱斯特画作传达的信息与当时的许多说教诗相互呼应。1633年的一幅浮雕作品也描绘了一只骷髅，还刻着这样的铭文：

好啊，好啊。惊喜！投降吧，你们这些野兽，

你们的酒神盛宴难道永不会结束吗？

你们的快乐会戛然而止，

你们的喜悦会永远被禁锢在地狱般的哭泣中。[376]

雅各布·卡茨的《新旧时代的镜子》（"Spiegel van den Ouden en Nieuwen Tyt"，1632）中也有表达同样观点的标志。其中一句写着"时间流逝，死亡降临"，另一条则发出了警告：

早饮酒，早堕落，

早酗酒，早死亡。[377]

事实证明，莱斯特的画作传达的信息深深地影响了这幅画后来的一任主人。那人找人用漆把画中的骷髅盖掉，还在上面画了

一张矮桌。直到1993年，某场展览的工作人员在清理该画布后，原来的构图及其刻画的病态才得以重见天日。[378]

葡萄酒与17、18世纪的英语文学与艺术

威廉·莎士比亚（1564—1616年）经常写到葡萄酒，尤其是西班牙的雪莉酒，也就是当时人们说的萨克酒。通过计算机的索引功能，我们可以将它们分门别类。在26部出现过葡萄酒的戏剧中，萨克酒出现了44次，莱茵白葡萄酒出现了4次，红葡萄酒和马姆齐甜酒各出现了1次。[379]1606年，詹姆斯一世颁布法令，禁止"在伦敦的街道、剧院和其他公共场所"酗酒，这反映了当时戏迷和舞台上的表演者通常会一起饮酒。[380]在莎士比亚的戏剧《亨利四世》的第二部分中，真正的酒神崇拜者福斯塔夫针对萨克葡萄酒发表过一段冗长的论述：

> 上好的雪莉-萨克酒可以有双重功效：它先是冲到你脑子里，把各种愚昧、迟钝的邪气都给你祛除了，让头脑变得清晰，敏锐，有创造性，满是活泼、辉煌、可喜的影像。这些影像再通过声音——舌头——来表达，便降生下来，成为绝妙的语言。[381]

莎士比亚让福斯塔夫表达如下声明时，心中所想的显然是体液学说：

上好的雪莉酒的第二个好处就是让血液暖起来。血原来是寒冷的、凝固的，使肝脏的颜色显得苍白，这正是窝囊怯懦的标志。

这段独白以忏悔结束："如果我有一千个儿子，我要教给他们的头一个世俗的道理就是，不要喝来自北方的淡酒，要一心只喝萨克酒。"

尽管如此，在莎士比亚的戏剧中，酒精并没有带来过多少积极的作用。在《奥赛罗》中，反派伊阿古在其中一幕曾唱出酒精导致卡西奥的倒台。他意识到了酒精的危险，说道："啊，你这空虚缥缈的旨酒的精灵，要是你还没有一个名字，让我们叫你做魔鬼吧！"酒还让克劳狄斯不分是非，是《哈姆雷特》中丹麦的诅咒，是《理查三世》中克拉伦斯公爵死亡的原因。最和谐的声音来自《麦克白》中的波特，他在告诫麦克达夫酒对性行为的影响时说：

> 淫欲。大人，它会挑起淫欲，也会浇灭淫欲。喝醉了的人被激起欲望，干起这种事情来却一点儿不中用。喝多了酒对这种事的作用是两面的：先挑逗它，再打击它。闹得它上了火，又兜头浇一盆冷水。弄得它挺又挺不起来，趴又趴不下去。[382]

最能说明问题的也许是《亨利四世》第二部分中，哈尔为了社会责任而拒绝了福斯塔夫，他清楚地表明福斯塔夫的放荡有损于未来国王的性格发展。从这些方面来看，人们可能会疑惑莎士比亚本人是不是一名潜在的清教徒，但证据还远不能证实这一点。而且众所周知，在从作品中抹去自身痕迹这方面，莎士比亚是个天才。[383]

在英国，啤酒是葡萄酒的廉价替代品。令人惊讶的是，在莎士比亚的作品中，啤酒出现的频率只有葡萄酒的1/3。1617年的一本小册子的序言探讨了英国人的饮酒习惯，从名为《饮酒法则》的卷首插图（图86）中可以明显看出，偏好啤酒还是葡萄酒已经成为区分阶级的重要标志。[384]画中，卖葡萄酒的酒馆和不卖葡萄酒的啤酒屋形成了鲜明对比。酒馆开设在一座优雅的凉廊内，背后是古雅的风景；而啤酒屋的环境则十分不起眼。这两家铺子的陈设、常客的服饰，甚至是其中的音乐——酒馆中出现的是希腊的里拉琴，啤酒屋中出现的是风笛和吉格舞舞者——都凸显了上流人士与普通百姓之间的差异。最后，两幅画面的配文也体现了阶级之间在智力与社会分工上的分歧。酒馆的招牌上写着"佩戴桂冠的诗人"（Poets Impalled with Lawrell Coranets），暗指诗歌的高贵使命；画面左边还写着"天才宛如甘露"（*Nectar ut Ingenium*），这是对葡萄酒与天才的致敬。相反，啤酒屋的标志是一朵简单的玫瑰，店名为"水坑–码头"（Puddle-Wharf）。

这两幅粗糙的小画背后的重要意义在于，它们将葡萄酒与社会阶级及诗歌灵感联系在了　起。[385]文学作品的创作、饮酒与狂欢文化之间的联系为人所知。特别是罗伯特·赫里克（Robert Herrick，1591—1674年）的诗歌，他的作品因歌颂葡萄而闻名。他赞美葡萄既是解放的动因，又是美好友谊的催化剂。他的赞美诗《致巴克斯》（"Hymnes to Bacchus"）以这样的

图86 《饮酒法则》，理查德·布拉思韦特（Richard Brathwaite）的作品《庄严愉快的辩论》的卷首插图，1617年

呼语结束：

> 啊，巴克斯！让我们一起
>
> 远离忧愁与烦恼；
>
> 你将听到我们如何
>
> 吟唱献给你的赞美诗。[386]

在另一首诗《他将如何喝他的酒》（"How he would Drink his Wine"）中，诗人嘲笑了那些将葡萄酒与水混合在一起的循规蹈矩之人：

> 为我斟满晶莹的美酒；这样，这样
>
> 我看不出它的天然纯净：没有混合过的酒，
>
> 我喜爱它傻笑着闪闪发光的样子；
>
> 我知道这是罪过，不调酒是罪过。
>
> 他是个怎样的疯子啊，当它释放出这样的活力，
>
> 岂可冷却他的火，或是用雪将他的火熄灭？[387]

赫里克的酒神狂欢诗中最杰出的一首是《欢迎来到萨克》（"Welcome to Sack"）。这首杰作用葡萄酒代替了缺席的情妇。[388] 终生独身的诗人将伊丽莎白时代十四行诗中所有华丽的辞藻、夸张的赞美和热情都倾注在了他心爱的萨克酒身上。因此，他在《欢乐抒情诗》（"A Lyrick to Mirth"）的开头这样写道：

当温和的命运，

让我们享受快乐：

饮酒、跳舞、吹笛、玩耍；

日日夜夜亲吻我们的美女；

树冠上生长一簇簇藤蔓；

让我们坐下，痛饮美酒。[389]

尽管有"美女"的存在，但正如版画中所描绘的那样，赫里克享受的交情主要还是来自男性。同性社交协会在当时的英国仍保持着稳固的地位，并具有自身的政治意义。事实上，赫里克的思想很难不带有政治色彩，因为他在内战期间属于支持查理一世的"骑士派诗人"，因此否定了清教徒对禁止饮酒和其他讨好献媚表现的禁令。

清教徒的态度在英国文学家约翰·弥尔顿（John Milton，1608—1674年）的作品中得到了最富有诗意的表达。据一位同时代传记作家的说法，弥尔顿"在用餐时和其他任何时间饮用葡萄酒或任何烈酒都非常节制；晚饭过后，大约9点钟，他会抽一斗烟，喝一杯水，然后上床睡觉"。[390]他的诗中不时出现贬损饮酒的词句："巴克斯与他那些纵酒之徒/野蛮狂暴种族的骚音"，或"巴克斯，最先从紫色的葡萄中/榨出被滥用的甜美毒药"。[391]弥尔顿最后一次提及该话题是在他的"戏剧诗"《力士参孙》（*Samson Agonistes*，1671）中。但族的小合唱引出了诗人将自己的失明比作毁灭的隐喻：

当他们的内心充满欢乐和崇高，

沉醉于偶像崇拜，沉醉于美酒，

肥美的公牛和山羊，

追逐着他们的偶像，

更喜欢在我们鲜活的恐怖面前。

在西洛，他满是希望的避难所，

他派了一个精神错乱的人到他们中间，

伤害了他们的心灵，

并以疯狂的欲望

催促他们赶快去召唤他们的毁灭者。

他们只顾着打猎和嬉戏，

不情愿地让自己的毁灭迅速降临到他们身上。

凡人如此沉迷于，

堕入神圣的愤怒之中，

如同他们自取毁灭，

去邀请不理智的自我，或感觉受到谴责，

伴随着失明的内心创伤。[392]

　　在近代早期，葡萄酒、诗歌和英国的政治制度继续相互刺激。在英国的过渡期（1649—1660年），民谣作者将饮酒政治化，给激进的领导者贴上了饮酒和醉酒的标签，同时以呼吁自由表达的诗句来振奋自己的精神：

来吧，高贵的心，

为了显示你的忠诚，

让我们喝一杯可爱的酒，消除忧虑。

为什么我们不应该

是精神自由的人，

用萨克酒来淹没悲伤，抛弃一切冷静。[393]

英国君主制复辟之后，民谣歌手用饮酒歌为国王的回归欢呼，但这些歌曲倾向于将节制当作社会重组的要素。葡萄酒比任何时候都更是忠诚之人的选择，而麦芽啤酒则带有无政府主义者的味道。在17世纪的最后25年里，二者所代表的政治倾向的分歧扩大到辉格党和托利党（两党均于1679—1681年间成立）常以民谣为工具攻击对方的地步。新的托利党民谣甚至暗示，饮酒的好处之一就是让饮酒者无法设计政治阴谋："当你满脑子都是酒时，就没有思考的空间了。"遵循同样的逻辑，有人暗示辉格党人喝麦芽啤酒的习惯可能会导致叛国行为的出现：

托盘里摆着上好的萨克葡萄酒

让我们无忧无虑、满心欢喜

永远不会密谋叛国

不会为如此愚蠢的行为遭到惩罚

令人微醉的酒杯与烟斗

让我们的感觉敏锐而强烈

驱散忧郁与哀愁。[394]

啤酒与葡萄酒之争在17世纪末渐渐平息，取而代之的是另一个与英国饮酒习惯相关的争论。这一次的问题与"新的"或"奢侈的"进口自法国的"干红葡萄酒"（波尔多地区出产的葡萄酒在英格兰被称为"干红葡萄酒"）有关。这些红酒和之前的相比质量更优，色泽更深，而且是产地灌装。塞缪尔·佩皮斯早在1663年就在伦敦的一家酒馆里品尝过奥比安庄的葡萄酒。随后不久，拉菲特、拉图和玛歌酒庄的葡萄酒也被运往英吉利海峡的另一边。[395]随着新葡萄酒的出现，人们对阶级冲突和政治信仰的关注转向了对法国本身的态度的表达。[396]新的干红葡萄酒自然更受支持法国贸易的托利党人的欢迎，但辉格党政府执政期间，一系列禁运和提高关税的政策很快让这种酒变得遥不可及，成为只有最富有和最有政治背景的人才能得到的饮品。虽然最后辉格党也喜欢上了干红葡萄酒，但随着时间的推移，他们对波特酒的喜爱更胜一筹（这是由与葡萄牙关系的改善带来的一项红利）。

与此同时，对于模仿法国宫廷活动与礼仪典范的英国人来说，饮用奢侈的干红葡萄酒也是良好品位的标志。[397]事实上，英国的"礼仪"文化使法国葡萄酒成为国际礼仪领域必不可少的组成部分，这一套国际礼仪还激励了贵族子女前往意大利游学，促使英国人采用大陆风格的建筑，并利用进口画作装饰位于乡村的别墅。英国画家偶尔会记录下绅士们饮酒寻欢的样子。贺加斯（William Hogarth）于1730年创作的肖像画《伍德布里奇先生和霍兰德船长》（图87）就展现了这一点。画中的故事似乎发生在律师事务所的书房中。两位男士正在品酒，一名仆人走进房间来传递消息。最重

图87 《伍德布里奇先生和霍兰德船长》，贺加斯作品，1730年，布面油画

要的是，在这幅"人物风俗画"中，暗示两名绅士教养与品位良好的正是葡萄酒。

18世纪下半叶，中产阶级的社交虚荣逐渐消退。讽刺画家托马斯·罗兰森（Thomas Rowlandson）捕捉到了这一现象，并以经典的英式幽默呈现在平版印刷画《成功者》（图88）中。画中酒馆的唯一要求，就是客人在正式喝酒前要先敬24次酒。罗兰森的作品表明，这群寻欢作乐之人的行为与早期荷兰与佛兰德风俗画中描绘的农夫、底层人士没什么两样。这说明在他所处的时代，喝葡萄酒就代表一个人具备高层次文化修养的说法已不复存在。

图88 《成功者》，托马斯·罗兰森作品，1801年，平版印刷画

在罗兰森的版画与贺加斯的肖像画特征逐渐趋于不同的那段时期[1]，从二者画作中描绘的酒瓶形状上，我们找到了英国葡萄酒文化发展的一个线索。伍德布里奇与霍兰德饮用的葡萄酒装在球状的容器中，而《成功者》中的人是用柱形的酒瓶喝酒的。当然，新形状酒瓶的主要优势是更方便储存。尽管直到1860年，人们才开始销售以这种新形状酒瓶装瓶的葡萄酒，但通过使用软木塞和

---

[1] 托马斯·罗兰森被称为"现代漫画之父"，他的画面布局及人物造型很明显受到贺加斯的影响，但与其画作相比，罗兰森很少关注政治，他更倾向于讽刺人们的不良品行。——编者注

水平装箱的方式来延长葡萄酒保质期的做法，极大地推动了英格兰和其他地方酒窖的普及。[398]

本杰明·富兰克林（1706—1790年）与托马斯·杰斐逊（1743—1826年）都是政治家、环球旅行家和享乐主义者。人们认为，正是他们把"旧大陆"的许多爱好与志趣介绍给了"新大陆"。[399]杰斐逊在沙德韦尔、蒙蒂塞洛故居和白宫中都有保存完好的酒窖，其饮酒习惯很容易就能从酒窖的存货清单中找到踪迹。举例而言，他在1769年曾拥有83瓶朗姆酒、54瓶苹果酒、15瓶马德拉白葡萄酒和4瓶里斯本葡萄酒。多年来，尤其是在欧洲居住了一段时间（1784—1789年）之后，他的喜好变得更加复杂。就职美国总统期间（1801—1809年），他的酒窖里既有来自隆河谷地区的埃米塔日葡萄酒（当时法国最昂贵的葡萄酒），也有勃艮第的香贝丹酒、波尔多的玛歌酒庄红葡萄酒、阿伊的香槟、托斯卡纳的蒙特普尔希亚诺红葡萄酒与阿利蒂科红葡萄酒，以及皮德蒙特的内比奥罗红葡萄酒。[400]1774年，杰斐逊与意大利企业家兼医生菲利普·马泽伊（Philip Mazzei）合作，在蒙蒂塞洛的山坡上开设了一座商业酒庄。不过不幸的是，他对美国葡萄酒文化最持久的贡献无果而终。在此30年前，富兰克林的《穷理查年鉴》（*Poor Richard's Almanac*）对如何利用"树林中生长的野生葡萄"酿酒给出了指导，但战争爆发后的一场致命的春季霜冻让杰斐逊的事业停滞。马泽伊关于"世界上最好的红酒将产自这里"的预言始终只能是一个梦想。[401]直到1806年，美国才成功地生产出葡萄酒，但产地并不在弗吉尼亚州，而是在印第安纳州。[402]

杰斐逊关于葡萄酒的记录简洁得令人失望，但富兰克林的记录可以弥补这一不足。在《穷理查年鉴》一书中，我们发现了这样一段令人难忘的内容：

没有好酒，就没有好日子。酒能让日常生活更轻松，不那么匆忙，少些紧张，多些宽容。喝酒时商量事情，清醒后再做决定。[403]

现代葡萄酒

随着产量与消费量的增加，现代见证了大众消费葡萄酒和贸易出口葡萄酒之间明显的质量差异。在法国尤是如此。那里开垦了更多的土地，引入了高产的酿酒葡萄，运输与销售也有所改进，这些催生了"一个大型葡萄酒生产综合体"。[404]在高端市场方面，早在1815年，波尔多地区就出现了系统分类，当时列出了梅多克产区的323个不同的酒庄。1855年，巴黎世界工农业和艺术博览会拟定了对酒庄列级的四级制度（如今增加到五级）。[405]

　　此后，法国对英格兰、德国、荷兰甚至美国的葡萄酒出口一度急剧增长。美国的葡萄酒进口始于杰斐逊时代的涓涓细流，直到19世纪60年代南北战争爆发，受加州葡萄酒产业兴起、贸易保护主义关税通过以及禁酒运动的影响，葡萄酒进口产业走向消亡。[406]巧合的是，同期的一则英法条约大幅削减了葡萄酒进口的关税，促使干红葡萄酒大量涌入不列颠群岛。[407]

　　1860至1861年，意大利统一之后，意大利葡萄酒也经历了类似的发展。意大利统一运动的两位领导人——卡米洛·卡武尔（Camillo Cavour）和贝蒂诺·瑞卡梭利男爵（Baron Bettino Ricasoli），对在他们的故乡皮德蒙特和托斯卡纳地区发展葡萄种植特别感兴趣，这两个地区彼时已是意大利葡萄酒生产的重镇。人们普遍认为，瑞卡梭利男爵是我们熟知的基安蒂酒的创造者。如今，他的酒庄装瓶的布洛里葡萄酒仍旧是同类酒中最好的一款。19世纪，意大利葡萄酒的口感开始变得更加干涩，这一现象从半岛的一端一直延伸到了另一端。

在美国，葡萄酒的生产中心逐渐西移。起初，葡萄酒的生产在南部殖民地并不成功。19世纪的前三十几年，印第安纳州、俄亥俄州和密苏里州的葡萄园才开始出产可以被接受的欧洲葡萄酒替代品。加州的葡萄酒产业在19世纪初方济各会的传教活动中生根，并在1847年的加州兼并和一年后开始的"淘金热"中获得了主要推动力。从南方的传教区开始，葡萄种植迅速向北扩展，很快就覆盖了索诺玛、纳帕和圣克拉拉县。这些地域的酿酒葡萄品种超过300个，葡萄酒年总产量接近1.136亿升。[408]到了19世纪中叶，葡萄酒产业的发展非常成功，以至于美国的葡萄藤插枝、葡萄根茎和葡萄汁都会被出口至欧洲。法国人喜欢葡萄根茎，英国人喜欢浓缩葡萄汁，只要加水就能制成葡萄酒。1891年，一家伦敦机构在给圣盖博谷的供应商回信时写道："加州葡萄酒在这里风头正劲，我希望几年内能在这个领域做上一笔大买卖。"[409]

不幸的是，全球范围内的葡萄酒繁荣在19世纪遭遇了重创。欧洲大陆发生的两次重大虫害的源头都是从北美进口的葡萄藤。第一次虫害是发生在19世纪40年代的白粉病，影响了霞多丽和赤霞珠等受欢迎的法国葡萄的风味与产量。[410]但更令人担忧的是19

世纪60年代席卷欧洲的葡萄根瘤蚜的大规模传播。[411] 根瘤蚜是一种黄绿色的小蚜虫，它攻击葡萄的根部并杀死葡萄藤。1863年，人们在英国和法国第一次发现它造成的影响，虽然努力加以控制，但害虫还是在19世纪70年代末侵蚀了西班牙和意大利的葡萄园。为此，许多科学委员会成立，法国政府也一度悬赏30万法郎来寻求治疗方法。但数十年过去了，虫害一直没有得到根除。最后，人们提出并评估了超过1000种补救措施，发现其中最有希望的是用水淹没葡萄园，以此将杀虫剂注入土壤，或将（从美国引进的）具备抵抗力的根茎嫁接到容易患病的葡萄藤上。讽刺的是，事实证明了后者能够有效威慑害虫，而在此之前，法国的葡萄酒产量已经下降了约75%。

就在根瘤蚜流行期间，汝拉葡萄酒产区的科学家路易斯·巴斯德（Louis Pasteur，1822—1895年）将自己的才学投入发酵与微生物疾病的难题中。巴斯德受拿破仑三世的委托，将他的发现发表在1866年出版的《关于葡萄酒及其疾病、病因以及保存和陈化新方式的研究》（*Etudes sur le vin, ses maladies, causes qui les provoquent. Procèdes nouveaux pour le conserver et pour le vieillir*）一书中。巴斯德发现了葡萄发酵的根本原因以及微生物在此过程中发挥的作用，这证明了他是当之无愧的现代酿酒学之父之一。最重要的是，巴斯德发现，发酵是酵母侵蚀葡萄汁糖分的结果，细菌则是葡萄酒变酸的原因。氧气在发酵和降解过程中的作用是其理论的核心。他还发现，加热是杀死细菌最有效的方法。这种方法很快被称为"巴氏灭菌法"。他生前最后的建议是将密封的葡萄酒容器储存在较低温度的环境中。虽然巴斯德的深入见解中并不包括根除葡萄根瘤蚜的方法，但他依旧是公认的将酿酒变成一门科学的人。同样，巴斯德也没有忽视葡萄酒对身体和精神的益处。他曾在一句常被引用的评论中称，葡萄酒是"最健康、最卫生的饮品。这就是为什么在已知的所有饮品中，葡萄酒会成为人们最喜欢的那个"。412

1855年，罗杰·芬顿（Roger Fenton）在克里米亚战争期间拍摄了一张著名的照片（图89）。照片中，一名受伤的佐阿夫兵

图89《受伤的佐阿夫兵》，罗杰·芬顿拍摄，发表于1856年，盐印照片

躺在地上，靠着另一个士兵，一名"随军食品小卖部的女管理员"（cantinière）为他递上了一杯有助于康复的葡萄酒。[413]法国人通过葡萄酒寻求慰藉的现象在第一次世界大战期间尤其明显。法德两国的研究结论表明，葡萄酒对作战的负面影响微乎其微。自此，法国士兵每日的葡萄酒配给就从1914年的1/4升增加到了1916年的1/2升，到了战争结束的1918年，达到了整整1升。[414]这一慷慨之举的背景是1914年朗格多克产区葡萄酒的产量过剩，当地葡萄酒生产商向军队医院捐赠了20万升葡萄酒，用以鼓舞伤病员的士气，并加速其康复。[415]

葡萄酒与现代医学 I

传统的葡萄酒疗法与体液学说有关，即便该学说的理论支持在现代逐渐式微，但仍继续发展。17世纪，科学的观察方法最终检验了盖伦和希波克拉底的假设，葡萄酒疗法开始受到质疑。威廉·哈维（William Harvey）的《动物心脏与血液运动的解剖学论文》（An Anatomical Essay Concerning the Movement of the Heart and the Blood in Animals，1628）是第一篇质疑体液学说的论著。哈维在描述他研究的"天然的热量或体内的温度"时会提到体液，但他的方法绝对以经验为依据，他把科学和神学的经典放在一边，直接在活体青蛙和小鸡身上做研究。1648年，佛兰德斯医生范赫尔蒙特（Joan Baptista van Helmont）的遗作《医学起源》（Ortus Medicinae）也驳斥了传统的体液学说。范赫尔蒙特是第一个发现二氧化碳和众多其他气体的人，他才华横溢，和哈维一样从未放弃过炼金术和巴拉塞尔苏斯学说等似是而非的理念。总的来说，在接下来的几个世纪里，西方医学都如此发展着———一方面，实验室的发现和迷信之间的差距越来越大；而另一方面，以科学的细菌学为基础的疗法与放血等传统方法并存。这些疗法从来不曾完全统一（"替代医疗"在今天仍比以往任何时候更活跃），因此，尽管体液学说被献祭在现代科学的祭坛上，葡萄酒疗法变得越来越受欢迎不足为奇。

葡萄酒继续被应用于医学，这既是因为其自身的好处，也是因为它可以被当作溶解其他物质的溶剂或溶媒。葡萄酒作为"药酒"的优势，直到20世纪二三十年代还在被宣传。1926年的《美国处方集》(*United States Dispensatory*)中就有如下陈述：

> 据称，葡萄酒作为药物溶剂的优势在于，里面含有的酒精能够溶解不可溶于水的物质，并在一定程度上抑制这些物质自然变化的趋势，同时它比浓酒精或稀释酒精的刺激性更小。[416]

19世纪出版的许多药典都能证实药酒的流行。例如，1836年的《伦敦药典》(*London Pharmacopoeia*)收录了用芦荟、秋水仙、吐根和白藜芦所酿的药酒，而1840年巴黎的《通用药典》(*Pharmacopée Universalle*)列举的164种葡萄酒中，则混合了龙胆、芥末、大黄和海葱。[417]19世纪上半叶，药酒的数量稳步增长，从1820年第一版《美国药典》(*U.S. Pharmacopeia*)中的区区9种，增加到了1835年海德堡版药典中的175种。[418] 1883年，《美国药典治疗手册》(*Therapeutic Handbook of the United States Pharmacopoeia*) 的作者罗伯特·伊兹 (Robert Edes) 对葡萄酒，以及以葡萄酒为基础的药物有何益处做了最好的总结。例如，他推荐使用白葡萄酒来治疗"消化不良，还可以将其用作心脏兴奋剂，以及用来治疗急性病和伤寒疾病"。[419]

19世纪末的某些出版物对葡萄酒疗法没有那么热衷。罗伯特·巴塞洛缪 (Roberts Bartholomew) 于1883年出版的《医学实践论》(*Treatise on the Practice of Medicine*) 中，仅在一个针对酒精中毒的批判篇章中提到过葡萄酒。[420] 1902年，药酒的丧钟不可避免地被敲响。当时在布鲁塞尔举行的一场药学会议建议不要使用药酒，不是因为其疗效可疑，而是"因为制备药酒所需的商业用酒缺乏统一性"。[421] 1917年，美国标准药典《雷氏药学实践》(*Remington's Practice of Pharmacy*) 仍将一种纯葡萄酒（雪莉酒）与15类药酒列为被批准药品，但药酒的死局已定。[422] 禁酒运动在一定程度上导致了药酒的败落。这场运动的魅力领袖纳辛夫人 (Carrie Nation) 曾在19世纪初向酒吧和酒馆发起"暴力抗议"。反对禁酒令的理由之一是相信葡萄酒有药用价值，因此运动的狂热者开始反驳为葡萄酒辩护的主张。事实上，一些"药店"只不过是无证贩酒的商店，这让那些狂热的改革者的行动显得十分有理。[423] 最终，改革者取得了胜利。1919年，"崇高的尝试"，即官方禁酒令的时代开始，并一直持续到1933年。禁酒令对蓬勃发展的加州葡萄酒产业造成的损失惊人。之前的700多家酒庄只有140家存活了下来。存活下来的酒庄还被迫牺牲了最好的品种葡萄酒，转而酿造祭坛酒和醋。[424]

在当时本身就是禁酒运动摇篮的英国，1932年版的国家药典也删除了在列了几个世纪的葡萄酒。[425] 而20世纪五六十年代，在法国、意大利，特别是德国等天主教国家的药学文献中，药酒仍在清单之中。

葡萄酒与现代艺术

现代主义基本上没有终结对葡萄酒的艺术展现。对19世纪的先锋画家来说，传统的肖像画可能没有什么吸引力，但他们喜欢的许多题材——特别是咖啡馆的场景与野餐——中都少不了会出现人们饮用葡萄酒的画面。与此同时，酒神狂欢和其他古典内容仍旧是吸引雕塑家托瓦尔森（Bertel Thorvaldsen）、画家柯罗（Jean-Baptiste-Camille Corot，1796—1875年）、阿尔玛–塔德玛（Alma-Tadema）、布格罗（William-Adolphe Bouguereau）和热罗姆（Jean-Léon Gérôme）等学院派大师的主题。人们可能不会马上把柯罗与古典神话联系在一起，但酒神的信徒和酒神狂欢经常出现在他的作品中，甚至在他晚期的画作《春天的酒神狂欢》（图90）中也有体现。画中是典型的19世纪70年代林地景观，氛围明朗、色调清冷，微妙的色彩变化将天空和森林统一，既宁静又充满活力，自成一派。画面中心的人物初看很像"点景物"（*staffage*，法国风景画中对无意义比例人物的称呼），但仔细观察就会发现他们的神话身份：斜倚在前景中的是河神，他左手边的是骑着豹子的年少巴

图 90 《春天的酒神狂欢》，柯罗作品，1872 年，布面油画

克斯。画面氛围恰到好处。尽管柯罗声称学院派的训练没有给他留下任何有价值的东西，但像这样的晚期作品仍旧是他最具启发性的杰作之一。[426]不过，对19世纪的学院派画家和观众最有吸引力的似乎是古典主义的诱惑，而不是葡萄酒本身。与提香和鲁本斯所捕捉到的真正的酒神精神相比，柯罗的神话肖像画似乎只是一种形式上的完美事物的堆砌。

在19世纪，真正进步的法国艺术家会从他们所处的社会和政治现实中汲取灵感。由于葡萄酒和其他酒精饮品已成为现实生活中越来越重要的一部分，与它有关的主题和过去的那些主题一样，自然地进入了新的图像库。此时艺术品中最常见的是在个人休闲领域饮酒的画面，而不是过去的既定仪式和行为规范等众多宴饮背景。现代社会的经济背景千差万别，针对社会底层，奥诺雷·杜米埃（Honoré Daumier）创作的作品《饮酒歌》（图91）就展现了4个普通人在一天的工作结束后享用葡萄酒时富有活力的画面。[427]这幅画的设计让人想起了17世纪荷兰的酒馆，但含蓄的色彩和粗犷的处理手法是杜米埃非理想化自然主义的标志。[428]值得注意的是，在一个人人都能买得起啤酒的国度，英国和荷兰工人喜欢的饮品不是啤酒，而是葡萄酒。在杜米埃创作这幅画时，法国葡萄酒产量的爆炸式增长已几乎达到顶峰。尽管葡萄根瘤蚜的肆虐将很快使酿酒业陷入困境，但杜米埃笔下的饮酒者们看起来十分快乐，他们喝光了杯子里的酒而后放声歌唱，完全不知贫穷为何物。

和杜米埃倾向于关注城市生活中粗犷的一面不同，马奈感兴趣的是巴黎中产阶级的享乐方式。这些人逃离市区，步入布洛涅

图91 《饮酒歌》，杜米埃作品，约1860—1863年，以铅笔、水彩、彩色粉笔、钢笔和墨水在直纹纸上所作

森林或附近的乡村美景之中。他1863年的作品《草地上的午餐》（图92）以致敬提香与拉斐尔的方式引入这一主题，同时，对人物和风景的非理想化描绘又非常新颖。反常的裸女身旁摆着体形较大的银色酒瓶，里面无疑装着葡萄酒或其他酒精饮品，这显然是她肆无忌惮的原因。

　　1863年，马奈的作品在第一届落选者沙龙上展出之后，其他印象派画家也开始创作这一主题。莫奈就特别关注这种聚会所表征的社会现实主义，正如我们在他1865年开始创作的《草地上的午餐》（图93）中看到的那样。这幅轻松惬意的时尚画作中有画家

图 92 《草地上的午餐》，马奈作品，1863 年，布面油画

图93 《草地上的午餐》，莫奈作品，1865—1866年，布面油画

的未婚妻和几位朋友的肖像。尽管莫奈一直没有完成他原本打算绘制的巨幅油画，但收藏于莫斯科的一幅油画草图展现了他原先的设想。[①]草图中的4瓶葡萄酒（2瓶倒着，2瓶直立着）强化了这一场景的自然主义色彩，不过和马奈一样，莫奈没有描绘任何人饮用这些酒的样子。

相反，皮埃尔–奥古斯特·勒努瓦（Pierre-Auguste Renoir）于1881年创作的《划船派对的午餐》（图94）将饮酒视为日常生活中不可或缺的一部分。这场派对也有画家的未婚妻与朋友们的参与，是一场私人聚会，背景是沙图的一家湖滨餐厅的露台。画

图94 《划船派对的午餐》，勒努瓦作品，1881年，布面油画

---

① 今天我们所看到的这幅《草地上的午餐》，实际上是莫奈为了完成巨幅油画而创作的一幅草图。——编者注

中满是马奈和莫奈作品中没有的喧闹。由于视野很高，观众可以看到摆放在显眼餐桌上的各种玻璃器皿、酒瓶和小木桶。酒精那令人放松的作用显而易见，空气中弥漫着耽于声色的欢乐。几位聚会参与者举着酒杯，最左边的女子是画家的未婚妻阿琳·查理格特（Aline Charigot），她把她的狗抱到了桌子上。右边的男人反坐在椅子上。画面的丰富性让人想起提香和鲁本斯等前辈大师们没有融入神话背景的作品，或扬·斯滕笔下的欢宴，只不过没了说教意味。不同的是，勒努瓦想在巴黎郊外一个阳光明媚的午后，捕捉由美酒与友谊带来的永恒的乐趣。

在拿破仑三世（逝于1873年）统治时期，奥斯曼男爵（Baron Haussmann，逝于1891年）担任城市规划师，领导了巴黎的城市改建，大量居民搬离老街区，来自法国其他地区的移民陆续涌入。随着人口结构的变化，咖啡馆与咖啡馆音乐会的数量激增，这些地方成为外国人、新来者和无家可归者见面或安静小坐的场所。[429]正如一位外国游客在1867年所提到的那样，这些场所是这座城市身份的核心："［巴黎］在咖啡馆里窃窃私语；在咖啡馆里引人联想；它秘密策划，它怀揣梦想，它受苦受难，它满怀希望。"[430]很多艺术作品都记录了当时的这一现象。马奈的《女神游乐厅的吧台》（图95）可能是其中最著名的一幅画作，因为它将坦率的目光投向了这座城市里一座迷人的音乐厅。画中，身材匀称的酒吧女服务员（以在那里工作的女性为原型）一脸冷漠地面对着观众/顾客，像在等着他们点单。尽管她身后的镜子映出的是令人困惑的扭曲空间——这是许多艺术史观点争论的焦点——但在对待售饮品的描绘上，这幅画是写实的：香槟和啤酒

图95 《女神游乐厅的吧台》，马奈作品，1881—1882年，布面油画

是主打，还有薄荷奶油和石榴汁糖浆。画面中显然没有无气泡葡萄酒，但出现了6瓶堡林爵香槟和3瓶巴斯牌麦芽啤酒。这可能反映了当时巴黎夜总会常客的偏好。香槟产量的增加使其成为人们负担得起的一种需求：1850至1883年间，法国香槟的产量从每年的2000万瓶增长到了3600万瓶，而更加积极的营销策略也使其消费者范围扩大到了有钱的精英人士之外。[431]

大约在同一时期，巴黎的葡萄酒年消费量从8600万升上升到3亿升，涨幅超过了人口的增长。[432]不出所料，消费量的上升导致异常行为的增加，咖啡馆成了避风港，接纳着意图用酒精冲刷掉未实现的希望和梦想的那些人。土鲁斯-劳特累克（Henri de Toulouse-Lautrec，1864—1901年）就是因为这个而被咖啡馆的生活所吸引。土鲁斯–劳特累克对生活中的失意并不陌生。他是个侏儒、瘸子、酒鬼，在巴黎的各大酒吧和舞厅都赫赫有名。他的模特、学生和朋友苏珊·瓦拉东（Suzanne Valadon）与他有着相同的处境，两人都是二十出头的年纪。他画下了她坐在咖啡馆桌前的模样，成就了自己最动人的作品之一（图96）。[433]苏珊曾是一名马戏团的演员，15岁那年从高空秋千上摔了下来，结束了她的职业生涯。因此，她和画家一样，明白什么叫作"失意"。这幅名为《宿醉》的图画捕捉到了苏珊无精打采地发着呆的模样，面前的桌子上摆着一只酒杯和一瓶已经喝了一半的葡萄酒。她这种茫然若失的形象在那个年代并不少见。马奈和其他画家描绘咖啡馆的画作中也经常出现类似的场景。这就是城市现代化的面貌，与表面看似生机勃勃、精神饱满的世界格格不入。

那时在整个欧洲，酗酒已经发展成一个严重的问题，但"酗酒"一词是在1849年由一名瑞典医生创造的，虽然这个国家本身

图96 《宿醉》（画中人物即艺术家苏珊·瓦拉东），劳特累克作品，1887—1889年，布面油画

并不产酒。[434] 相比于其他恶习，酗酒与咖啡馆生活的组合更令法国社会改革者感到困扰。同时，在公共场合，醉酒也成了一大麻烦，以至于法国政府在1873年颁布了一项法律来禁止此行为。在葡萄根瘤蚜肆虐之后，其他更烈的酒和葡萄酒一起被摆上了餐桌，其中蒸馏酒格外受欢迎。高产的酿酒厂降低了白兰地和其他酒精饮品的成本，同时提高了酒精的含量。后来市面上还出现了相对较新的苦艾酒，[435] 人称"绿仙子"，被认为是最糟糕的酒，它会引发：

> 闻所未闻的醉酒状态，不似啤酒带来的那种沉闷，
> 也不似白兰地所导致的那般猛烈，更不似葡萄酒带来的
> 欢愉。不，它会让你瞬间失足颠仆……和所有空想家一
> 样，你只会走向混乱。[436]

苏珊·瓦拉东坚持只喝葡萄酒，这一点应该得到称赞。值得一提的是，她的手边并没有用来稀释葡萄酒的玻璃瓶装水，因为这一习俗最终在19世纪初被废弃了。即便是一杯葡萄酒，只要"不加水"，酒精含量也比之前要高得多。

如果说孤独或被疏远的饮酒者是19世纪相当普遍的艺术主角，那么喝酒喝到失去意识的人就更常见了。这方面最令人心酸的例子并不来自法国，而是挪威——一个酗酒率始终位居全球前列的国家。爱德华·蒙克（Edvard Munch，1863—1944年）也是一位一生都在与酒精作斗争的艺术家。他在画作《第二天》（图97）中毫不留情地展示了这一主题。画面中那个懒散地横在床上的女子无疑已经酩酊大醉，前景突出的位置上摆着两只空空如也

图 97 《第二天》，蒙克作品，1894—1895 年，布面油画

的酒瓶，其中一只显然是葡萄酒的。酒精和躺着的女子肯定对画家具有特殊的意义，因为他曾在好多场合中不止一次地描绘过这样的画面。[437]这种画面没有任何的乐趣、社交性、洞察力和救赎含义可言。这幅画抛弃了将葡萄酒与灵魂提升联结的永恒的神话，转而强调它会让饮酒者醉到不省人事的特征。

针对葡萄酒在艺术作品中的变化，20世纪的大多数艺术家都倾向于持乐观的态度。其中最成功的通常是抽象艺术家。和学院派前辈相比，他们更能生动地想象酒神狂欢仪式带来的疯狂。安德烈·德兰（André Derain）1906年的水彩作品《狂欢之舞》（图98）就是该主题最具表现力的作品之一。一名舞者在两个倒在地上的同伴之间起舞。不羁的形象让人想起希腊红纹陶器花瓶上的狂女，

图98 《狂欢之舞》，德兰作品，1906年，纸上水彩和铅笔画

但在这幅画中，一旁大树的树干和树枝再现了舞者摇摆的动作，人类的能量被大自然增强。原色的调色更是进一步提升了情感上的基调。正是这种桀骜不驯的精神，让一位巴黎批评家将德兰和他的朋友马蒂斯（Henri-Emile-Benoit Matisse）、弗拉曼克（Maurice de Vlaminck）一起称为"野兽派"画家。[438]

20世纪，另外一些抽象画家也利用了狂欢形象的表达，包括柯林斯特（Lovis Corinth）、杜飞（Raoul Dufy）、马克斯·恩斯特（Max Ernst）、汉斯·霍夫曼（Hans Hofmann）、克里木特（Gustav Klimt）、安德烈·马松（André Masson）、朱尔斯·奥利茨基（Jules Olitski）和乔治·鲁奥（Georges Rouault）。[439]但即便是在他们最具活力的作品中，通常也很难找到酒神精神的存在，所使用的色彩和人物的自由动作本身就是画家的目的。在这一方面，毕加索是个例外，因为他在自己所描绘过的许多狂欢场景里都强调了葡萄酒的重要性。[440]葡萄酒与神话最直接的联系体现在他20世纪30年代的"沃拉尔系列"（Vollard Suite）版画中。毕加索描绘了牛头人弥诺陶洛斯与美女。[441]据维吉尔、奥维德和其他人的描述，这个可怕的牛头怪物每年都会吃掉被当作贡品送进迷宫的少女，直到忒修斯在阿里阿德涅的帮助下进入迷宫，杀死了他。在其中一幅蚀刻版画中，弥诺陶洛斯与一名好色的男伴——可能是画家本人——手持香槟互相敬酒，身旁各躺着一个丰满性感的女子。女子恣意的举止暗示着醉酒与性。高脚香槟酒杯的形状呈优美的曲

图99 《沃拉尔系列之85：与弥诺陶洛斯的狂欢之景》，毕加索作品，1933年，铜版画

线，没有被画家画成笔直的笛子状，这一点更强化了场景中的情色味道。[442]

宗教艺术在20世纪并没有消失。梵蒂冈博物馆拥有近800件现代宗教艺术作品，却很少有艺术家把葡萄酒对耶稣救赎的作用当作吸引观众的主题。[443]但奥地利抽象派画家阿诺尔德·赖纳（Arnold Rainer，生于1929年）是个例外。多年来，他一直着迷于十字架形状与污渍的其他意义。他的画作《葡萄酒十字架》（图100）受托绘制于1957年，是天主教格拉兹教区教育大学学生礼拜堂的祭坛画，后来经过艺术家的重制，于1983年被泰特美术馆收购。在最初的设计中，这幅油画是没有画框的，画布被挂在一扇透光的窗前。和圣餐变体论一样，这幅作品呈现出的效果是神秘的，油画的颜料能让人联想到鲜血与葡萄酒。画家在重制这幅作品后称，它的"色泽和真实性……只会……越来越黑暗"。[444]

到了21世纪，人们对更具代表性的神话和《圣经》叙事的热情重新燃起。伦纳德·波特（Leonard Porter，生于1963年）专注于这类主题，其2009年的墨水与水彩作品《狄俄尼索斯发现纳克索斯岛上沉睡的阿里阿德涅》（图101）就是一个极具说服力的例子，它证明了古希腊的古典表达方式仍旧可以被表达和理解。[445]用波特的话来说：

> 我一直在想阿里阿德涅即将被狄俄尼索斯唤醒的那一刻。她徘徊在半梦半醒、半醉半醒的状态里，既是凡人又是圣人，欲拒还迎。狄俄尼索斯举起手打断歌声，延长了这一瞬间，然后奏响了新的乐章（也让她重获新生）。[446]

图100《葡萄酒十字架》，阿诺尔德·赖纳作品，初创于1957年，布面油画

图101 《狄俄尼索斯发现纳克索斯岛上沉睡的阿里阿德涅》，伦纳德·波特作品，
2009年，墨水与水彩画

　　相反，戴维·利加雷（David Ligare，生于1945年）以"祭坛
般的""形而上的"空间为背景创作了一幅静物画（图102），画中
的面包和葡萄酒让人联想到圣餐的圣礼。[447]除了"充分意识到静
物的基督教的象征意义"，利加雷还模仿了罗马的静物画和食物马
赛克画。[448]最终，观众必须自行判断这些引人注目的图像的意义，
但无论是被怀旧的风格还是被图像所传达的信息所打动，他们都
会看到，葡萄酒与西方想象力之间跨越时空的故事在其即将结束
时又重现了生机。

图102 《面包与酒的静物》，戴维·利加雷作品，2007年，布面油画

葡萄酒与现代文学

对于作家而言，不管是直抒胸臆还是通过隐喻来传达，他们从没停止过对葡萄酒的思考。在文学世界的"新人"——小说之中，葡萄酒在19世纪的诸多情节里扮演着核心角色，其中表现最突出的作品可能是埃德加·爱伦·坡的短篇小说《一桶白葡萄酒》（*The Cask of Amontillado*，1846）。这是一个关于复仇的恐怖的哥特式故事，叙述者讲述了他如何引诱一个羞辱过自己的朋友进入他迷宫般的酒窖，去寻找一桶特制的雪莉酒。为了让对方放心，叙述者给了他一瓶梅多克产的葡萄酒，酒的名字"De Grâve"颇具暗示意味（grave 英文含义为"坟墓"）。毫无防备的受害者一心

只为宝藏，却被招待自己的主人关在了那只虚构的酒桶所在的拱形地窖里。尽管爱伦·坡误以为那种白葡萄酒是一种罕见的意大利酒，而非常见的西班牙雪莉酒，但这个故事依旧动人心魄，令人难忘。

在罗伯特·路易斯·史蒂文森（Robert Louis Stevenson）同样黑暗的小说《化身博士》(*The Strange Tale of Dr Jekyll and Mr Hyde*，1886）中，葡萄酒的存在更具象征意义。在《来自凶手的一封信》一章中，杰基尔博士正在和负责调查神秘人海德先生的律师谈话，这时仆人拿出了

> 一瓶他家地下室里珍藏多年的酒。雾气笼罩在被淹没的城市上空……火光照得房间异常明亮。酒瓶里的酸早已分解，原本色彩恰到好处的染料也随着时间的流逝变得柔和，彩色玻璃的颜色变得越来越浓。秋日午后的艳阳照耀在山坡的葡萄园上，已经做好准备铺酒开来，驱散伦敦的雾气。[449]

在浓雾笼罩的伦敦，用一瓶陈年干红葡萄酒来引出色彩，不愧为一种十分巧妙的文学手法。与爱伦·坡不同，史蒂文森显然十分了解自己笔下的葡萄酒。1879年，这位患有肺结核的作家逃离了旧金山的大雾，搬去加利福尼亚州与范妮·奥斯本（Fanny Osborne）结婚，并在纳帕溪谷度了蜜月。他在那段时间里所写的日记成了《银矿小径破落户》(*The Silverado Squatters*，1883）的基础。在这部游记作品中，作者承认："我对加州的葡萄酒兴趣

浓厚……事实上，我对所有的葡萄酒都很感兴趣，一生都是如此……"接下来，史蒂文森回忆道：

> 如果葡萄酒要为自己描绘出最富诗意的面容，那便是这般：白色餐布上的太阳，一个供两三人祈求的神，他们满心虔诚，沉默着细细品味那口中的味道，留存着回忆——因为一瓶好酒，就像一场好戏，在回忆中永远闪耀光芒。[450]

最后，正是在这里，史蒂文森写下了最令人难忘的即兴评论："酒如瓶中诗。"

19和20世纪期间，葡萄酒与诗歌之间的联系如此紧密，以至于通过检索能够查到上百首以葡萄酒为题的或内容提及葡萄酒的诗歌。这些诗歌以各种语言出现，出自艾米莉·狄金森、拜伦、波德莱尔、田纳西·威廉斯和巴勃罗·聂鲁达等众多才女才子之手。其中一些诗歌的思想与意象遵循了传统，让人想起泰奥格尼斯与贺拉斯及时行乐的哲学思想。比如拜伦在史诗《唐璜》（1819—1824年）第二章中所写的：

> 且来饮酒赏佳人，尽欢笑，
> 明日再饮苏打水，听人讲道。[451]

在同一首诗的后半部分，拜伦将传说中的情人对葡萄酒的喜爱与他对女人的吸引力进行了对比：

世人偏爱葡萄酒——无妨；

二者我皆有尝试；故那些愿意参与之人

可在头痛与心痛之间选择一方。[452]

随后诗人承认，在二者之间做出选择是件难事：

如我必须择一而从，

于双方，我皆可给出诸多理由，

而后决定，二者都无大错，

二者皆有总比一无所有要好得多。[453]

关于这一主题，描述最简洁的诗句要数叶芝1910年的诗作《饮酒歌》，其中还带有一丝死亡警告的意味：

美酒口中饮，

情意眉目传；

我们所知唯此真，

人之将死前。

举杯至双唇，

眼望你，我轻叹。[454]

1819年，也就是《唐璜》第一章问世那年，济慈在他的诗作《夜莺颂》中提到了葡萄酒的另一个方面。在他早期的诗歌《女人、酒与鼻烟》（1816年）中，除了"他喜爱的这三位一体"给予的快乐，他几乎没有想象过其他的乐趣。但《夜莺颂》不同，它歌颂的并不是葡萄酒带来的欢乐。这首诗将葡萄酒比喻成夏日里的田园生活，诗人沉浸在甜蜜又忧郁的生活之中，感叹世间的美终会褪去颜色，无法避免。其中，第二节写道：

> 啊，来一口陈年的美酒！来一口
> 在深深的地窖里冷藏多年的佳酿！
> 尝一口，就想到花神，想到绿油油的酒乡，
> 想到舞蹈，普罗旺斯的吟唱，和丰收的欢狂！
> 来一口酒吧，盛满南方的温热，
> 盛满灵感之泉水，鲜红，醇香，
> 杯沿的泡沫如珍珠闪烁，
> 把嘴唇染上红光；
> 我要痛饮，再悄然离开这尘世，
> 同你一道隐入那幽深的林莽。[455]

即便人生短暂，好景不长，但"如珍珠闪烁"的葡萄酒泡沫也能像夜莺歌唱的诗歌一样，给读者的心灵带来慰藉。[456]

1857年，随着波德莱尔的《恶之花》出版，葡萄酒表达更广泛意义的能力达到了一个新高度。《恶之花》是一本由100多首诗歌组成的诗集，按主题分类。[457]其中，以"酒"为题的部分由5首诗组成，讲述了关于葡萄酒的悲喜交加的故事。第一首诗《酒魂》开篇十分欢快：

夜里，酒魂在瓶中吟唱：

"人啊"，不幸的流浪人，我为你献歌，

我要冲破被红蜡封锁的门框，这玻璃的囚牢，

让满是光明和友情的歌声激荡！

这首诗接着写道，葡萄酒"如同天上的仙馔神肴"，"流入因操劳过度而精力衰竭之人的喉咙"，让"狂喜的妻子"眼中燃起光亮，"给生活中柔弱的竞技者……带来肌肉与健康"。第二首诗《拾荒者的酒》比较平淡，讲述的是那些"满是污泥、如迷宫一般的旧郊区的中心"，以及"因家务烦扰而受尽煎熬，因操劳而困乏，因年老而苦恼"的人。他们将不幸诉诸葡萄酒：

以麻痹他们的怠惰，淹没他们的愤恨

为被风暴撕碎的破船，提供临时的船锚……

但与第三首诗《杀人犯的酒》相比，这都不算什么。诗中的叙述者毫无悔意地承认他淹死了不赞成自己行为的妻子：

我的妻子死了。我自由了。从此

我可以纵情豪饮，这是真的！

每每我口袋空空地回到家，

她的吵嚷都搅得我牙痒。

第四首诗《孤独者的酒》详述了叙事者在沉迷于赌博和性后

不可避免地走向堕落。可就在事情看起来不可能变得更糟时，故事却以和开头一样幸福的基调画上了句号。最后一首诗《情人的酒》在第一节写道：

> 啊，风景竟如此壮丽！
> 没有嚼子，马刺，或赛马的缰绳，
> 让我们乘上美酒的快马
> 去神圣的仙境畅游！

尽管结局出人意料地乐观，但波德莱尔在序言《致读者》中曾明确表示，《恶之花》本身是一部道德剧，是对"那些践踏我们灵魂、折磨我们肉体的愚蠢与谬误、贪婪与罪行"的重述。驱使人们饮酒和吸毒的，是由"我们如平庸画布一般的命运"所带来的"无趣"。他指责读者同样身处这一境况：

> 你对这个不好对付的怪物，早已司空见惯——
> 虚伪的读者！ ——你们！ ——我的同胞兄弟！ ——
> 我的同类！

在波德莱尔的作品中，城市空间下的自然主义被雨果、龚古尔兄弟和埃米尔·佐拉等著名作家所喜爱，但一些法国评论家认为《恶之花》既乏味又让人困惑，还有人抱怨诗里的一切"不是丑陋的，就是难以理解的，能理解的东西都是腐朽的"。[458] 当局更是对《恶之花》不以为然，对波德莱尔提出了指控，处以罚款，还禁止他再版其中的几首诗。

尽管人们对酗酒的社会影响的关注越来越多，但在英国和美国，充满诗情画意的酒会还在蓬勃发展。在某些作品中，这一古老的联想被长久地保留了下来，比如罗伯特·布朗宁（Robert Browning）在《阿里斯托芬的道歉》中将葡萄酒与文学考古学联系在了一起，并沉思道：

> 我们的艺术始于巴克斯……的发现——
>
> 这是众多好处中最重要的——
>
> 葡萄酒撬开了最僵硬的嘴唇
>
> 让不久前还干涩且拒绝笑话的舌头放松了下来……[459]

在另一首经典诗歌《阿波罗与命运女神》中，布朗宁将葡萄酒与太阳神联系在一起。这位神明举起酒杯，奚落沮丧的命运女神：

> 递上这世间的产物，而不是我的。
>
> 品味，尝试，欣赏人类的发明——葡萄酒！
>
> 痛饮葡萄酒——振奋的精神如何变得敏锐而热切……
>
> 我举起这美酒，
>
> 没有太阳的参与也能照亮幽暗，
>
> 将恐惧变成希望，为怯懦之人壮胆——
>
> 触摸生活中一切铅一般的东西，让其变成黄金！[460]

令人更感惊讶的是，我们竟能在艾米莉·狄金森的诗歌中找到酒的意象。这位看似十分节制的女性在写给未来导师的信中描述过，自己的"眼睛就像客人杯子里没喝完的雪莉酒"。[461]狄金森曾在许多场合以其著名的委婉方式提到过葡萄酒。检索她的诗作就会发现，葡萄酒被提到的次数多达17次（还有7次是其他酒）；相比之下，茶只出现过4次。[462]在诗作《不可能，就像葡萄酒》中，狄金森用葡萄酒的意象来比喻未知经历的奇妙：

> 不可能，就像葡萄酒
>
> 使品尝它的人
>
> 异常兴奋；可能它
>
> 没有滋味，那就用一种
>
> 最淡的酊剂去混合
>
> 再加上从前的威士忌
>
> 魔法让成分
>
> 变得如命运一样。[463]

狄金森对超验主义的探索在葡萄酒的醉人能力中找到了自然的隐喻。玄学派的诗歌以爱情和不朽为主题，将葡萄酒的意象发挥到了极致。在这方面，狄金森的杰作可能要数《我带来一种罕见的酒》：

> 我带来一种罕见的酒
>
> 递给干渴了许久的唇

它们紧挨着我的唇齿。
我招呼它们畅饮一番；

于惊喜的欢呼声中，它们品尝起来，
我移开满足的双眼，
过一小时再来看看。

双手仍握着这迟来的酒杯——
我想要冷却的嘴唇，不幸啊——
却显得过于冰冷——

我要尽力去温暖
那些在面具下
被霜封了多年的心——

也许还有其他燥渴的唇
这酒会把我引去
如果它仍然要言语——

于是我总是端着酒杯
万一我的杯中物成为
消除某位旅人渴意的一滴

万一什么人对我说

"允许这孩子，到我这里来"，

在我最终醒来之时。[464]

从字面上看，这首诗似乎表达了她对未来的情人或逝去的亲人、朋友的强烈情感，但在另一个层面上，这种情感的渴望可能是指灵魂的永生。虽然狄金森的宗教信仰有怀疑主义倾向，但不能排除她在用这种"罕见的酒"来暗示对救赎的渴望。[465]

与狄金森诗歌的神秘性相比，巴勃罗·聂鲁达的《酒颂》（1954年）留给人们的想象空间就比较小了。20世纪50年代，聂鲁达对坦率的颂歌手法进行探索，创作了三卷诗，内容涉及洋蓟、自行车、夏日与沙等基本主题。他的《酒颂》开篇就赞美了葡萄酒的各个方面（"从来没有一只高脚杯装得住你"），然后转而表达对某个女子的沉思，因为她的臀部让他想起了"高脚杯丰满的曲线"，她的胸脯好似葡萄簇，乳头是葡萄。[466]当时的聂鲁达已经与德利娅·德尔卡里尔（Delia del Carril）结婚，但诗中描绘的女子可能是他多年的情妇玛蒂尔德·乌鲁蒂亚（Matilde Urrutia）。[467]

西尔维亚·普拉思、田纳西·威廉斯和理查德·威尔伯等20世纪杰出的诗人及戏剧家也提到过葡萄酒的意象，比如普拉思忧郁的小诗《酒神的女祭司》，威尔伯讲述《圣经》中迦南婚礼的戏剧《婚礼祝酒辞》。在威廉斯的诗集《双性人，我的爱人》（1977年）中，《喝葡萄酒的人》一诗尤其彰显了葡萄酒以新的方式激发诗歌想象力的功能。[468]和艾米莉·狄金森一样，威廉斯也将自己的情感自传写进了诗中。诗集《双性人，我的爱人》被称为"了解他最深层次情感的最清晰的指南，尤其是他的性取向"。[469]有了这一想法，人们在阅读《喝葡萄酒的人》时，都会不禁联想诗人对酒精和巴比妥酸盐的喜爱，更别提同性恋的倾向了。

> 喝葡萄酒的人坐在车道的门廊上晒太阳
> 爱情的失败令他们迟钝。
> 他们挥动扇子，上面的羽毛却纹丝不动，
> 耀眼的阳光晒黑了他们的皮肤。
>
> 让我们来欣赏他们的对话。
> 一人说"哦"，另一人说"是呀"。

紧接着，作者提到了"又亮又细的针"，自然而然地引出了问题：

> 他们在想象什么？谋杀？
> 他们在想象欲望，渴望暴行
> 但什么都没有发生。

从历史的角度来看，威廉斯的诗和蒙克的画很像，它们都把葡萄酒的破坏力刻画到了极致。《喝葡萄酒的人》既没有描绘什么欢乐的场面，也没有表达什么深入的见解，而是传达了 个信息——宣告了现代的虚无神话。在这首诗发表5年后，威廉斯在酒店的房间里被发现，他被药瓶的瓶盖噎住，窒息而死。但根据警方的报告，酒精和药物才是导致他死亡的因素。[470]

近些年来，葡萄酒大举进入流行文化领域，与其有关的歌曲

和电影有数十部之多，其中2004年的电影《杯酒人生》(*Sideways*)应该是最令人难忘的。影片的主角迈尔斯与杰克是南加利福尼亚大学的两个老友，二人在杰克的婚礼前夕一同前往中部沿海地区，开始了品酒之旅。一路上，刚刚离婚的迈尔斯始终闷闷不乐，杰克则试图勾引他遇到的每一个女人。一连串滑稽的事情让两人想象中的"完美一周"充满了障碍。葡萄酒贯穿了故事的始末。很快，两人就在两名女性的陪同下品尝和讨论了十几种国产及进口品牌葡萄酒。在一个餐厅中，迈尔斯宣称："如果有人要点梅洛酒，我就走。我才不喝什么该死的梅洛酒呢。"在另一个场景中，他又提到了黑皮诺酒："这种葡萄很难种——皮薄，早熟，很难存活。它需要不间断的照料和关注，只能在世上某些隐秘的角落里生长。"他说的话其实也适用于自己。这部电影的精妙之处在于，以主角对葡萄酒的喜好来表达其个性。因此，迈尔斯在为单纯善良的女子玛雅介绍黑皮诺酒时这样说：

> 它是有生命的……我喜欢葡萄酒的不断演变，喜欢每一次打开一瓶酒，它的味道都和在别的日子里打开时不一样。因为一瓶酒其实是有生命的——它会不断地进化，变得越来越复杂……然后才稳定下来，不可避免地走向衰落。这种酒喝起来太棒了。[471]

不出所料，《杯酒人生》上映后被一本广受欢迎的杂志评为"年度最佳美国电影"。梅洛酒和黑皮诺酒在美国国内的销量也随之一路飙升。[472]

葡萄酒与现代医学 Ⅱ

　　葡萄酒与神话或宗教的传统联系在现代有所削弱，但它与医学科学的联系却更加紧密。人们会回忆起在古代的葡萄酒疗法中，葡萄酒被用于外敷伤口，或内服治疗各种搞不清楚的小毛病。特别是在过去几十年，现代实验与研究证明，这两种疗法本质上是正确的，尽管证明它们正确的证据不是人们最初以为的那些。其中最明确的实验结果证明，葡萄酒作为消毒剂或杀菌剂的确是有效的。

　　令人惊讶的是，有证据表明，"葡萄酒具有杀菌能力并非神话"。[473] 它主要的治疗成分并不是具有抗菌性的酒精，也不是低pH值或添加的亚硝酸盐，而是花色素苷——葡萄酒内众多多酚类化合物的一种。20世纪70年代的实验室测试证实，浸泡6个小时葡萄酒可以消灭5种不同的细菌。实验中的葡萄酒来自意大利、法国和西班牙，但据报道，在更早的测试中，来自萨摩斯岛的传统希腊葡萄酒能在3分钟内杀死所有大肠杆菌。[474] 最近的一项研究还以无菌自来水作为对照，测试了金黄色葡萄球菌（最常寄生于伤口感染等环境）对葡萄牙佐餐酒、红酒醋以及两种浓度分别为40%和10%的乙醇的抵抗力。[475] 其中，40%的乙醇立刻消灭了细菌，红酒醋的杀菌时间不到20分钟，葡萄酒在2个小时内杀灭了几乎所有细菌，而10%的乙醇在同样的时间内几乎没有表现出任何的效果。由于乙醇或醋用于开放性伤口会带来疼痛，研究得出的结论是："另一方面，葡萄酒对金黄色葡萄球菌具有足够的抗菌作用，可以防止引发感染，同时也可以为患者接受。"[476] 这一结果证明，荷马对于赫卡梅德成功治愈玛卡翁和欧律皮罗斯伤势的描述是正确的。那么有人可能会问，为什么不再将葡萄酒用于这一目的了呢？答案是，葡萄酒中的活性成分寿命很短，会迅速被蛋白质灭活。[477]

更值得注意的是，最近的发现表明，"适度"摄入葡萄酒（每天一两杯）可以让身体免受多种疾病的侵袭。[478]葡萄酒疗法自20世纪60年代从大多数药典中消失，但在英国医学杂志《柳叶刀》于1979年发表了一篇保守的文章后再度兴起。[479]文章作者将科学的论述从人们对酒精中毒的普遍关注转向了其在降低心脏病风险方面的作用。后来，许多高度专业化的研究出现。1991年的著名电视纪录片《法国悖论》将这一概念介绍给了更多的民众。[480]当然，《法国悖论》指出的事实是，尽管法国的饮食中富含饱和脂肪，但法国人的心血管疾病死亡率却低于其他工业化国家。有人认为，这是因为葡萄酒中含有某种能够抑制心血管疾变的物质，这一说法刺激了葡萄酒销量的爆炸式增长，在美国尤为如此，美国的葡萄酒消费量在几周之内增长了40%。

更多的实验室研究及相关的专业出版物紧随其后，其中大多数研究的是"适度"饮用葡萄酒带来的预防效果，而非它的疗效。1996年，《英国医学杂志》（*British Medical Journal*）审查了25项与葡萄酒有关的研究；截至2003年，《心脏病临床》（*Cardiology Clinics*）杂志引用了47篇相关文章。如今，几乎每周都有新发表的文献涉及相关内容。针对普通读者的出版物也随之出现。2007年，《红酒饮食：每日饮用葡萄酒，拥有健康长寿人生》（*The Red Wine Diet: Drink Wine Every Day and Live a Long Healthy Life*）上市。

2009年，《葡萄酒观察家》（*Wine Spectator*）杂志专门打造了一期特刊，用以讨论"葡萄酒与健康"专题。[481]这期《葡萄酒观察家》推荐有如下特征及病症的人群经常饮用葡萄酒：

衰老

阿尔茨海默病和痴呆症

癌症（乳腺癌、结肠癌、食道癌、肺癌和卵巢癌）

心血管疾病

白内障

感冒及流行性感冒

糖尿病

脂肪肝

消化不良

失眠

缺血性中风

黄斑变性

类风湿性关节炎

奇怪的是，这个清单和大多数文献列举的内容中都没有提到一个事实，那就是酒精饮品能够减缓焦虑和压力，而这本身就能带来更健康的生活。可不幸的是，几乎没有任何数据能够支持这一假设。[482]取而代之的是，大多数研究都专注于寻找令葡萄酒具备有益疗效的活性成分。应该说，平均每杯葡萄酒中，80%是水，12%~15%是酒精，剩下的则是研究人员奋力研究的对象——酸、蛋白质、糖和其他有机化合物。他们认为，一类被称为多酚的化合物是最有用的，其中最著名的是白藜芦醇。如今，这种化合物在合成后已经可以作为营养补充剂上市销售。但白藜芦醇并不是红酒中唯一的多酚。槲皮素和原花青素也是实验室研究的对象。第二种研究涉及伴随酒精摄入产生的较高水平的Omega-3脂肪酸。人们发现，这些酸可以降低患心脏病的风险，不过人体无法独自产生。最后，近期还有一些令人兴奋的研究正着眼于多酚如何激活一种名为"乙酰化酶"的人类基因，从而减缓衰老的过程。[483]

除了解决临床问题，葡萄酒的复兴对医学界还有着其他意义。饮用葡萄酒的人在了解到这种能够带来愉悦的饮品对自己有好处后，可以获得内心的满足，享用美酒时也不会感到愧疚；质疑别人为何不喝酒时，还可以通过陈述这些健康益处来作为支持。[484]当然，要注意的是，饮酒要适度，而这个"度"的标准通常是每天一两杯。事实上，还有一些发人深省的研究显示，过量饮酒会给心血管带来伤害。[485]

葡萄酒在重返医学史册的同时还被标榜为美容产品。在这一领域，法国人最为活跃。自20世纪90年代以来，许多以葡萄酒为原料的乳液和面霜进入化妆品市场。不出所料，这些产品中的活性成分是多酚，其中最著名的产品是迪奥的"Capture"系列。自1999年以来，葡萄酒疗养中心在法国和意大利如雨后春笋般涌现。为了推广以多酚为基础的美容疗法，人们还成立了一个专业的协会。[486]葡萄酒文化以这样的方式再度发扬光大，大概连古希腊人都羡慕不已。

西方传统之外的葡萄酒

Outside the
Western Tradition

我们的研究一直集中在葡萄酒文化史最悠久的西方世界。虽然葡萄种植起源于其他地方（可能是小亚细亚），但西方以外的葡萄酒文化未能像在古希腊、古罗马和后来的基督教土地上那样留下过诸多印记。古埃及的考古记录证实了葡萄酒在宗教崇拜和医药方面的作用，但在埃及于公元前30年被罗马帝国征服之后，埃及特有的神明冥王奥西里斯、女神哈拖尔和托特神都没有被保存下来，大规模的葡萄酒酿造最近才在埃及复兴。葡萄酒在古代的印度、中国以及中世纪末期的日本也曾十分流行，不过这些地方的大部分酒通常还是用米而非葡萄酿制的。[487]其他主要的葡萄酒出产国包括澳大利亚、新西兰、南非和美国。这些国家的葡萄酒消费始于殖民时代，留下的文化印象更加模糊。

　　说到这里，我们还惊讶地发现，葡萄酒竟然在早期的伊斯兰国家被神化过。如今这些国家的禁酒令并不能说明酒精在早期穆斯林的想象中所扮演的角色。新的宗教没有留下任何视觉记录，但逊尼派和什叶派的大量启示、法律、历史和训诂类文献表明，人们对酒的态度矛盾之程度令人吃惊。[488]的确，伊斯兰教早期历史的特征就是教义与实践明显不一致，以及神明旨意本质的不确定性。《古兰经》最终成了禁酒令的权威来源，但仔细阅读其中关于葡萄酒的声明就会发现，该禁令既不是绝对的，也不是无条件的。

在《古兰经》中，对葡萄酒最常见的称呼是"khamr"（出现过6次），其他各种各样的词汇（如 sakar, sakra, sukara 和 sakkara）会被反复用来表示微醺或醉酒的状态。[489]从语言学的角度来看，有大量词汇表明人们对待葡萄酒及其影响的态度非常微妙。在最糟糕的情况下，葡萄酒和赌博、偶像崇拜以及占卜一起被视为撒旦的"可憎之物"。

> 故当远离，以便你们成功。
>
> 恶魔唯愿你们因饮酒和赌博而互相仇恨，
>
> 并且阻止你们纪念真主，和谨守拜功。你们将戒
>
> 除吗？[490]

"休憩花园"（Garden of Repose）指的是末日审判后的理想状态，而葡萄酒作为重要的奖励，代表了它已处于最好的状态。经文指出，"酒河"能让永居乐园者"称快"，而永居火狱者所得到的则是令其"肝肠寸断的沸水"。[491]即便大量饮用，这种自相矛盾的葡萄酒也不会产生不良影响。那些分享他们天堂奖赏的人"捧着盏和壶"，"不因那醴泉而头痛，也不酩酊"。在天堂，永居乐园者不会受到尘世分歧的烦扰。[492]

因此，从世俗的角度来看，葡萄酒是对道德的腐蚀；而从宇宙的角度来看，它却被盛赞为真主给义人的一个恩赐。[493] 不幸的是，《古兰经》在区分这两种存在时并不明确。举个例子，在明显针对尘世领域的段落中，我们能读到：

> 你们用……葡萄酿制醇酒和佳美的给养，
>
> 对于能理解的民众，
>
> 此中确有一种迹象。[494]

这几句的重点在于，对于葡萄酒能带来什么影响，饮酒之人也许"理解"，也许"不理解"。

在伊斯兰教的信仰中，《圣训》是对《古兰经》的补充，是对穆罕默德言行和思想的一系列记录。[495] 与《古兰经》有一点不同的是，《圣训》对葡萄酒和其他致醉物质的谴责相当一致，但它并没有明说先知是禁酒的。[496] 而是提到了饮酒——甚至是过量饮酒——在麦加和麦地那是一种司空见惯的行为。因此我们得知，穆罕默德的同伴经常举行酒会，导致祈祷仪式中断，而他的叔父哈姆扎·阿卜杜拉·阿尔–穆塔利布还曾在酒醉的状态下斩杀骆驼。[497] 不仅如此，波斯学者塔巴里（al-Tabari）的伟大作品《历史》（*Ta'rikh*）记载，在禁忌的氛围中，"一些穆斯林还是会饮酒。我们问过他们，但他们为自己的行为这样辩护：'我们得到了选择的机会，并且已经做出了选择。'"[498]

后来的穆斯林学者试图调和《古兰经》中自相矛盾的地方，方法是将其中与酒相关的、但未标明日期的内容按照一定的顺序排列，表明从时间先后来看，经文对酒应该是持明确谴责的态度的。[499] 此逻辑一开始称葡萄藤是"好的食物"，然后警告葡萄酒与赌博、偶像崇拜一样，是令人厌恶的恶魔。

伊斯兰教关于葡萄酒的论述在诗歌文本中也有痕迹，它们超越了允许和禁止之间的想象界限。阿拔斯王朝（后穆罕默德）时期的诗人借鉴了前伊斯兰时期诗歌的丰富传统，颂扬葡萄酒能给肉体带来愉悦，给精神造成痛苦的独特能力，并创造了一种独立的体裁——"葡萄酒颂歌"（*Khamriya*）。[500]

该体裁的最佳代表作要数波斯博学家奥马尔·海亚姆（Omar Khayyam，1048—1131 年）的《鲁拜集》（*Rubáiyát*）。在整部作品中，海亚姆从方方面面赞扬了葡萄酒。在某种程度上，葡萄酒能够为人们提供逃离残酷现实的方式：

> 喝点酒吧，好让你忘却
> 所有困扰你心灵的愁苦，
> 让你的敌人，那个图谋将你毁灭的人，
> 陷入绝望。[501]

有的四行诗主要表达了及时行乐的态度：

> 喝点酒吧，我的朋友；因为月亮
> 在我们短暂的生命中缓缓流逝时
> 镰刀变成新月
> 新月变成镰刀，转瞬即逝。[502]

在其他的诗歌里，饮用葡萄酒则变成了对智力与精神的追求：

今晚我要酿一桶酒，

给我自己端上两碗；

第一碗，我要彻底抛弃理性与宗教，

第二碗，我要娶葡萄藤的女儿为妻。

喝点酒吧，这是生命的永恒。

这是青春能够给你的一切；

这是美酒、玫瑰和与朋友共饮的季节，

为这一刻而感到快乐吧——这就是生活的全部。

海亚姆唤起的世俗意象构成了对禁酒的反抗，是一种不同的声音，本质上是对《古兰经》和《圣训》严格规定的抗议。波斯哲学家阿维森纳（Avicenna，980—1037年）在自己的著作中也认可了这种态度，甚至建议人们在工作时喝酒。他在自传中写道："晚上我回到家，就会忙于阅读和写作。每当我感到困倦或虚弱，就会转到一边去喝杯酒，再继续看书。"[503] 后来的波斯诗人也给予了葡萄酒积极的评价。设拉子的哈菲兹（1320—1391年）把自己最抒情的作品之一献给了"爱情与葡萄酒"的经典主题。第一节开篇写道：

斟满，斟满这杯起泡的酒，

让我深深饮下神圣的汁液，

抚慰我痛苦的心灵；

因为爱，起初看上去那么温柔，

看上去那么温柔，笑得那么快乐，

现在用力掷出了他的飞镖。[504]

　　虽然没有留下多少艺术方面的记录，但波斯画家偶尔会在描绘宫廷场景或葡萄酒颂歌的插画中留下葡萄酒早期文化的印记。举个例子，萨非王朝国王阿拔斯二世的伊斯法罕四十柱宫里的装饰壁画中，就有国王向客人斟酒，或朝臣们在田园风景中享用一两杯葡萄酒的场景。再看肖像画，这幅17世纪的画作（图103）与意大利文艺复兴的早期作品（如图53），以及后来的法国印象派画作（如图92）和野兽派画家的作品（如图98）都非常相似，但

图103　伊斯法罕四十柱宫的大厅壁画，17世纪

在伊斯兰教艺术中，赞美葡萄酒仍然是十分罕见的。[505]哈菲兹诗歌里的插画往往是由后人创作的，与他富有激情的诗句相比显得相当平淡。[506]

在更神秘的层面上，13世纪的苏菲派诗人利用葡萄酒表达了他们对真主的热爱。这方面的范式可以在伊本·法里德（Ibn al-Farid，1181—1235年）和鲁米（Jalal al-Din Rumi，1207—1273年）的作品中找到。伊本·法里德最著名的一首诗《酒颂》用葡萄酒和醉酒的比喻来暗示神圣之爱的超凡力量。对他来说，理想的葡萄酒是一种无法形容的物质，它"纯净，但不是水；微妙，但不像空气；发光，但不像火；是一种精神，但没有具体的体现"。这种神秘的饮品创造奇迹的能力着实令人困惑：它能使死者复活，治愈病人和残疾人，使人恢复嗅觉，让流浪者走上正确的道路，还能防止被蛇咬，避免疯狂，并消除疑虑。这种葡萄酒被认为是能将大自然的不规则性恢复到理想状态的工具，而不会破坏生态秩序。这首诗的结尾是：

> 清醒的人在这世上是无趣的，
> 没有醉过就死去的人会错过智慧的道路。
> 让他为自己哭泣吧——他的生命被浪费了
> 一滴酒也没有。[507]

和伊本·法里德一样，鲁米将物质与非物质的存在做对比，同时将世俗的醉酒体验与神圣之爱的狂喜联系在了一起。为了阐明世俗与非世俗之间的对比，他对两种醉进行了区分：

要知道，在这个世上，与天使们的醉意相比，

感官的醉意是卑劣的。

天使们的醉意令这种醉意相形见绌——

他们怎么会关注感官呢？

在你喝过淡水之前，盐水对你来说，

就像眼睛里的光亮一样甜蜜。

一滴天堂的酒会把你的灵魂

从所有这些葡萄酒和米酒中抽离出来。[508]

　　如果说《古兰经》和《圣训》中的葡萄酒象征着上天的奖赏，那么苏菲派诗歌的传统就是让人立刻体验一种想象或神秘的陶醉感。[509]毋庸置疑，正是因为葡萄酒禁令对解放的束缚，才使葡萄酒成为超越神圣的一个令人信服的隐喻。在早期的伊斯兰教世界中，葡萄酒可能不像在西方那样被重视，但正是因为人们对它的禁止，才使它成为想象未知的完美图腾，即便只能通过语言，也足以让人渴望一品人间天堂的滋味。

注 释

序言

1. Roger Scruton, *I Drink Therefore I Am: A Philosopher's Guide to Wine* (London, 2009), pp. 38, 52, 81. 首先我要说，这本书是我读过的对葡萄酒的理解最深刻的文本。虽然作者的意图与我的作品大相径庭，但其内容从始至终都颇具启发性，且作者知识储备丰富——真正的葡萄酒爱好者都应该一读。
2. 这一点在早期的伊斯兰教中表现最为明显——人们会通过最极端、最具创造力的解释让饮酒符合神明的意志。
3. Scruton, *I Drink*, 137.
4. Tim Unwin, *Wine and the Vine: An Historical Geography of Viticulture and the Wine Trade* (London and New York, 1991), pp. 29–31.
5. 这是 James George Frazer 的开创性作品 *The Golden Bough: A Study in Magic and Religion* (New York, 1922) 的主题，esp. chap. xliii。
6. 葡萄酒与坦诚方面的最早记录被认为是大约公元前600年的古希腊诗人阿尔凯奥斯的一首诗 [Wolfgang Rosler, 'Wine and Truth in the Greek Symposium', in *In Vino Veritas*, ed. O Murray and M. Tecuşan (Rome, 1995), pp. 106–12]。
7. Charles W. Bamforth, *Grape vs. Grain: A Historical, Technological, and Social Comparison of Wine and Beer* (New York, 2008).
8. 最早，人们认为互相敬酒是为了保证酒里没有下毒。
9. Arthur L. Klatsky, 'Wine, Alcohol and Cardiovascular Diseases', in *Wine: A Scientific Exploration*, ed. M. Sandler and R. Pinder (New York, 2003), p. 125, 'Hypothetical considerations about a possible benefit from the anti-anxiety or

stress-reducing effects of alcohol have no good supporting data.'

10. William James, *The Varieties of Religious Experience: A Study in Human Nature* (New York, 1902), p. 297.

11. Scruton, 'The Philosophy of Wine', in *Questions of Taste: The Philosophy of Wine*, ed. Barry Smith (Oxford, 2007), pp. 12–13.

12. 葡萄酒的叙事还在继续发展着。2008年的一篇新闻报道称，当时的查尔斯王子会使用由剩下的葡萄酒制成的生物燃料来为改装车供能（CNN，2008年7月2日）。

葡萄酒的起源

13. Patrick E. McGovern, *Ancient Wine: The Search for the Origins of Viniculture* (Princeton, NJ, 2003). 该作者一直是这一引人入胜的研究领域的重要研究者。本章内容从他的作品中获取了大量信息。Patrick E. McGovern 在宾夕法尼亚州立大学任教，他的最新发现在学校的许多网站中都能被找到。关于葡萄酒栽培起源的更简明的概述参见 'Origins of Viticulture' by Hanneke Wilson in *The Oxford Companion to Wine*, ed. Jancis Robinson, 3rd edn (New York, 2006), pp. 499–500。

14. 关于该印章的最近的讨论参见Julian Reade, 'The Royal Tombs at Ur', in *Art of the First Cities: The Third Millennium BC from the Mediterranean to the Indus*, ed. Joan Arum with Ronald Falafels, exh. cat., Metropolitan Museum of Art (New York, 2003), pp. 93–119, esp. cat. 60。

15. Marvin Powell, 'Wine and the Vine in Ancient Mesopotamia: The Cuneiform Evidence', in *The Origins and Ancient History of Wine*, ed. P. E. McGovern, S. J. Fleming and S. H. Katz (Luxembourg, 1996), pp. 97–122, esp. 121; Richard L. Zettler and Naomi F. Miller, 'Searching for Wine in the Archaeological Record of Ancient Mesopotamia in the Third and Second Millenia BC', pp. 123–31, esp. 131: 'with the possible exception of archaeobotanical remains from Kurban Höyök, [there is] no conclusive evidence for the production and consumption of wine [in ancient Mesopotamia]'。

16. Ronald L. Gorny, 'Viticulture in Ancient Anatolia', in *The Origins and Ancient History of Wine*, pp. 133–74, esp. 151–2.

17. Mu-Chou Poo, *Wine and Wine Offering in the Religion of Ancient Egypt* (London, 1995), p. 68.

18. 同上，p.159。

19. 参见 Leonard H. Lesko, *King Tut's Wine Cellar* (Berkeley, CA, 1977), 以及他后来的论文'Egyptian Wine Production During the New Kingdom', in *The Origins and Ancient History of Wine*, pp. 215–30, esp. 221–3。有趣的是，其中的23坛酒是在他执政9年中的第4、第5和第9年酿造的，显然是当时最好的酿酒年份。

20. 同上，p.230。

21. Poo, *Wine and Wine Offering*, pp. 151–8.

22. Tim Unwin, *Wine and the Vine: An Historical Geography of Viticulture and the Wine Trade* (London, 1991), pp. 78–9.

23. Françoise Dunand and Christiane Zivie-Coche, *Gods and Men in Egypt: 3000 BCE to 395 CE* (Ithaca, NY, 2004), pp. 241–2, citing Herodotus, Histories, Book2, chap. 42.

24. Salvatore P. Lucia, *A History of Wine as Therapy* (Philadelphia, PA, 1963), chap. 2. 另参见 Lesko, 'Egyptian Wine Production', pp. 229–30。

25. Max Nelson, *The Barbarian's Beverage: A History of Beer in Ancient Europe* (London, 2005), esp. chap. 3, 'The Greek Prejudice Against Beer'.

26. 此内容出处为 *The New Oxford Annotated Bible* (2001)。

27. William Ryan and Walter Pitman, *Noah's Flood: The New Scientific Discoveries about the Event that Changed History* (New York, 1998).

28. 有关历史上双方的辩论的精彩记录参见 Norman Cohn, *Noah's Flood in Western Thought* (New Haven, CT, 1996)。更多针对《创世记》叙事合理性的近期争论可参见其第10章。

29.《民数记》(《圣经》旧约的第四卷) 13.23。

30. 想要深入研究以色列的古代葡萄酒文化，可参见 Carey E. Walsh, *The Fruit of the Vine: Viticulture in Ancient Israel*, Harvard Semitic Monographs, No. 60 (Winona Lake, IN, 2000)。耶路撒冷的以色列博物馆的1999年展览目录的内容也涉及了犹太人的用餐习俗 (M. Dayagi-Mendels, *Drink and Be Merry, Wine and Beer in Ancient Times*)。

31. 同上，p.97。

32. *Eerdman's Dictionary of the Bible*, ed. D. N. Freedman (Grand Rapids, MI, 2000), pp. 1379–80. 该文献中有关葡萄酒的条目是研究早期宗教中葡萄酒意义的有用来源。

33. Dayagi-Mendels, *Drink and Be Merry*, pp. 110–11.

34. 同上，p.111。

古希腊的葡萄酒

35. Max Nelson, *The Barbarian's Beverage: A History of Beer in Ancient Europe* (London, 2005), esp. chap. 3, 'The Greek Prejudice Against Beer'.

36. 梅内西修斯写于公元前4世纪。有关古希腊葡萄酒的讨论参见James Davidson, *Courtesans and Fishcakes: The Consuming Passions of Classical Athens* (New York, 1999), pp. 40–43。

37. 同上，p.46。

38. John Chadwick, *The Mycenaean World* (New York, 1976), pp. 99ff. 关于后期狄俄尼索斯神话的描述参见Walter O. Otto, *Dionysus: Myth and Cult*, trans. R. B. Palmer (Bloomington, IN, 1965)。

39.《荷马诗颂》里第三首献给狄俄尼索斯的赞诗中提到，德拉卡努姆、伊卡利亚岛、纳克索斯、阿卡迪亚、底比斯和尼萨山可能是这位神明诞生的地方。

40. 除了注释38中引用的Otto的文本，我还找到了如下文献：Albert Henrichs, 'Greek and Roman Glimpses of Dionysus', in *Dionysus and his Circle: Ancient through Modern*, ed. Caroline Houser (Cambridge, MA, 1979), pp. 1–11; Thomas Carpenter, *Dionysian Imagery in Fifth-Century Athens* (New York, 1997), Richard Seaford, *Dionysus* (New York, 2006); and Renate Schlesier and Agnes Schwarzmaier, eds, *Dionysus: Verwandlung und Ekstase* (Berlin, 2008)。这些内容在区分神明的不同个性时特别有用。

41. 但年轻化并不是狄俄尼索斯所独有的，因为阿波罗、赫尔墨斯等其他神明也会随着时间的推移变得更年轻、更阴柔。

42. Otto, *Dionysus, Myth and Cult*, p. 117.

43. 参见Donna Kurtz and John Boardman, *Greek Burial Customs* (Ithaca, NY, 1971) 中"food offerings"标题下的索引。早期希腊墓葬中发现的一些花瓶属于细颈有柄的长油瓶（lekythoi），是一种纤细的容器，用来盛放油和油膏，而非葡萄酒。提水罐、双耳瓶和涡状双耳喷口瓶通常底座中空，以便向坟墓里倒酒。

44. 酒神主题在花瓶绘画中的主导地位从以下这部作品的清单中可见一斑：John D. Beazley, Attic Red-Figure Vase Painters (Oxford, 1963), vol. iii, Index ii: Mythological Subjects。

45. 接下来的大部分内容来源于Thomas Carpenter, *Dionysian Imagery in Archaic Greek Art* (New York, 1986)。

46. Diana Buitron, *Attic Vase Painting in New England Collections*, exh. cat., Fogg Art Museum, (Cambridge, ma, 1972), cat. 17.

47. 这段话摘自 Robert Bagg 的译本。感谢 Bagg 教授在该译本出版之前就为我提供了这些内容。

48. *Moralia*, 648b 和 291 a–b (Carpenter, *Dionysian Imagery*, pp. 50–51)。

49. Randy Westbrooks, *Poisonous Plants of Eastern North America* (Columbia, NY, 1986), p. 126. 这里所说的是英国常春藤（*Hedera helix L.*），该物种原产于欧洲。

50. *Moralia* 653A (Otto, *Dionysus*, 155)

51. Athenaeus, *The Learned Banqueters*, trans. S. D. Olson (Cambridge, MA, 2006).

52. Euripides, *The Bacchae*, trans. William Arrowsmith (New York, 1974), pp. 167, 1056 and 1123–4.

53. Carpenter, *Dionysian Imagery*, p. 29.

54. Otto, *Dionysus*, p. 100. 奥托引用并结合了古往今来的各种资料重现了这一仪式。

55. Rush Rehm, *Marriage to Death, The Conflation of Wedding and Funeral Rituals in Greek Tragedy* (Princeton, NJ, 1994), esp. chaps 1 and 2.

56. Herodotus, *Histories*, Book ii, 78 trans. Robin Waterfield (New York, 1998). 关于希腊人与早期埃及人对葡萄酒和死亡的关系的深入研究参见 Cristiano Grottanelli, 'Wine and Death—East and West', in *In Vino Veritas*, ed. O. Murray and M. Tecuşan (Rome, 1995), pp. 62–89。

57. 泰奥格尼斯有可能是一个虚构的人物。关于他的生平可参阅 Thomas J. Figuera and Gregory Nagy, eds, *Theognis of Megara: Poetry and the Polis* (Baltimore, MD, 1985)。

58. James Davies, *Hesiod and Theognis* (Philadelphia, PA, 1873), p. 164.

59. 同上，p.139。

60. 这些台词来自阿姆菲斯的戏剧 *Women in Power*，出处为阿特纳奥斯的 *The Learned Banqueters*, Book viii, 336c, vol. iv, p. 29。

61. 同上，Book viii, 335e–336b, trans. Olson, vol. iv, p. 27。

62. 完整的引文参见 Iiro Kajanto, 'Balnea vina venus', in *Hommages à Marcel Renard*, ii, ed. Jacqueline Bibauw (Brussels, 1969), especially pp. 357–67。感谢我的同事葆拉·德博纳（Paula Debnar）贡献的翻译。墓志铭也构成了一种独立的文学体裁，但并不是所有的墓志铭都会出现在墓碑上。

63. 女性通常会被排除在这种聚会之外。Hanneke Wilson, *Wine and Words in Classical Antiquity and the Middle Ages* (London, 2003), p. 47. 作者引用了 Diogenes Laertius 的 *Lives of the Philosophers*（公元前 3 世纪）中的一段故

事证明了男性对已婚女性出席酒会的强烈厌恶。

64. 更多有关酒会娱乐活动的信息参见Part v, 'The Symposion as Entertainment' in *Sympotica: A Symposium on the 'Symposion'*, ed. O. Murray (New York, 1990)。

65. François Lissarrague, *The Aesthetics of the Greek Banquet: Images of Wine and Ritual* (Princeton, NJ, 1990), chap. 3, 'Manipulations'.

66. Joseph V. Noble, 'Some Trick Greek Vases', *Proceedings of the American Philosophical Society*, cxii (1968), pp. 371–8.

67. Michael Vickers, 'A Dirty Trick Vase', *American Journal of Archaeology*, lxxii (1975), p. 282.

68. Birgitta Bergquist, 'Sympotic Space: A Functional Aspect of Greek Dining-Rooms', and John Boardman, '*Symposion* Furniture', in *Sympotica*, pp. 37–65, as well as Lissarrague, *The Aesthetics of the Greek Banquet*, pp. 19–20.

69. 参见2007年Rebecca Sinos教授在阿默斯特学院提交的一份未发表的论文 'The Satyr and his Skin: Connections in Plato's *Symposium*', p. 24。

70. 例如，参见Boardman, '*Symposium* Furniture', pp. 122–31中的一些家具插图。

71. Jan Bremmer, 'Adolescents, *Symposion*, and Pederasty', in *Sympotica*, pp. 135–48.

72. Walter Hamilton, 'Introduction' to Plato: *The Symposium* (Baltimore, MD, 1971), p. 13.

73. 卢浮宫的这幅绘画作品临摹的是大都会艺术博物馆的一只红纹基里克斯陶杯（56.171.61）。牛津大学的阿什莫林博物馆展出过这类花瓶的真品，参见Beth Cohen, *The Colors of Clay*, exh. cat., J. Paul Getty Museum (Los Angeles 2006), cat. 74。

74. Hubert Martin, *Alcaeus* (New York, 1972), pp. 50–53; Davies, *Hesiod and Theognis*, p. 164; and *Aeschylus*, ed. and trans. Alan Sommerstein (Cambridge, ma, 2008), iii, p. 329.

75. Plato, *The Laws*, trans. Trevor J. Saunders (Baltimore, MD, 1975), pp. 104–5. 柏拉图开篇（第2章）就针对"沦为教育工具的酒会"发表了长篇论述。

76. Plato, *Phaedrus*, 265a–c, trans. A. Nehamas and P. Woodruff (Indianapolis, IN, 1995), p. 63. John F. Moffitt, *Inspiration: Bacchus and the Cultural History of a Creation Myth* (Leiden, 2005). 针对该问题，柏拉图从古代起源一直探索到了其当下。

77. Plato, *Phaedrus*, 245a–b, pp. 28–9.

78. Aristotle, *Problems*, xxx, trans. W. S. Hett (Cambridge, MA, 1970–83), pp. 155–81.

79. Patrick E. McGovern, *Ancient Wine: The Search for the Origins of Viniculture* (Princeton, NJ, 2003), p. 205. 该作品引用了青铜时代的一份叙利亚文献，其中描述了这样一场宴会："众神吃着喝着，喝到心满意足，被新酒灌得酩酊大醉。"宴会的监督者也烂醉如泥，最后失禁，坐在了自己的粪便里。

80. Plato, *Symposium*, 212c and 223d. 17世纪彼得罗·泰斯塔的一幅版画（图76）描绘了亚西比德的到来。

81. Eubulus, *The Fragments*, trans. R. L. Hunter (New York, 1983), p. 66. 其翻译改编自 Karen MacNeil, *The Wine Bible* (New York, 2001), p. 605 中的一篇来源不明的译稿。

82. Bergquist, 'Sympotic Space', pp. 37–9 指出，酒会的"标准"是11张卧榻，但 Nancy Bookidis 对每张卧榻只供一名酒会宾客使用的猜测表示怀疑（'Ritual Dining in the Sanctuary of Demeter and Kore at Corinth: Some Questions', *Sympotica*, pp. 91–2）。

83. Davidson, *Courtesans and Fishcakes*, pp. 46–7. 更多信息另参见 R. L. Hunter's commentary to *The Fragments of Eubulus*, p. 186, n. 1。

84. Guy Hedreen, *Silens in Attic Black-Figure Vase Painting: Myth and Performance* (Ann Arbor, MI, 1992).

85. Homer, *The Odyssey*, trans. E. V. Rieu (London, 1977), xxi, p. 323.

86. 针对这一课题的开创性讨论参见 Salvatore P. Lucia, *A History of Wine as Therapy* (Philadelphia, PA, 1963), esp. chap. 5, 'Prescriptions of the Early Greek Physicians'。

87. Guido Majno, *The Healing Hand: Man and Wound in the Ancient World* (Cambridge, MA, 1975), p. 142.

88. *The Iliad of Homer*, trans. Richmond Lattimore (Chicago, 1951), Book xi, pp. 506–7, 637–9.

89. Plato, *Republic*, trans. Robin Waterfield (New York, 1993), iv, p. 406.

90. Majno, *The Healing Hand*, p. 187.

91. *Hippocrates*, trans. W.H.S. Jones (New York, 1923), viii, *Ulcers*, p. 1.

92. *Theogony and Works and Days*, trans. C. M. Schlegel and H. Weinfield (Ann Arbor, MI, 2006), p. 75.

93. 关于该课题实用的概括性介绍参见 Noga Arikha, *Passions and Tempers: A History of the Humours* (New York, 2007)。

94. *Hippocrates*, iv, *Introduction*, xi.

95. *Hippocrates*, iv, *Humours*, chap. xiv.

96. 相关原理的完整解释参见G.E.R. Lloyd, 'The Hot and the Cold, the Dry and the Wet in Greek Philosophy', *Journal of Hellenic Studies*, lxxxiv (1964), pp. 92–106。

97. 同上，p.102。

98. *Hippocrates*, ii, *Regimen*, chap. lii.

99. Pliny, *Natural History*, trans. H. Rackham (Cambridge, MA, 1945), v, p. 157.

罗马的葡萄酒

100. *Natural History*, trans. H. Rackham (Cambridge, MA, 1945), Book xiv, xiii. 在此书的第四章中，普林尼说："德谟克利特自称了解希腊所有种类的葡萄，是唯一认为它们的品种数量有限的人……但其他作家都表示葡萄品种的数量是数不胜数的。"普林尼这里所想的可能是葡萄藤而非葡萄酒，而他提到的德谟克利特的文本已经遗失。

101. 同上，Book xiv, iii. 关于地理位置在古代葡萄酒与菜肴中发挥的作用的进一步讨论，可参见我的 *Tastes and Temptations, Food and Art in Renaissance Italy* (Berkeley, CA, 2009), "Regional Tastes", esp.41。

102. Tim Unwin, *Wine and the Vine: An Historical Geography of Viticulture and the Wine Trade* (London, 1991), chap. 4, esp. pp. 101–13.

103. Ilaria Gozzini Giacosa, *A Taste of Ancient Rome*, trans. Anna Herklotz (Chicago, 1992). 其中的插图14和15分别描绘了庞贝古城的一家酒馆和一间酒铺，上面都出现了手绘的酒品价目表。

104. Katherine M. D. Dunbabin的如下两篇文章讨论了餐厅的实际布局："Triclinium and Stibadium' in *Dining in a Classical Context*, ed. W. Slater (Ann Arbor, MI, 1991), pp. 122–3, and 'Ut Graeco More Biberetur: Greeks and Romans on the Dining Couch', in *Meals in a Social Context: Aspects of the Communal Meal in the Hellenistic and Roman World*, ed. Inge Nielsen and Hanne S. Nielsen (Aarhus, 1998), pp. 81–101。

105. John D'Arms, 'The Roman *Convivium* and the Idea of Equality', in *Sympotica: A Symposium on the 'Symposion'*, ed. O. Murray (New York, 1990), pp. 308–20. 关于罗马酒宴上的女性与孩童的情况参见Keith Bradley, 'The Roman Family at Dinner', in *Meals in a Social Context*, p. 38; and Matthew Roller, *Dining Posture in Ancient Rome: Bodies, Values, and Status* (Princeton, NJ, 2006), esp. chaps 2, 'Dining Women', and 3,

'Dining Children'。

106. 关于葬礼宴会参见 Hugh Lindsay, 'Eating with the Dead: The Roman Funerary Banquet', in *Meals in a Social Context*, pp. 67–80; and Katherine Dunbabin, *The Roman Banque: Images of Conviviality* (New York, 2003), chap. 4, 'Drinking in the Tomb'. John R. Clark, *Roman Life*, 100 BC to AD 200 (New York, 2007)，其中，图96和105重现了庞贝古城贞洁情人之家（House of the Chaste Lovers）的壁画，记录了罗马晚宴的欢乐场面。其他各类聚会图像可以在 Art Resource 网站 www.artres.com 上查看，在 "Roman Banquets" 的主题下搜索 Art305158、Art305160 和 Art204806 等。

107. Plutarch, *Cato Maior*, 25, 2, as cited by D'Arms, 'The Roman *Convivium*', p. 313.

108. Juvenal, *Satire* 8, 171–76, as cited by D'Arms, 'The Roman *Convivium*', p. 315.

109. Patrick Faas, *Around the Roman Table*, trans. Shaun Whiteside (New York, 2003), pp. 89ff.

110. Pliny, *Natural History*, Book xiv, viii, pp. 62–3.

111. 这段话给古罗马修辞学家昆体良（Quintilian）留下了深刻的印象，并被他用作修辞技巧的生动范例（Emily Gowers, *The Loaded Table: Representations of Food in Roman Literature*, New York, 1993, p. 33）。

112. André Tchernia, *Le Vin de Italie Romaine* (Rome, 1986), pp. 24–5.

113. 该数据摘自 Jancis Robinson, *The Oxford Companion to Wine* (New York, 2006), Appendix 2C, 'Per Capita Wine Consumption by Country'。

114. 较小的数字摘自 Stuart J. Fleming, *Vinum: The Story of Roman Wine* (Glen Mills, PA, 2001), p. 59；较大的数字摘自 Tchneria, *Le Vin*, p. 26。

115. 该数据摘自 Alex Conison 的演讲 'Risk Allocation in the Ancient Roman Wine Trade'。该演讲发表于2009年4月24至25日由纽约州立大学宾汉姆顿分校举行的 *In Vino Veritas* 大会。

116. 瓦罗的话摘自 Bradley, 'The Roman Family at Dinner', p. 37；卡图卢斯和马提雅尔的溢美之词摘自 Gowers, *The Loaded Table*, pp. 232. and 252。

117. Pliny, *Natural History*, Book xiv, xxviii.

118. *Petronius: Satyrica*, trans. R. B. Branham and D. Kinney (Berkeley, CA, 1999), Book xv, Fragment 57.

119. 埃斯库罗斯的评论参见 *Aeschylus*, trans. Alan Sommerstein (Cambridge, MA, 2008), iii, p. 329。人们通常认为 "酒后吐真言" 是普林尼的名言，但他的原话其实是 "酒中有真理"（volgoque veritas iam attributa vino es）

(*Natural History*, Book xiv, xxviii, pp. 141–2)。

120. 同上，pp.146–148。

121. Propertius, *Elegies*, trans. G. P. Goold (Cambridge, MA, 1990), Book ii, xxxiii; *The Satires of Persius*, trans. Guy Lee (Wolfeboro, NH, 1987), pp. 3, 88–106.

122. Horace, *Odes and Epodes*, trans. Niall Rudd (Cambridge, MA, 2004), Book i, 11.

123. 希罗多德这些概念的起源参见本书《古希腊的葡萄酒》一章。

124. *Petronius: Satyrica*, ed. and trans. R. Bracht Branham and D. Kinney (Berkeley, CA, 1996), chap. 34, 30.

125. 针对"欢宴骷髅偶"的课题研究参见Katherine Dunbabin, 'Sic erimus cuncti...The Skeleton in Greco-Roman Art', *Jahrbuch des Deutsches Archäologischen Institutes*, CI (1986), pp. 185–215。目前已知的拥有可活动关节的银质骷髅偶只有一个，可参见*Argenti a Pompei*, ed. P. G. Guzzo (Milan, 2006), cat. 41 的插画。

126. 这一现象在其他文化中也很常见。仅举历史上的一个例子，墨西哥城的人类学博物馆收藏了一只绘有骷髅的萨巴特克水壶（可在Art Resource 网站上搜索 Art309921）。时至今日，墨西哥的亡灵节庆祝活动依然以头骨和骷髅雕像为特色。

127. 参见Iiro Kajanto, 'Balnea vina venus', in *Hommages à Marcel Renard*, ed. Jacqueline Bibauw (Brussels, 1969), ii, pp. 357–67。

128. 接下来讨论的内容的第一手资料来源于Dunbabin, *The Roman Banquet*, chap. 4, 'Drinking in the Tomb', esp. pp. 103–4。

129. 拉丁语原文参见Iiro Kajanto, 'Balnea vina venus', p. 362。

130. Georges Dumézil, *Archaic Roman Religion*, trans. Philip Krapp (Chicago, 1970), vol. i, pp. 183–5; 271–2; vol. ii, p. 472.

131. 同上，vol. ii, pp. 515–16。

132. Mary Beard et al., *Religions of Rome* (New York, 1998), vol. ii, pp. 288–92. 在随后的一段文字中，李维记录了一名妇女被执政官询问有关仪式的问题时给出的证词。"刚开始时，这是女性的一种仪式……"她说，"可一旦接纳了男性……就会发生各种各样的罪行与恶行。男性之间的性行为比与女性的性行为还要多……穿着酒神服饰的女性会手持火把跑去台伯河边。"

133. *Philostratus: Imagines; Callistratus: Descriptions*, trans. A. Fairbanks (Cambridge, MA, 1931), pp. 403–7.

134. Leonard Barkan, *The Gods Made Flesh: Metamorphosis and the Pursuit of Paganism* (New Haven, CT, 1986), esp. pp. 37–41.

135. Ovid, *Metamorphoses*, trans. Rolfe Humphries (Bloomington, IN, 1955), pp. 81–2.

136. Macrobius, *The Saturnalia*, trans. and ed. Percival V. Davies, (New York, 1969), p. 129.

137. K. Lehmann-Hartleben and E. C. Olsen, *Dionysiac Sarcophagi in Baltimore* (New York, 1942), pp. 37ff.

138. Anna M. McCann, *Roman Sarcophagi in the Metropolitan Museum of Art*, exh. cat. (New York, 1978), cat. 17, pp. 94–106.

139. 同上，p. 97，并参考了其他文献。

140. *The Iliad of Homer*, trans. Richmond Lattimore (Chicago, 1951), Book vi, pp. 130–40. 另参见 Walter O. Otto, *Dionysus: Myth and Cult*, trans. R. B. Palmer (Bloomington, IN, 1965) 的索引，以及 Simon Hornblower and Antony Spawforth, eds, *The Oxford Classical Dictionary* (New York, 2003), p. 628。

141. *The Myths of Hyginus*, trans. Mary Grant (Lawrence, KA, 1960), Fable 132.

142. Pliny, *Natural History*, Book xiv, xxviii, p. 140. 一个世纪以前，贺拉斯写下一封书信（Book i, Epistle xix），信中指出了诗人特别愿意参加饮酒比赛。饮酒比赛似乎起源于希腊的酒神节。

143. Christine Kondoleon, 'Mosiacs of Antioch', in *Antioch, The Lost Ancient City*, ed. C. Kondoleon (Princeton, NJ, 2000), esp. 68–9. 该作品强调了马赛克作品中的"节制"信息。另一种解读来自庞贝古城用餐室之家（House of the Triclinium）壁画上刻下的当时的铭文（Clark, *Roman Life*, New York, 2007, 图110），上面抄录了公元1世纪酒会上欢快的饮酒歌。有趣的是，同一个房间里还有另一幅壁画（同上，图109），描绘了一名客人一边呕吐，一边蹒跚地向门口走去。

144. Pliny, *Natural History*, Book xxix, xvi. 他指出，他罗马祖先的生活中"没有医生……但不是没有药物"。

145. Emma J. Edelstein and L. E. Edelstein, *Asclepius: A Collection and Interpretation of the Testimonies* (Baltimore, MD, 1945), i, pp. 321ff.

146. Pliny, *Natural History*, Book xxix, xiii.

147. Martial, *Epigrams*, trans. D. R. Shackleton Bailey (Cambridge, MA, 1993), i.30 and viii.74.

148. Pliny, *Natural History*, Book xxiii, xxxi–xxxii. 在关于葡萄酒的主要章节中

（第14卷），普林尼似乎也相信葡萄酒疗法，他选出一种"对膀胱疾病非常有益的"葡萄酒，同时比较笼统地表示，"内服葡萄酒有温暖内脏的功效，外用时则有冷却身体的特性"。

149. Salvatore P. Lucia, *A History of Wine as Therapy* (Philadelphia, PA, 1963), p. 57. 他的作品并没有留存下来，所以我们对阿斯克莱皮亚德斯的了解是通过后来普林尼和其他人的描述拼凑出来的。

150. 塞尔苏斯的著作由 W. G. Spencer 翻译、保存，由牛津大学出版社于1935年首次出版。接下来的评价摘自 Lucia, *A History of Wine as Therapy*, pp. 52ff。该作者很好地搜集到了塞尔苏斯对葡萄酒的各种想法。

151. John M. Riddle, *Dioscorides on Pharmacy and Medicine* (Austin, TX, 1985), esp. chap. 4.

152. Guido Majno, *The Healing Hand: Man and Wound in the Ancient World* (Cambridge, MA, 1975), p. 399.

153. 针对这一有趣课题的基础研究参见 Gilbert Watson, *Theriac and Mithridatium, A Study in Therapeutics* (London, 1966)。

154. Majno, *The Healing Hand*, p. 414.

155. 关于该医疗体系之后的历史参见 Watson, Theriac, chap. 3。

中世纪的葡萄酒

156. 可参见以下作品中的插图：*Age of Spirituality, Late Antique and Early Christian Art, Third to Seventh Century*, exh. cat., Metropolitan Museum of Art (New York, 1979), cats. 120–32, 134, 136, 172, 216 and 322。

157. John A. North, *Roman Religion* (New York, 2000), p. 68.

158. Stephen Mitchell, *A History of the Later Roman Empire, AD 284–641*. (Malden, MA, 2007), pp. 225 and 227.

159. 此类资料的相关研究可见 Paul R. Eddy, *The Jesus Legend: A Case for the Historical Reliability of the Synoptic Jesus Tradition* (Grand Rapids, mi, 2007), 以及 James H. Charlesworth, *The Historical Jesus: An Essential Guide* (Nashville, TN, 2008)。

160. 现代版本的《圣经》并不包含《多马福音》，但其内容可以在许多网站上查到，如 www.thenazareneway.com/thomas。

161. 关于随之产生的命名规则参见 *Eerdmans Dictionary of the Bible*, ed. David N. Freedman (Grand Rapids, MI, 2000), pp. 434 and 791–2。

162. 参见 Dennis E. Smith, *From Symposium to Eucharist: The Banquet in the Early*

Christian World (Minneapolis, MN, 2003)。与耶稣同时代的马库斯·阿皮修斯（Marcus Apicius）在自己的食谱中道出了用红葡萄酒制作白葡萄酒的秘密（*The Roman Cookery Book*, trans. B. Flower and E. Rosenbaum, London, 1958, p. 47）——一种和将葡萄酒变成耶稣的血液一样"神奇"的转化。

163. 针对这一话题的较好介绍参见 Paul Corby Finney, *The Invisible God: The Earliest Christians on Art* (New York, 1994), 以及 Robin Margaret Jensen, *Understanding Early Christian Art* (New York, 2000)。

164. 关于该问题和接下来的大部分内容的信息来自 Thomas F. Mathews, *The Clash of Gods: A Reinterpretation of Early Christian Art* (Princeton, NJ, 1993)。公元6世纪和7世纪的无数酒神形象典范都可以参考 *Age of Spirituality*, cat. nos 120–32, 134, 136, 172, 216, and 322。

165. 例如，这方面的证据可以参考 André Grabar, *Christian Iconography: A Study of its Origins* (Princeton, NJ, 1968), 以及 *Early Christian Art: From the Rise of Christianity to the Death of Theodosius* (New York, 1968)。

166. Mathews, *The Clash of Gods*, p. 141.

167. 早期的文献证据在现代的一些研究中被夸大了，比如 Martin Hengel 的 *Studies in Early Christology* (Edinburgh, 1995) 就倾向于缩小两种崇拜之间的差距。

168. Jensen, *Understanding Christian Art*, p. 125.

169. Mathews, *The Clash of Gods*, pp. 126–7.

170. *Euripides*, trans. William Arrowsmith (New York, 1974), *Bacchae*, Scene 6–7, 491.

171. 关于狄俄尼索斯雌雄同体的可能性参见 Froma I. Zeitlin, 'Playing the Other: Theater, Theatricality, and the Feminine in Greek Drama', in *Nothing to Do With Dionysus?*, ed. John J. Winklin and Froma Zeitlin (Princeton, NJ, 1990), pp. 63–96。

172. Tim Unwin 已经指出过这一点，参见 *Wine and the Vine, An Historical Geography of Viticulture and the Wine Trade* (London, 1991), p. 141。另参见 Joseph A. Jungmann, *The Mass of the Roman Rite, its Origins and Development*, trans. Francis A. Brunner (New York, 1951–5), p. 414。

173. Andrew McGowen, *Ascetic Eucharists, Food and Drink in Early Christian Ritual Meals* (New York, 1999), pp. 233ff. 另参见 Henri Cardinal de Lubac, *Corpus Mysticum: The Eucharist and the Church in the Middle Ages*, trans. Gemma Simmonds et al. (South Bend, IN, 2007), esp.Part i。

174. Paul Bradshaw, *Eucharistic Origins* (New York, 2004), chap. 4. 19世纪晚期，德国学者阿道夫·冯·哈纳克（Adolf von Harnack）首次提出了圣杯里是水而不是酒的论点。

175. 同上，chap. 6, p.1。

176. Jungmann, *The Mass of the Roman Rite*, pp. 38–9.

177. 后面的内容主要基于 Tim Unwin, *Wine and the Vine*, p. 144ff。

178. Max Nelson, *The Barbarian's Beverage: A History of Beer in Ancient Europe* (London, 2005), esp. chap. 7.

179. 图尔主教格列高利的引用摘自 Stuart Fleming, *Vinum: The Story of Roman Wine* (Glen Mills, PA, 2001), pp. 85–7。

180. Hugh Johnson, *The Story of Wine* (London, 1971), p. 14.

181. William Mole, *Gods, Men, and Wine by William Younger* (London, 1966), p. 234.

182. *Charlemagne's Courtier: The Complete Einhard*, trans. Paul E. Dutton (Orchard Park, NY, 1988), p. 31.

183. 同上，pp. 99–100。

184. Henry R. Loyn and John Percival, *The Reign of Charlemagne: Documents on Carolingian Government and Administration* (New York, 1976), pp. 64–73, esp.items 8, 48, 62 and 68.

185. Unwin, *Wine and the Vine*, pp. 147–8. 另见 Desmond Seward, *Monks and Wine* (London, 1979)。根据 Unwin 的说法，他对神职人员的称赞言过其实。

186. Fleming, *Vinum*, p. 85.

187. Thomas Owen 在1805至1806年间翻译的唯一一份此书的译本，可于如下网站查阅：www.ancientlibrary.com/geoponica。

188. Salvatore P. Lucia, *A History of Wine as Therapy* (Philadelphia, PA, 1963), pp. 92ff.

189. 该守则的现代译本参见 *A Critical Edition of Le Régime Tresutile et Tresproufitable pour Conserver et Garder la Santé du Corps Humaine*, trans. Patricia W. Cummins (Chapel Hill, NC, 1976)。

190. Unwin, *Wine and the Vine*, p. 179.

191. Lucia, *A History of Wine as Therapy*, p. 101.

192. John Henderson, *The Renaissance Hospital* (New Haven, CT, 2006), chap.1.

193. 同上，p. 32。

194. 同上，pp. 55–56。

195. Robert J. Forbes, *A Short History of Distillation: From the Beginnings up to the Death of Cellier Blumenthal* (Leiden, 1970).

196. 后面的两首诗都摘自 *Wine, Women, and Song: Medieval Latin Students' Songs*, trans. John Addington Symonds (London, 1884), pp. 144–53。

197. 关于中世纪厨师特征的描述可参见我的作品 *Tastes and Temptations, Food and Art in Renaissance Italy* (Berkeley, CA, 2009), p. 26。

198. 我的 *Tastes and Temptations*, 'Sacred Suppers' 的图33讨论了这幅画。

199. 有人猜测含与他的父亲发生过性行为，因为看到裸体在《利未记》（20:17）中指代的是乱伦行为，但 Michael Coogan 在 *The New Oxford Annotated Bible*, 3rd edn, ed. Michael Coogan (New York, 2001) 对《创世记》（9:22–23）的注释中表示这不太可能。

200. 参见 Jack Lewis, *A Study in the Interpretation of Noah and the Flood in Jewish and Christian Literature* (Leiden, 1968), pp. 177–8; Don C. Allen, *The Legend of Noah: Renaissance Rationalism in Art, Science, and Letters* (Urbana, IL, 1959), p. 73。

201. *The 'Summa Theologica' of St. Thomas Aquinas, Literally Translated by Fathers of the English Dominican Province* (London, 1921), vol. xiii, p. 92.

202. 对《创世记》第9章解读的关注点不是诺亚的醉酒，而是含的诽谤具有预言性。在中世纪人的想象中，含成了典型的"他者"，其罪人行径被认为是包括反犹太主义、性变态和农奴制度在内的一系列灾难后果的罪魁祸首。中世纪之后，又包括对占星术、偶像崇拜、政治暴政、异端、亵渎的指控，以及现代为白人种族主义的辩护。参见 Lewis, *A Study in the Interpretation of Noah*, passim., Benjamin Braude, 'The Sons of Noah and the Construction of Ethnic and Geographical Identities in the Medieval and Early Modern Periods', *William and Mary Quarterly*, liv (1997), p. 133，以及 Stephen Haynes, *Noah's Curse: The Biblical Justification of American Slavery* (New York, 2002), esp. chaps 4 and 5。

203. 关于这一主题，我能找到的最有用的讨论参见 Horst Wenzel, 'The Logos in the Press: Christ in the Wine-Press and the Discovery of Printing', in *Visual Culture and the German Middle Ages*, ed. Kathryn Starkey and H. Wenzel (New York, 2005), pp. 223–49。

204. 同上，p.229。

205. 这方面的例子可以在许多描述收获季节的日历插图中看到，可参见 Hugh Johnson, *The Story of Wine*, p. 69 的插图；还可参见 Art Resource 网站：www.artres.com, Art194526。

206. 科卢梅拉、普林尼、瓦罗等人也在自己的论文中描述过机械葡萄酒压榨机。参见 J. J. Rossiter, 'Wine and Oil Processing at Roman Farms in Italy', *Phoenix*, xxxv (1981), pp. 345–61。

207. R. J. Forbes, 'Food and Drink', in *A History of Technology*, ed. Charles Singer et al. (Oxford, 1954–84), vol. ii, esp. pp. 112–18. 有趣的是，已知最早的"葡萄榨酒机中的耶稣"插图是12世纪兰德斯伯格的赫拉德（Herrad）的手稿，画中已经出现了螺纹压榨机（Forbes, fig.84）。

208. 该主题在德国广受欢迎。这一点在 *German Single-Leaf Woodcuts before 1500: Anonymous Artists. The Illustrated Bartsch*, vol. clxiii, ed. Richard Field (New York, 1991) 中翻印的许多木刻版画中可以明显看出。

文艺复兴时期的葡萄酒

209. Fernand Braudel, *Capitalism and Material Life: 1400–1800*, trans. Miriam Kochan (New York, 1975), p. 162.

210. Tim Unwin, *Wine and the Vine: An Historical Geography of Viticulture and the Wine Trade* (London, 1991), esp. chap. 7, 'Wine in the Age of Discovery'.

211. A. Lynn Martin, *Alcohol, Sex and Gender in Late Medieval and Early Modern Europe* (New York, 2001), p. 5. 在这本书的第29、30页及表2.2中，作者还提供了14至17世纪法国和意大利每年人均葡萄酒消费量的数据。

212. *Oeuvres de Henri d'Andeli, trouvère normand du xiii siècle* (Rouen, 1880), pp. 23–31. 同样，13世纪的一位作家、西班牙牧师弗朗切斯科·爱西梅尼斯（Francesco Eiximenis）编纂了一份名为《基督徒》（*Lo Crestia*）的手稿，在一篇有关"七宗罪"的论述中写了一段离题的内容，而且很长，讨论了葡萄酒会诱惑人们暴食。爱西梅尼斯还毫不羞愧地表达了对家乡加泰罗尼亚出产的葡萄酒的钟爱之情，但也认可希腊和意大利葡萄酒的优点。参见 J. E. Jorge Gracia, 'Rules and Regulations for Drinking Wine in Francesco Eiximenis' "Terc del Crestia" (1384), *Traditio*, xxxii (1976), pp. 369–85。

213. Petrus de Crescentiis, *Ruralia commoda, Das Wissen des vollkommenen Landwirts um 1300*, ed. Will Richter, vol. ii, chap. 4, 'De diversis speciebus vitium'. 此书创作于1305年前后，在印刷机发明之后被多次再版。

214. Lorenzo de' Medici, *Selected Poems and Prose*, trans. and ed. J. Thiem (University Park, PA, 1991), p. 40.

215. 'Della qualità dei vini', in *Arte della cucina: Libri di recette; testi sopra lo scalco; il trinciante e i vini*, ed. Emilio Faccioli (Milan, 1966), pp. 313–41.

216. 这些评注要归功于 Ken Albala, *The Banquet: Dining in the Great Courts of Renaissance Europe* (Urbana, il, 2007), pp. 107–8。

217. 参见网站 www.chateauneuf.com。

218. Unwin, *Wine and the Vine*, p. 232, 引用自 M. Lachiver, *Vins, Vignes et Vignerons: Histoire des Vignobles Francçis* (Paris, 1988)。

219. Braudel, *Capitalism and Material Life*, pp. 165–6. 关于该时期啤酒生产与消费的全面研究参见 Richard W. Unger, *Beer in the Middle Ages and the Renaissance* (Philadelphia, PA, 2004)。

220. 同上，p. 68。

221. Peter Partner, *Renaissance Rome: 1500–1559, A Portrait of a Society* (Berkeley, CA, 1976), p. 88.

222. Jean Verdon, *Boire au Moyen Age* (Paris, 2002), pp. 190ff.

223. Braudel, *Capitalism and Material Life*, p. 165.

224. André Chastel, *The Sack of Rome, 1527*, trans. Beth Archer (Princeton, NJ, 1983), p. 36.

225. Waverly Root, *The Food of Italy* (New York, 1992), p. 448; Burton Anderson, *The Wine Atlas of Italy* (London, 1990), p. 133.

226. Joseph A. Jungmann, *The Mass of the Roman Rite, its Origins and Development*, trans. Francis A. Brunner (New York, 1951–5), ii, pp. 37–8.

227. John Varriano, 'At Supper with Leonardo', *Gastronomica*, lxxv (2008), pp. 75–9, and for the food served at other Last Suppers, chap. 4, 'Sacred Suppers', in *Tastes and Temptations*.

228. Giorgio Vasari, *The Lives of the Painters, Sculptors and Architects*, trans. William Gaunt (New York, 1963), ii, p. 161. ARTstor 数字博物馆（www.artstor.org）复制的图像的分辨率似乎最佳，可供观察细节。

229. 这里提到的所有复制品都由上文提到的 ARTstor 网站再现。有关雕刻品的更多信息参见 Innis Shoemaker and Elizabeth Broun, *The Engravings of Marc'Antonio Raimondi* (Lawrence, KS, 1981), cat. 30。

230. 听证会笔录见 David Chambers and Brian Pullan, *Venice: A Documentary History 1450–1630* (Toronto, 2001), pp. 232–6。

231. Vasari, *Lives*, iii, p. 246. 画中耶稣头上的三角形光轮是在16世纪末加上去的。

232. *Pontormo's Diary*, trans. R. Mayer (New York, 1982), p. 97. 日记写于1554

至1556年间，是蓬托莫生命中的最后几年。

233. 布里奇曼艺术图书馆（Bridgeman Art Library）的网站上有这幅手写的购物清单的复制品。

234. Lee Palmer Wandel, *The Eucharist in the Reformation, Incarnation and Liturgy* (New York, 2006), chaps 3, 4 and 5.

235. 同上，chap. 5，"The Catholic Eucharist"。

236. John Gower, *Confessio Amantis*, ed. R. A. Peck, trans. A. Galloway (Kalamazoo, mi, 2004), iii, pp. 21ff.

237. 这首诗摘自 *Parthenopeus*, ii, xii, pp. 7–14，翻译出自 John Nassichuk 于 2009 年 4 月 24 至 25 日在纽约州立大学宾汉姆顿分校举行的 *In Vino Veritas* 大会上发表的演讲 "Bacchus in the Elegiac poetry of Giovanni Pontano"。

238. *The Major Latin Poems of Jacopo Sannazaro*, trans. and with commentary by Ralph Nash (Detroit, mi, 1996), pp. 132–5.

239. 参见 http://census.de/。这些作品并非所有都能保存至今。

240. Ronald Lightbown, *Mantegna: With a Complete Catalogue of the Paintings, Drawings, and Prints* (Berkeley, CA, 1986), 485, cat. 193. 关于面相学的早期理论参见 Elizabeth Evans, *Physiognomics in the Ancient World* (Philadelphia, PA, 1969)。

241. Ascanio Condivi, *The Life of Michelangelo*, trans. A. S. Wohl (University Park, PA, 1999), pp. 19–21; Giorgio Vasari, *The Lives*, iv, pp. 113–14.

242. Leonard Barkan, *Unearthing the Past, Archaeology and Aesthetics in the Making of Renaissance Culture* (New Haven, CT, 1999), pp. 201–5, and Luba Freedman, 'Michelangelo's Reflections on Bacchus', *Artibus et Historiae,* 47 (2003), pp. 121–35.

243. Freedman, 'Michelangelo's Reflections on Bacchus', pp. 122–3, with the reference to Boissard, cited p. 133 n. 9.

244. Barkan, *Unearthing the Past*, pp. 203 and 382 n. 169.

245. Vasari, *The Lives*, p. 114.

246. Freedman, 'Michelangelo's Reflections on Bacchus', p. 125.

247. Condivi, *The Life of Michelangelo*, pp. 23–4.

248. Athenaeus, *The Learned Banqueters*, trans. S. D. Olson (Cambridge, MA, 2006), v, 179e.

249. 接下来讨论的大部分内容的灵感来自 Charles Carman, 'Michelangelo's *Bacchus* and Divine Frenzy', *Source* ii/4 (1983), pp. 6–13。后来 John F.

Moffitt也探讨了同样的问题，参见 *Inspiration: Bacchus and the Cultural History of a Creation Myth* (Boston, 2005), esp. chap. 2, 'Michelangelo's Bacchus as a Historical Metaphor'。

250. Giovanni Pico della Marandola, *On the Dignity of Man*, trans. A. Robert Caponigri (Chicago, 1956), p. 15.

251. *Marsilio Ficino's Commentary on Plato's Symposium*, trans. Sears R. Jayne (Columbia, NY, 1944), 7th speech.

252. Frederick Hartt and David Wilkins, *History of Italian Renaissance Art*, 6th edn (Upper Saddle River, NJ, 2006), p. 342.

253. 16世纪，相关的奥维德作品被翻译成英语、法语、德语、意大利语和西班牙语。简明描述参见 Jacqueline De Weever, *Chaucer Name Dictionary* (New York, 1987), pp. 243–6。

254. 关于该主题的一般性调查参见 Andreas Emmerling-Scala, *Bacchus in der Renaissance*, 2 vols (Hildesheim, 1994)。针对画廊所做的特别研究包括 Dana Goodgal, 'The Camerino of Alfonso i d'Este', *Art History*, i (1978), pp. 162–90; Philip Fehl, 'The Worship of Bacchus and Venus in Bellini's and Titian's Bacchanals for Alfonso d'Este', *Studies in the History of Art*, vi (1974), pp. 37–95, 以及 Andrea Bayer, 'Dosso's Public: The Este Court at Ferrara', in *Dosso Dossi, Court Painter in Renaissance Ferrara*, ed. A. Bayer (New York, 1999), esp. pp. 31–40。

255. *Ovid's Fasti: Roman Holidays*, trans. Betty R. Nagle (Bloomington, IN, 1995), Book i, pp. 391–440.

256. Macrobius, *The Saturnalia*, trans. P. V. Davies (New York, 1969), Book i, chap. 18. 我在本书《罗马的葡萄酒》一章中已对马克罗比乌斯的相关内容做了更全面的说明。

257. Paul Holberton, 'The Choice of Texts for the Camerino Pictures', in *Bacchanals by Titian and Rubens: Papers Given at a Symposium in Nationalmuseum, Stockholm*, ed. G. Cavalli-Björkman (Stockholm, 1987), pp. 57–66.

258. Philostratus, *Imagines, Callistratus: Descriptions*, trans. A. Fairbanks (Cambridge, MA, 1931), Book i, p. 25.

259. 关于画中歌谱的讨论参见 Dalyne Shinneman, Appendix iv: 'The Canon in Titian's *Andrians*: A Reinterpretation', in Fehl, 'The Worship of Bacchus and Venus', pp. 37–95, esp. 93–5。

260. Philippe Morel entitled 'Bacchus and Christ in Italian Renaissance Painting'

given at the Clark Art Institute in Williamstown, Massachusetts, on 4 December 2007.

261. 我在 *Tastes and Temptations* 的第8章 'Erotic Appetites' 中讨论了情色诗歌以及在其激发下创作的一些视觉图像。第1章 'Artists and Cooks' 中更加充分地讨论了文艺复兴时期诗人和艺术家的饮食习惯。

262. 针对此画的象征手法的详细研究参见 James Lynch, 'Giovanni Paolo Lomazzo's *Self-portrait* in the Brera', *Gazette des Beaux-Arts*, lxiv (1964), pp. 189–97, and M. V. Cardi's 'Intorno all' autoritratto in veste di Bacco di Giovan Paolo Lomazzo', *Storia dell'arte*, lxxxi (1994), pp. 182–93。

263. 比如参见 Annibale Carracci 的 *Bean Eater*（图片可搜索 www.artres.com, Art 1552）。

264. 针对整个16世纪的意大利文学的主题分析参见 D. P. Rotunda, *Motif-Index of the Italian Novella in Prose* (Bloomington, IN, 1942), esp. pp. 8–14（deceptions）and 314（humour based on drunkenness）。

265. Piccolpasso, *The Three Books of the Potter's Art*, facsimile trans. and introduced by R. Lightbown and A. Caiger-Smith (London, 1980), i, fol. 6v–7r, ii, 23–4.

266. Wendy M. Watson, *Italian Renaissance Ceramics* (Philadelphia, PA, 2001), cat. 88, pp. 173–4.

267. Rudolf E. A. Drey, *Apothecary Jars: Pharmaceutical Pottery and Porcelain in Europe and the East 1150–1850* (London, 1978). 书中末尾的术语表列出了1700多种不同的药剂，其名称都被刻在了留存下来的容器上。

268. 今注今译参见 *Hildegard's Healing Plants*, trans. B. W. Hozeski (Boston, 2001)。

269. Martin, *Alcohol, Sex, and Gender* (New York, 2001), p. 43, 引用了16世纪 Tommaso di Silvestro 和 Andrew Boorde 的文献。

270. Salvator P. Lucia, *A History of Wine as Therapy* (Philadelphia, PA, 1963).

271. 同上，p. 140。

272. Mitchell Hammond, 'Paracelsus and the Boundaries of Medicine in Early Modern Augsburg', in *Paracelsian Moments: Science, Medicine, and Astrology in Early Modern Europe*, ed. G. S. Williams and C. D. Gunnoe (Kirksville, MO, 2002), pp. 19–33.

273. John Henderson, *The Renaissance Hospital: Healing the Body and Healing the Soul* (New Haven, CT, 2006), p. 206.

274. 同上，p. 204。

275. 有关当时意大利论著的精彩分析参见 Ken Albala, 'To Your Health: Wine as Food and Medicine in Sixteenth-Century Italy', in *Alcohol: A Social and Cultural History*, ed. M. P. Holt (Oxford, 2006), pp. 11–23。接下来的讨论主要来自 Ken Albala 对如下 8 篇文献的解读：Giovanni Battista Confalonieri, *De vini natura disputatio* (Venice, 1535); Antonio Fumanelli, *Commentario de vino, et facultatibus vini* (Venice, 1536); Girolamo Fracastoro, *Opera Omnia* (Venice, 1555); Gugliemo Grataroli, *De vini natura* (Strasbourg, 1565); Giovanni Battista Scarlino, *Nuovo trattato della varietà, e qualità de vini che vengono in Roma* (Rome, 1554); Bartolomeo Taegio, *L'humore* (Milan, 1564); Jacobus Praefectus, *De diversorum vini generum* (Venice, 1559); and Andrea Bacci, *De naturali vinorum historia* (Rome, 1596)。

276. 同上，pp. 12–13，并引用到下面的内容中。

277. 同上，pp. 14–20，并引用到下面的内容中。

278. 同上，pp. 18 和 21。

279. *The Praise of Folly*, trans. Clarence H. Miller (New Haven, ct, 1979), pp. 25 and 73.

280. 同上，Introduction, p.x。在伊拉斯谟的一生中，《愚人颂》在 11 个城市共出版了 36 个版本，其中两座城市在意大利。

281. Dirk Bax, *Hieronymous Bosch: His Picture-Writing Deciphered* (Rotterdam, 1979) 大胆地解释了博斯画作的肖像学。关于画中出现的酒器的讨论参见 "jug, jar, pitcher, pot"。

282. Laura D. Gelfand, 'Social Status and Sin: Reading Bosch's Prado *Seven Deadly Sins and Four Last Things Painting*', in *The Seven Deadly Sins: From Communities to Individuals*, ed. R. Newhauser (Leiden, 2007), pp. 229–56.

283. 第一句引言摘自 15 世纪的布道集 *Jacob's Well*，第二句摘自 14 世纪晚期的行为手册 *The Goodman of Paris*。这两句话都被如下文献引用过：Susan E. Hill, '"The Ooze of Gluttony": Attitudes Towards Food, Eating, and Excess in the Middle Ages', in *The Seven Deadly Sins*, pp. 57–70, esp. 66。

284. 据估，当时的啤酒消费量是葡萄酒的 12 倍。Unger, *Beer in the Middle Ages and the Renaissance*, pp. 108, 132.

285. 舍恩的版画描绘了葡萄酒的四种奇妙特性及其效果，纽伦堡人汉斯·萨克斯（Hans Sachs）据此创作了流行诗句，相关翻译参见南澳大利亚州立图书馆网站 www.winelit.slsa.sa.gov.au/wine。

286. Unger, *Beer in the Middle Ages and Renaissance*, p. 229.

287. 摘自马丁·路德1525年的布道文旁注（*The Complete Sermons of Martin Luther*, ed. and trans. John N. Lenker [Grand Rapids, MI, 1988], pp. 55–69)。

288. *The Essays of Michel de Montaigne*, trans. M. A. Screech (London, 1991), pp. 382, 385 and 387.

289. Ernest S. Bates, *Touring in 1600, A Study in the Development of Travel as a Means of Education* (Boston, 1911), p. 242.

290. Gugliemo Gratioli 的论著 *De vini natura* (1565) 直接肯定了这一刻板印象，而西西里的医生 Jacobus Praefectus 在 *De diversorum vini generum* (1559) 提出了气候这一原因（Albala, 'To Your Health', pp. 16–20)。

291. Mack P. Holt, 'Europe Divided: Wine, Beer, and the Reformation in Sixteenth-Century Europe', in *Alcohol: A Social and Cultural History*, pp. 25–40.

292. 同上，此处和后面的引文参见 pp. 32–33。

293. 同上，p. 34。另参见 D. F. Wright, ed., *Martin Bucer: Reforming Church and Community* (Cambridge, 1994), especially the chapters by Gottfried Hammann on Bucer in England and Martin Greschat on Bucer's influence on Calvin。

294. *Luther: Letters of Spiritual Counsel*, ed. and trans. Theodore G. Tappert, in *Library of Christian Classics*, vol. xviii (Philadelphia, PA, 1955), pp. 84–7. 这封信也出现在 Richard Marius, *Martin Luther* (Cambridge, 1999), pp. 122–3。

295. 同上，pp. 105–7。

296. Janny de Moor, 'Dutch Cooking and Calvin', in *Oxford Symposium on Food and Cookery, Proceedings of the Oxford Symposium on Food and Cookery*, ed. Harlan Walker (Devon, 1995), p. 97.

297. William J. Bouwsma, *John Calvin: A Sixteenth-Century Portrait* (New York, 1988), p. 136.

298. De Moor, 'Dutch Cooking and Calvin', p. 98.

299. Christa Grössinger, *Humour and Folly in Secular and Profane Prints of Northern Europe, 1430–1540* (London, 2002), esp. chap. 8, 'Scatology and the Grotesque'. 维迪兹的另外三幅木刻版画可参见 Max Geisberg, *The German Single-Leaf Woodcut: 1500–1550* (New York, 1974), G1510, G1524 和 G1515。关于当时流行的道德意象的概述参见 R. W. Scribner, *For the Sake of Simple Folk: Popular Propaganda for the German Reformation* (Cambridge, 1981), esp. chap. 4, 'Popular Culture'。

300. *François Rabelais: Gargantua and Pantagruel*, trans. and ed. M. A. Screech (New York, 2006), p. 225. Screech 在其译本中将高康大的两卷放在了庞大固埃的两卷的后面（并在其序言的第 12 页解释了为何这样做），但我保持了原作的顺序，将高康大的故事依然放在了前面，以此来描述故事的大概。

301. 同上，p. 829。

302. 同上，pp. 205，226 和 872。

303. Mikhail Bahktin, *Rabelais and his World*, trans. Hélène Iswolsky (Bloomington, IN, 1984), esp. chap. 3, 'Popular Festive Forms and Images in Rabelais'.

304. Bahktin, *Rabelais*, pp. 342–3.

305. François Rabelais, *Gargantua*, pp. 229, 135, 146, 404, 408, and 667. 拉伯雷去世后，由他人发表的文章 *Traité de bon usage de vin* 进一步扩展了饮用葡萄酒的好处，同时警告读者避免饮用啤酒和水。原稿收藏于布拉格国家图书馆，最近又以法语和意大利语再版。我参考的是意大利语版，参见 *Trattato sul buon uso del vino*, critical edition with notes by Patrik Ourednik, trans. A. Catalano (Palermo, 2009)。

306. 在翻译拉伯雷的作品之前，Screech 将这些事件按年份做了编目。

307. 第一种观点摘自 Screech, *François Rabelais*, Introduction, p. xix；第二种观点摘自 Florence M. Weinberg, *The Wine and The Will: Rabelais's Bacchic Christianity* (Detroit, MI, 1972), pp. 34 and 45–66。Weinberg 也曾针对拉伯雷作品中葡萄酒的意象写过相关文章，如 *The Rabelais Encyclopedia*, ed. Elizabeth C. Zegura (Westport, CT, 2004), pp. 262–3，她在其中再次强调了"拉伯雷对葡萄酒象征主义的关注"。Donald Frame 在他自己翻译的现代拉伯雷学术作品 *Complete Works of Rabelais* (Berkeley, CA, 1991), pp. xliv–xlvii 中做过一些评论，但没有提及 Weinberg 的贡献。

17 和 18 世纪的葡萄酒

308. 《托斯卡纳的酒》在 Emilio Faccioli, *Arte della Cucina, libri de ricette, testi sopra lo scalco, il trinciante e i vini dal xiv al xix secolo* (Milan, 1966), ii, pp. 209–36 中得到了复制。对托斯卡纳葡萄酒是"无聊的品种"的评价摘自 Peter Brand and Lino Pertile, ed., *The Cambridge History of Italian Literature* (New York, 1999), p. 317。

309. 关于我对 17 世纪烹饪文献中日益增强的地方主义意识的讨论参见 *Tastes*

and Temptations: Food and Art in Renaissance Italy (Berkeley, CA, 2009), chap. 3。

310. Hugh Johnson, *The Story of Wine* (London, 2005), p. 107.

311. *The Diary of Samuel Pepys*, ed. Robert Latham and Matthew Williams (Berkeley, CA, 1970), vi, p. 151.

312. Rod Phillips, *A Short History of Wine* (New York, 2002), p. 135.

313. Eleanor S. Godfrey, *The Development of English Glassmaking*, 1560–1640 (Oxford, 1975), pp. 229–32.

314. 关于软木瓶塞和开瓶器的历史的讨论参见Jancis Robinson, *The Oxford Companion to Wine* (New York, 2006), pp. 200–2。

315. Phillips, *A Short History of Wine*, p. 137.

316. 例如, 15世纪后期, 为了满足新发明的印刷机的需要, 造纸业有所扩张, 这促使艺术家们将富余的纸张用于绘画和版画的制作。

317. Giovanni Rebora, *Culture of the Fork: A Brief History of Food in Europe*, trans. A. Sonnenfeld (New York, 1998), pp. 40–41.

318. Robinson, *The Oxford Companion to Wine*, pp. 656–9.

319. Phillips, *A Short History of Wine*, p. 138.

320. Karen MacNeil, *The Wine Bible* (New York, 2001), p. 162.

321. *Journal de la santé du roi Louis xiv de l'année 1647 à l'année 1711*.(Paris, 1862), p. 211, and online at http://gallica.bnf.fr.

322. 这出喜剧是George Etherege的 *She Would if She Could* (A. Lynne Martin, *Alcohol, Sex, and Gender in Late Medieval and Early Modern Europe*, New York, 2001, p. 50)。

323. Robinson, *The Oxford Companion to Wine*, p. 719. 关于早期美国在酿酒方面所做的努力参见Thomas Pinney, *A History of Wine in America: From the Beginnings to Prohibition* (Berkeley, CA, 1989), esp. Parts i and ii。

324. 这是为数不多的有关葡萄酒的早期文献之一（Sala Bolognese, 1989）。

325. 其中部分参考书目参见Salvatore P. Lucia, *A History of Wine as Therapy* (Philadelphia, PA, 1963), pp. 220–21。

326. William Buchan, *Domestic Medicine, or, A Treatise on the Prevention and Cure of Diseases by Regimen and Simple Medicines* (1769). 在巴肯于1805年去世前, 他的书在欧美地区出版了19个版本。接下来的内容摘自美国版的第一版（Fairhaven, VT, 1798）。

327. 铺在桌子上的乌沙克毯子、萨沃纳罗拉椅子和马约利卡陶器都能与那个时期已知的生活习惯联系起来（*Caravaggio: The Art of Realism*, University

Park, PA, 2006, chap. 8 ）。 "以世俗亵渎神圣" 一词是由红衣主教奥塔维奥·帕拉威其诺（Cardinal Ottavio Paravicino）于1603年创造的。

328. Howard Hibbard, *Caravaggio* (New York, 1983), p. 352.

329. Casare Ripa的*Iconologia*中就出现过一个手拿一串葡萄、头戴香草冠的羊男。 Donald Posner, *Annibale Carracci: A Study in the Reform of Italian Painting around 1590* (London, 1971), pp. 314–15.

330. John Florio, *A Worlde of Wordes, or Most Copious and Exact Dictionarie in Italian and English* (London, 1598), p. 271. 书中，"dare le pesche" 被定义为 "撅起屁股，或同意非自然的罪行"。 关于这一话题的更多内容参见Adrienne Von Lates, 'Caravaggio's Peaches and Academic Puns', *Word and Image*, xi (1995), pp. 55–60。

331. 酒神巴克斯具有阴柔气质的论点最早是由埃斯库罗斯与欧里庇得斯提出的。 二人都以 "女性化" 一词来描述酒神（ Otto, Dionysus, *Myth and Cult*, trans. R. B. Palmer, Bloomington, IN, 1965, p. 176 ）。

332. *Philostratus: Imagines; Callistatus: Descriptions*, trans. A. Fairbanks (Cambridge, MA, 1931), pp. 403–7.

333. 关于我对德尔蒙特的藏品和卡拉瓦乔对它们的使用方面的探讨，参见*Caravaggio: The Art of Realism*, p. 23。

334. 关于当时的收藏与鉴赏文化参见Francis Haskell, *Patrons and Painters: Art and Society in Baroque Italy* (New York, 1971)。

335. Charles Dempsey, *Annibale Carracci: The Farnese Gallery, Rome* (New York, 1995), p. 44.

336. G. P. Bellori, *The Lives of Annibale and Agostino Carracci*, trans. C. Enggass (University Park, PA, 1968), p. 34. John R. Martin, *The Farnese Gallery* (Princeton, NJ, 1965). 这两部作品提供了最博学的现代解释。

337. Charles Dempsey, '*Et nos Cedamus Amori*: Observations on the Farnese Gallery, *Art Bulletin*, i (1968), pp. 363–74. Dempsey认为，画中的内容可能指代的是1600年法尔内富家族一位成员的婚礼。

338. 相关文献的周到评论参见Anthony Hughes, 'What's The Trouble with the Farnese Gallery? An Experiment in Reading Pictures', *Art History*, xi/3 (1988), pp. 335–48。

339. J. Perez-Sanchez and N. Spinosa, *Jusepe de Ribera 1591–1652* (New York, 1992), p.187, and C. Felton and W. Jordan, eds, *Jusepe de Ribera: Lo Spagnoletto 1591–1652* (Fort Worth, TX, 1982), pp. 109–11.

340. 感谢Giulia Bernardini为我提供了她当时尚未发表的硕士论文

'Intoxication and Excoriation: On the Depiction of Baseness in Jusepe de Ribera's *Drunken Silenus and Apollo and Marysas*' (University of Colorado, 2006)。我采信了她的解读，得出了这一结论。

341. 这些鉴定的结论是在比较了佛罗伦萨、底特律、波士顿和柏林的博物馆中的四幅已知肖像后得出的。

342. Peter C. Sutton, 'Introduction', in *The Age of Rubens*, ed. P. C. Sutton (Boston, 1993), p. 13.

343. José López-Rey, *Velázquez' Work and World* (New York, 1968), p. 52. 这部作品称这是"一把巴洛克式的双刃剑，是对寓言中的虚假世界和罪恶的人类行为所做的拙劣戏仿。当小丑的身影与酒神巴克斯粗俗的裸体展开较量时，笑声会变得更加热烈、嚣张、意味深长"。

344. 对这群迷人艺术家的基础研究参见G. J. Hoogewerff, *De Bentvueghels* (with an English summary) (The Hague, 1952) 以及 Peter Schatborn and Judith Verbene, *Drawn to Warmth: 17th-Century Dutch Artists in Italy* (Zwolle, 2001)。

345. 关于这些北方艺术家的昵称，主要参考资料是David Levine and Ekkehard Mai, *I Bamboccianti: Niederländische Malerrebellen im Rom des Barock* (Milan, 1991), 以 及Levine's "The Bentvueghels: 'Bande Academique'" in *il60: Essays Honoring Irving Lavin on his Sixtieth Birthday* (New York, 1990), pp. 207–26。

346. 关于这幅画的杰出研究参见Dora Panofsky, 'Narcissus and Echo: Notes on Poussin's "Birth of Bacchus" in the Fogg Museum of Art', *Art Bulletin*, xxxi (1949), pp. 112–20。其他具有启发性的解读参见Stephen Bann, *The True Vine: On Visual Representation and the Western Tradition* (Cambridge, 1989), pp. 150–56和Elizabeth Cropper and Charles Dempsey, *Nicholas Poussin: Friendship and the Love of Painting* (Princeton, NJ, 1996), pp. 294–302。

347. 我的翻译改编自Cropper and Dempsey, *Nicholas Poussin*, p. 295。

348. Philostratus, *Imagines*, Book i, p. 23.

349. 同上，p. 302。

350. 最初提出这种特殊解读的是Oskar Bätschmann, 参见*Nicholas Poussin: Dialectics of Painting* (cited by Bann, *The True Vine*, p. 153)。

351. 该评论来自泰斯塔的传记作家Joachim von Sandrart, 摘自James Clifton, 'Pietro Testa', Oxford Art Online at www.oxfordartonline.com。

352. 关于这幅版画的完整讨论参见Elizabeth Cropper, *Pietro Testa 1612–1650: Prints and Drawings* (Philadelphia, PA, 1988), cat. 114, pp. 245–9。

353. Elizabeth Cropper, *The Ideal of Painting: Pietro Testa's Düsseldorf Notebook* (Princeton, NJ, 1984).

354. 泰斯塔的传记参见 Cropper, *Pietro Testa 1612–1650: Prints and Drawings*, pp. xi–xxxvi。

355. 原作于1620至1640年前后完成，发表于 Carola Fiocco and Gabriella Gherardi, *Museo del vino di Torgiano: Ceramiche* (Perugia, 1991), cat. 211。

356. 这段内容和接下来三段引文的完整出处参见 Martin, *Alcohol, Sex, and Gender*, pp. 48–9。

357. 同上，p. 49。

358. 关于卡拉瓦乔在认识论方面的同伴参见 Varriano, *Caravaggio: The Art of Realism*, pp. 129–35。

359. Leonard J. Slatkes and Wayne Franits, *The Paintings of Hendrick ter Brugghen: Catalogue Raisonné* (Philadelphia, PA, 2007), pp. 156–7, cat. a48.

360. *Essaies upon the Five Senses* (London, 1620), pp. 45–57.

361. 参见西蒙·沙玛开创性的文章 'The Unruly Realm: Appetite and Restraint in Seventeenth-Century Holland', *Daedalus*, cviii (1979), pp. 103–23。

362. 同上，p. 112。

363. Simon Schama, *An Embarrassment of Riches: An Interpretation of Dutch Culture in the Golden Age* (New York, 1987).

364. 关于讽刺在斯滕的全部作品中的重要性参见 Mariët Westermann, *The Amusements of Jan Steen: Comic Painting in the Seventeenth Century* (Zwolle, 1997)。

365. David Courtwright, *Forces of Habit: Drugs and the Making of the Modern World* (Cambridge, MA, 2001), pp. 1–5. 这部文献将1500年之后的时期称为"精神活跃革命"的时代。

366. 关于少女、花花公子和葡萄酒在弗米尔艺术作品中的重要性的讨论参见 Albert Blankert, 'Vermeer's Modern Themes and their Tradition', in *Johannes Vermeer* (Washington, DC, 1995), esp. pp. 34–7。

367. Cornelis de Bie, 1661（Blankert, 'Vermeer's Modern Themes', p. 33）.

368. 关于荷兰的繁荣及其引发的反应参见 Schama, *An Embarrassment of Riches*, esp. Part Two, 'Doing and Not Doing'。

369. 关于加尔文对奢侈的看法参见 William J. Bouwsma, *John Calvin: Sixteenth-Century Portrait* (New York, 1988), esp. pp. 57–8, 另参见 Janny de Moor, 'Dutch Cooking and Calvin', in *Cooks and Other People: Proceedings of the Oxford Symposium on Food and Cookery* (Devon, 1999), pp. 94–105。

370. Mark Morford, *Stoics and Neostoics: Rubens and the Circle of Lipsius* (Princeton, NJ, 1991).

371. 关于艺术与文学中对死亡警告和劝世静物的简要讨论参见Kristine Koozin, *The Vanitas Still Lifes of Harmen Steenwyck: Metaphoric Realism* (Lewiston, ME, 1990) 的前两章。

372. 根据Jutta-Annette Page在 *The Art of Glass: The Toledo Museum of Art*, exh. Cat. Toledo Museum of Art (2005), cat. 43 中引用的数据，锥脚球形酒杯在德国和荷兰尤其受欢迎。阿姆斯特丹的某家玻璃制造厂每天会工作12个小时来生产这种酒杯，而只有3家玻璃厂生产啤酒酒杯。

373. 康宁玻璃博物馆（Corning Museum of Glass）收藏的一只1643年的酒杯上描绘了《旧约》中葡萄丰收的场景，还配文"认识你自己"（Kent u Selven）和"留心"（Nota Bene），紧接着是一首赞美适度饮酒的诗歌："你看，有计划地饮酒/能给许多人带来欢乐/但若是一个人沉溺于无度豪饮/错误的酒就会酿成悲伤"。参见W. Franz, A. Strauss and J. Sichel, eds, *Glass Drinking Vessels from the Collection of Jerome Strauss*, exh. cat., Corning Museum of Glass (1955), cat. 97。感谢Elisabeth de Bièvre翻译了这段荷兰语文字。

374. 可参见这幅画的完美目录条目，James Welu et al., *Judith Leyster: A Dutch Master and Her World*, exh. cat., Worcester Art Museum (1993)。

375. 相关例子可参见Hieronymous Bosch与Adrian Brouwer的作品（Welu, *Judith Leyster*, figs 6b and 6d ）。

376. 这首诗由Samuel Ampzing创作，与Jan van de Velde的 *Death with an Hourglass* 配在一起成为 *Welu, Judith Leyster*, fig. 6g 中的插图。

377. 同上，pp. 160–161。

378. 同上，图 6e。

379. 搜索此类信息可参考如下的实用网站：www.playshakespeare.com。

380. 1606年颁布的 'The Act to Repress the Odious and Loathsome Sin of Drunkenness' 绝不是英国第一部试图规范醉酒行为的法令。其他法令参见 *Public Drinking in the Early Modern World: Voices from the Tavern, 1500–1800*, ed. Thomas E. Brennan (London, 2011)。

381. *Henry iv, Part ii*, iv.iii.103–36.

382. *Macbeth*, ii.iii.32–9.

383. 如下这本伪装成学术著作的维多利亚时代的禁酒小册子阐述了这一点：Frederick Sherlock, *Shakespeare on Temperance, with Brief Annotations* (1882), reprinted(New York, 1972)。

384. Richard Brathwaite, *A Solemn Joviall Disputation, Theoreticke and Practicke: Briefly Shadowing the Law of Drinking* (London, 1617). 这本小册子在1627年之前至少重版了4次，表明了其受欢迎程度。关于英国啤酒屋的社会史参见Peter Clark, *The English Alehouse: A Social History 1200–1830* (New York, 1983)。

385. Cedric C. Brown, 'Sons of Beer and Sons of Ben: Drink as a Social Marker in Seventeenth-Century England', in *A Pleasing Sinne: Drink and Conviviality in Seventeenth-Century England*, ed. Adam Smyth (Cambridge, 2004), pp. 3–20.

386. *The Poetical Works of Robert Herrick*, ed. L. C. Martin (Oxford, 1956), p. 259.

387. 同上, p. 187。

388. 关于赫里克的这首诗可参见A. Leigh Deneef, *'This Poetic Liturgie': Robert Herrick's Ceremonial Mode* (Durham, NC, 1974), pp. 167–72。

389. *The Poetical Works*, p. 122.

390. 摘自John Toland的传记, 引自William R. Parker, *Milton: A Biographical Commentary*, 2nd revd edn G. Campbell (Oxford, 1999), vol. ii, p. 1096。

391. *Paradise Lost*, Book vii, and *Comus*, lines 46–7.

392. *Samson Agonistes*, lines 1673–89.

393. 摘自Manchester Ballads, ii, 14; 转录于Angelica McShane Jones, 'Roaring Royalists and Ranting Brewers: The Politicisation of Drink and Drunkenness in Political Broadside Ballads from 1640 to 1689', in *A Pleasing Sinne*, pp. 69–87, esp. 72。接下来讨论的大部分内容都是基于Manchester Ballads 的文章。

394. *The Loyal Subject (as is reason) Drinks good sack and is free from Treason* (Jones, 'Roaring Royalists', p. 80).

395. Robinson, *The Oxford Companion to Wine*, pp. 172–3.

396. 更多关于该问题的内容参见Charles Ludington, '"Be Sometimes to your Country True": The Politics of Wine in England, 1660–1714', in *A Pleasing Sinne*, pp. 89–106。

397. 这是Charles Ludington的论文'Politeness, Wine Connoisseurship, and Political Power in Early Eighteenth-Century England' 的主题。

398. Phillips, *A Short History of Wine*, pp. 135–6.

399. 许多文章都曾提到杰斐逊在葡萄酒方面的品位。我主要参考的是Jim Gabler, *Passions: The Wines and Travels of Thomas Jefferson* (Baltimore,

MD, 1995)。

400. 同上，pp. 289–291。

401. 同上，集中于pp. 3–8。

402. Robinson, *The Oxford Companion to Wine*, p. 719.

403. 与杰斐逊相比，富兰克林对葡萄酒的兴趣鲜为人知，但在网站www.wineintro.com/history上可以找到一份收录了他的想法（其中包含《穷理查年鉴》语录）的有用汇编。

现代葡萄酒

404. 19世纪50年代以后，法国铁路系统的建设几乎使每个地区的葡萄都更容易运往全国。参见Roger Price, *The Economic Modernization of France, 1730–1880.* (London, 1975), p. 76。

405. Tim Unwin, *Wine and the Vine, An Historical Geography of Viticulture and the Wine Trade* (London, 1991), p. 280.

406. 同上，pp. 224–225。

407. 同上，p. 225。

408. Jancis Robinson, *The Oxford Companion to Wine* (New York, 2006), pp. 123–4, and Thomas Pinney, *A History of Wine in America: From Prohibition to the Present* (Berkeley, CA, 2005), esp. chaps 9–12.

409. Pinney, *A History of Wine in America*, p. 305.

410. Robinson, *The Oxford Companion to Wine*, pp. 543–4; and Unwin, *Wine and the Vine*, pp. 283–4.

411. 关于世界范围内葡萄根瘤蚜的流行情况参见Christy Campbell, *Phylloxera: How Wine was Saved for the World* (New York, 2004)。

412. Patrice Debré, *Louis Pasteur*, trans. E. Forster (Baltimore, MD, 1998), p. 231.

413. 在1855年5月6日的一封信中，芬顿描述了这张照片拍摄的环境（参见 *Roger Fenton, Photographer of the Crimean War; His Photographs and his Letters from the Crimea*, 以及关于他工作与生活的一篇论文，Helmut and Alison Gernsheim, New York, 1973, p. 74 ）。

414. Rod Phillips, *A Short History of Wine* (New York, 2002), p. 294.

415. 同上，pp. 293–4。

416. 引文来自Herbdata New Zealand网站www.herbdatanz.com，标题为"Medicated Wine"。

417. Salvatore P. Lucia, *A History of Wine as Therapy* (Philadelphia, PA, 1963), p. 145.

418. 同上，pp.145，221。

419. 同上，p. 147。

420. Roberts Bartholomew, *A Treatise on the Practice of Medicine*, 5th edn (New York, 1883), pp. 895–905.

421. E. Fullerton Cook and Charles H. LaWall, eds, *Remington's Practice of Pharmacy*, 8th edn (Philadelphia, PA, 1936), p. 1018.

422. 一年前，美国药典委员会从其发布的药物清单中删除了所有的葡萄酒和以葡萄酒为基础的药物。参见Joseph P. Remington, *The Practice of Pharmacy: A Treatise*, 6th edn (Philadelphia, PA, 1917), pp. 512–19, 包括 "wine of beef" "wine of iron" 和 "wine of white ash"。在《美国药典》（1820年版）和《国家处方集》（1888年版）于1975年正式合并之前，这两份出版物在某种程度上是相互独立的。这一事实解释了二者的差异。

423. Fran Grace, *Carrie A. Nation: Retelling the Life* (Bloomington, IN, 2001), esp. pp. 123 and 264.

424. Robert C. Fuller, *Religion and Wine: A Cultural History of Wine Drinking in the United States* (Knoxville, TN, 1996), pp. 91–2.

425. 关于当时世界范围内支持禁酒运动的众多力量，具有挑衅性的讨论参见 Steve Charters, *Wine and Society: The Social and Cultural Context of a Drink* (Boston, 2006), pp. 272–8。

426. Fronia E. Wissman, Oxford Art Online entry on Corot (www.oxfordartonline.com).

427. Bruce Laughton, *Honoré Daumier* (New Haven, CT, 1996), pp. 42–6.

428. 人们还会想到19世纪早期的路易－利奥波德·布瓦伊（Louis-Leopold Boilly）描绘醉酒仆人的漫画，特别是插画书中的内容，参见*Recueil de Grimace* ,Susan Siegfried, *The Art of Louis-Leopold Boilly: Modern Life in Napoleonic France* (New Haven, ct, 1995)。

429. Robert L. Herbert, *Impressionism: Art, Leisure, and Parisian Society* (New Haven, CT, 1988), p. 65.

430. W. Scott Haine, 'Drink, Sociability, and Social Class in France, 1789–1945', in *Alcohol: A Social and Cultural History*, ed. Mack P. Holt (Oxford, 2006), pp. 121–44. 引文摘自Edward King, *My Paris, French Character Sketches* (Boston, 1869) (cited by Herbert, Impressionism, p. 65)。

431. Phillips, *A Short History of Wine*, p. 241.

432. 同上，p. 224。这一数据是在1840至1882年间统计的。

433. 描述两人这段时期关系的资料参见Julia Frey, *Toulouse-Lautrec: A Life* (New York, 1994), esp. pp. 227–9。

434. Jean-Charles Sournia, *A History of Alcoholism* (Oxford, 1990), esp. chap. 4, 'Magnus Huss and Alcoholism, 1807–1890'.

435. 同上，pp. 54，75–80。

436. Alfred Delvau, *Histoire anecdotique des cafés et cabarets de Paris*, 1862;cited by Herbert, *Impressionism*, p. 74.

437. Gerd Woll, *Edvard Munch: Complete Paintings. Catalogue Raisonné i, 1880–1897* (London, 2008), cat. 348.

438. Jane Lee, Oxford Art Online entry on Derain (www.oxfordartonline.com).

439. 在这方面，葡萄酒的标签或许不应该被遗忘。在瓶子上贴上所盛内容的纸质标签的做法始于19世纪。当时预先装瓶的葡萄酒十分常见（Robinson, *The Oxford Companion to Wine*, pp. 97. and 385），但如今，这些标签已经成为葡萄酒本身的图片广告。早期艺术大师的画作偶尔也会被复制到标签上。自1945年以来，Château Mouton Rothschild酒庄会委托艺术家来设计其产品标签的上半部分。弗朗西斯·培根、乔治·布拉克、马克·夏加尔、琼·米罗、毕加索和安迪·沃霍尔等杰出画家都为之做过贡献。完整的标签集合参见www.theartistlabels.com/mouton/。

440. 关于毕加索画中的狄俄尼索斯意象参见Diane Headley, 'Picasso's Response to Classical Art' in *Dionysos and his Circle*, ed. C. Houser (Cambridge, ma, 1979), pp. 94–100。

441. Pablo Picasso, *Vollard Suite* (Madrid, 1993), esp. pls 57, 59 and 67.

442. 香槟酒杯的历史参见Tom Stevenson, *Christie's World Encyclopedia of Champagne and Sparkling Wine* (Bath, 2002), p. 31。

443. 梵蒂冈的神圣现代艺术收藏参见Giovanni Fallani, *Collezione vaticana d'arte religiosa moderna* (Milan, 1974)。

444. 摘自2008年泰特美术馆中墙壁上对该艺术作品作说明的文字标签（www.tate.org.uk）。

445. Denis McMamara, 'The Dangerous Path: Leonard Porter and the Sincerity of Hope', *The Classicist*, viii (2009), pp. 118–27.

446. 摘自波特的私人信件。

447. 在刊登于他最近一次的展览（2007年）目录的采访中，利加雷用"祭坛般的"和"形而上的"现实主义语汇来描述他的作品，但他主要关注的显然是形式价值而非肖像学（*www.davidligare.com/interview.html*）。

448. 摘自利加雷的私人信件。
449. Robert Louis Stevenson, *The Strange Case of Dr. Jekyll and Mr. Hyde* (Peterborough, OH, 2005), p. 28.
450. Robert Louis Stevenson, *The Silverado Squatters* (New York, 1923), p. 25.
451. *Don Juan*, Canto Two, verse 178, in *The Complete Poetical Works of Lord Byron*, ed. Jerome J. McGann (New York, 1980–93), p. 144.
452. 同上，Canto Four, verse 24, p. 819。
453. 同上，Canto Four, verse 25, p. 211。
454. *The Collected Poems of W. B. Yeats* (New York, 1956), p. 92.
455. 'Ode to a Nightingale', in *The Complete Poetry and Selected Prose of John Keats*, ed. H. E. Briggs (New York, 1951), p. 291.
456. 对这首诗中葡萄酒含义更充分的诠释参见 Everett Carter, *Wine and Poetry*, Chapbook 5 (Davis, CA, 1976), pp. 15–16。
457. Joanna Richardson, *Baudelaire* (New York, 1994), pp. 232–7.
458. Charles Pierre Baudelaire, trans. Roy Campbell (London, 1952), p. 141.
459. Robert Browning, 'Aristophanes' Apology', in *The Complete Poetic and Dramatic Works of Robert Browning* (Boston, 1895), p. 644.
460. Browning, 'Apollo and the Fates', in *The Complete Poetic and Dramatic Works*, p. 950.
461. Letter to Thomas Higginson, July 1862, *The Letters of Emily Dickinson*, ed. Thomas H. Johnson (Cambridge, MA, 1958), p. 411.
462. *A Concordance to the Poems of Emily Dickinson*, ed. S. P. Rosenbaum (Ithaca, NY, 1964), pp. 837, 446–67 and 749.
463. *The Poems of Emily Dickinson*, ed. R. W. Franklin (Cambridge, MA, 1999), p. 400.
464. 同上，p.65。
465. Jack Capps, Emily Dickinson's Reading, 1836–86 (Cambridge, MA, 1966), pp. 48 and 157. Jack Capps 注意到这首诗与《圣经》的类比，并写道："这首诗是对基督教管理的基本原则的一次陈述。"
466. Pablo Neruda, *Elemental Odes*, trans. Margaret S. Peden (London, 1991), p. 165.
467. 关于他们二人的关系参见 Matilde Urrutia, *My Life with Pablo Neruda* (Stanford, CA, 2004)。
468. *The Collected Poems of Tennessee Williams*, ed. D. Roessel and N.

Moschovakis (New York, 2002), p. 113.

469. Christopher Conlon, '"Fox-Teeth in Your Heart": Sexual Self-Portraiture in the Poetry of Tennessee Williams', *The Tennessee Williams Annual Review*, no. 4 (2001), p. 1, 在线内容参见网站 www.tennesseewilliamsstudies.org。

470. Suzanne Daley, 'Williams Choked to Death on a Bottle Cap', *New York Times*, 27 February 1983.

471. 这部分内容借鉴了如下作品中编辑的序言：'Planting the Vines: An Introduction', in *Wine and Philosophy: A Symposium on Thinking and Drinking*, ed. F. Allhoff (Oxford, 2007), pp. 2–3。

472. 关于葡萄酒在电影中起到的作用更充分的讨论也可见上一条提到的参考资料。

473. Guido Majno, *The Healing Hand: Man, and Wound in the Ancient World* (Cambridge, MA, 1975), p. 187.

474. 同上，pp. 188 and 498, n.261。根据 Majno 报道，第一次实验的执行者是 Institut d'Hygiène at the University of Geneva 的 Dr. D. Kekessy；第二次实验的执行者为 M. Draczynski，实验结果发表于 1951 年的期刊 *Wein und Rebe*。

475. M. E. Weisse and R. S. Moore, 'Antimicrobial Effects of Wine', in *Wine: A Scientific Exploration*, ed. M. Sandler and R. Pinder (New York, 2003), pp. 299–313.

476. 同上，p. 306。

477. Majno, *The Healing Hand*, pp. 188 and 498, n. 265.

478. 大多数关于葡萄酒益处的讨论的关键都在于一个假设——适度。关于过度饮酒会带来哪些危害，可参见如下清晰的研究：Frederick Adolf Paola, 'In Vino Sanitas', in *Wine and Philosophy*, pp. 63–78。

479. Giorgio Ricci et al., 'Alcohol Consumption and Coronary Heart-Disease', *The Lancet*, cccxiii/8131 (1979), 1404.

480. 由 Morley Safer 在 CBS 的《60 分钟》节目的纪录片中发表。

481. Mitch Frank, 'Harnessing Wine's Healing Powers', *The Wine Spectator*, 31 May 2009, pp. 54–58.

482. Arthur L. Klatsky 在 'Wine, Alcohol and Cardiovascular Diseases', in *Wine: A Scientific Exploration*, p. 125 中写道："酒精的抗焦虑或减压作用可能带来好处的假设缺乏很好的数据支持。"据我所知，唯一一份表明"(葡萄酒) 在精神层面能以一种愉悦的方式促进大脑活动"的出版物是 E. A. Maury 的半科学作品 *Wine is the Best Medicine* (Kansas City, KS, 1977)。

483. 哈佛医学院的 David Sinclair 教授一直走在这类研究的前沿。

484. 其中一些观点见于 Arthur L. Klatsky 的文献（注释482）的第108页。

485. M. Bobak and M. Marmot, 'Wine and Heart Disease: A Statistical Approach', in *Wine: A Scientific Exploration*, pp. 92–107.

486. Mathilde Cathiard-Thomas 是该协会的组织者之一，也是一家化妆品公司的所有者。她与 Corinne Pezard 合著了名为 *La santé par le raisin et la vinothérapie* 的小书，内容涵盖了药用葡萄酒的历史，但结尾以长篇论述了其公司产品的益处。这本书最初于1998年在法国出版，但我参考的是其意大利语译本 *Vinoterapia: In salute con il vino e con la vite* (Rome, 2007)。

西方传统之外的葡萄酒

487. Patricia Berger, *The Art of Wine in East Asia* (San Francisco, ca,1986).

488. 我针对这些文献的讨论很大程度上归功于 Kathryn Kueny 的著作 *The Rhetoric of Sobriety: Wine in Early Islam* (Albany, NY, 2001)。该作品得益于 Ignaz Goldziher 和 A. J.Wensinck 的基础研究。她在参考书目中引用了二者的相关出版物。

489. 同上，pp. 4–5。

490. Sura 5: 90–91 (al-Ma'ida), as quoted in Keuny, *The Rhetoric*, p. 6.

491. Sura 47:15 (Muhammad), as quoted in Kueny, *The Rhetoric*, p. 14.

492. Sura 56:18–19 (al-Wāqi'a), as quoted in Kueny, *The Rhetoric*, p. 15.

493. 同上，p. 3。

494. 同上，p. 10。

495. 同上，p. 25。

496. 同上，p. 26。

497. Sura 16: 67 (al-Nahl), as quoted in Kueny, *The Rhetoric*, p. 65.

498. *The History of al-Tabari*, vol. xiii, *The Conquest of Iraq, South Western Persia, and Egypt*, trans. G.H.A. Juynboll (Albany, NY, 1989) pp 151–4, as quoted by Kueny, *The Rhetoric*, p. 155, n. 4.

499. Kueny, *The Rhetoric*, p. 65. 他还指出了《古兰经》本身日期的不确定性（p. 127, n. 321）。

500. M. M. Badawi, 'Abbasid Poetry and its Antecedents', in 'Abbasid Belles-Lettres', vol. ii of *Cambridge History of Arabic Literature*, ed. J. Ashtiany et al. (Cambridge, 1990), p. 154 (cited by Kueny, *The Rhetoric*, p. 102).

501. *Omar Khayyam: A New Version Based upon Recent Discoveries*, ed. Arthur J.

Arberry (London, 1952), stanza 203, 116.

502. 同上，stanza 136, 116。

503. Avicenna, as quoted in Roger Scruton, *I Drink, Therefore I Am* (London, 2009), p. 109.

504. *Persian Poems: An Anthology of Verse Translations*, ed. A. J. Arberry (London, 1954), pp. 62–3.

505. Sussan Babaie, 'Shah Abbas ii, the Conquest of Quandahar, the Chihil Sutun, and Its Wall Paintings', in *Muqarnas*, ii (1994), pp. 125–42.

506. 1830年前后的细密画可以作为参考案例，可见Art Resource网站www. artres.com, Art184010。

507. R. A. Nicholson, *Studies in Islamic Mysticism* (Cambridge, 1921), p. 186.

508. William C. Chittick, *The Sufi Path of Love* (Albany, NY, 1983), p. 312; quoted by Kueny, *The Rhetoric*, p. 112.

509. 同上，p. 114。

图片来源

卷首插图　（同图 79）Hendrick Terbrugghen, *Young Man with Wineglass by Candlelight*, 1623, oil on canvas. Sterling and Francine Clark Institute, Williamstown, Massachusetts.

图 1　Neolithic Wine Jar from Hajji Firuz Tepe, c. 5400–5000 bc, clay. University of Pennsylvania Museum, Philadelphia, pa.

图 2　Mesopotamian *Banquet Scene*, lapis lazuli cylinder seal and cast of seal from the 'Queen's Grave' at Ur, *c*. 2600 bc. British Museum, London.

图 3　*Men making wine, plucking poultry, and bringing offerings to the dead*, detail of Egyptian 18th dynasty (16th–14th century bc) wall painting in the tomb of Nakht, Thebes.

图 4　*Ram-headed Situla from the Midas Mound at Gordion*, 8th century bc, University of Pennsylvania Museum, Philadelphia, pa; the original artefact is in the Museum of Anatolian Civilization, Ankara.

图 5　*Red-figure kylix of Youth in a Wineshop*, attributed to Douris, *c*. 480 bc. Private collection, London.

图 6　*Dionysus and his Entourage*, detail from the François Vase, *c*. 570 bc, from Furtwängler, *Griechische Vasenmalerei*. Museo Archeologico Nazionale, Florence.

图 7　*Dionysus and his Entourage* black-figure amphora by the Rycroft Painter, *c*. 530–520 bc. Worcester Art Museum, Worcester, ma.

图 8　Side view of red-figure kylix with *Dancing Maenad*, attributed to Oltos, *c*. 525–500 bc. Mount Holyoke College Art Museum, South Hadley, ma.

图 9   Black-figure skyphos with Herakles, Athena and Hermes, attributed to the Theseus Painter, *c.* 500 bc. Mount Holyoke College Art Museum, South Hadley, ma.

图 10   *Dancing Maenad*, interior of a red-figure kylix attributed to Oltos, 525–500 bc. Mount Holyoke College Art Museum, South Hadley, ma.

图 11   *Dionysus Sailing the Sea*, black-figure kylix by Exekias, 540 bc. Staatliche Antikensammlung, Munich.

图 12   *Gigantomachia*, red-figure amphora by the Suessula Painter, *c.* 410–400 bc. Musée du Louvre, Paris.

图 13   *Dionysus and his Entourage*, red-figure hydria in the manner of the Meidias Painter, *c.* 400 bc–390 bc. Harvard Art Museum, Arthur M. Sackler Museum.

图 14   *Women Ladling Wine before Dionysus*, red-figure stamnos by the Dinos Painter, late 5th century bc. Museo Archeologico Nazionale, Naples.

图 15   *Reveller*, red-figure kylix attributed to Douris, *c.* 480 bc. Museum of Fine Arts, Boston.

图 16   *A Symposium*, black-figure amphora attributed to the circle of the Affecter Painter, *c.* 550–525 bc. Mead Art Museum, Amherst College, Amherst, ma.

图 17   *A Symposium*, red-figure kylix attributed to Makron, signed by Hieronas potter, *c.* 480 bc. The Metropolitan Museum of Art, New York, ny.

图 18   *Erotic Scene*, red-figure kylix attributed to Douris, *c.* 480 bc. Museum of Fine Art, Boston.

图 19   *Two Youths at a Symposium*, red-figure kylix by the Colmar Painter, *c.* 500–490 bc. Musée du Louvre, Paris.

图 20   Drawing of a detail of a *Symposium* vase with a woman drinking from a phallic-footed kylix, *c.* 510 bc; after Lissargue, *The Aesthetics of the Greek Banquet* (Princeton, nj: Princeton University Press, 1991).

图 21   *Seated Silenus*, terracotta vase, 4th century bc. The Metropolitan Museum of Art, New York.

图 22   *Drunken Silenus on a Lion Skin*, bronze, 270–250 bc, found in the Villa of the Pisoni, Herculaneum. Museo Archeologico Nazionale, Naples.

图 23   Wine merchant's sign in Pompeii, 1st century ad.Werner Forman/Art Resource, ny.

图 24　Silver goblet with skeletons, from the Treasure of Boscoreale, late 1st century bc–1st century ad. Musée du Louvre, Paris.

图 25　*Mosaic skeleton* from Pompeii, 1st century ad. Museo Archeologico Nazionale, Naples.

图 26　Tomb monument of Flavius Agricola, marble, *c.* 2nd century ad. Indianapolis Museum of Art, Indianapolis, in.

图 27　*Dionysian Revel*, glass cup, 1st century ad. Yale University Art Gallery, New Haven, ct.

图 28　*Bacchic Sacrifice*, silver cup, 1st century ad. Princeton University Art Museum, Princeton, nj.

图 29　*Bacchus*, Roman marble copy of a Hellenistic original. Museo Nazionale Romano, Rome.

图 30　*Bacchus, a Panther, and a Herm*, fragment of a fresco, 1st–2nd century. Mount Holyoke College Art Museum, South Hadley, ma.

图 31　Sarcophagus with *Dionysus and Ariadne*, marble, *c.* 190–200 ad. Walters Art Museum, Baltimore, md.

图 32　*Lykurgos, Ambrosia and Dionysus*, mosaic from Herculaneum, 1st century ad. Museo Archeologico Nazionale, Naples.

图 33　*Drinking Contest of Herakles and Dionysus*, mosaic from Antioch, late 1st or early 2nd century ad. Worcester Art Museum, Worcester, ma (Austin S. Garver Fund and Sarah S. Garver Fund, 1933.36).

图 34　*Christ as Good Shepherd*, from the catacombs of Santa Priscilla, Rome, fresco, 1st–3rd century ad. Erich Lessing/Art Resource, ny.

图 35　*Entry of Christ into Jerusalem*, marble sarcophagus, *c.* 325–50 ad. Museo Nazionale Romano, Rome.

图 36　*Christ Teaching*, marble, *c.* 350 ad. Museo Nazionale Romano, Rome.

图 37　*Grape harvest*, detail of ceiling mosaic, Santa Costanza, Rome, 4th century ad. Photo courtesy of Scala/Art Resource, ny.

图 38　Giovanni Battista Piranesi, etching of a porphpry *Sarcophagus of Constantina* (now in the Vatican Museum) *c.* 354.

图 39　*The Antioch Chalice*, silver and silver-gilt, first half of 6th century. The Cloisters Collection, The Metropolitan Museum of Art, New York.

图 40　*Monk Drinking*, manuscript illumination, 13th century. British Library, London.

图 41　Giotto di Bondone, *Wedding at Cana*, fresco in the Scrovegni Chapel,

Padua, 1304–6.Scala/Art Resource, ny.

图 42 Duccio di Buoninsegna, *The Last Supper*, from the *Maestà* altarpiece, tempera on panel, *c.* 1308–11. Museo dell'Opera Metropolitana, Siena.

图 43 The *Drunkenness of Noah*, manuscript illumination from the Holkham Bible, *c.* 1320–30. British Library, London.

图 44 *Christ in the Winepress*, woodcut, 15th century. Staatsbibliothek, Munich. Photo Mount Holyoke College Art Museum, South Hadley, ma.

图 45 Zanino di Pietro, *The Last Supper*, 1466, fresco in Chiesa di S. Giorgio, San Polo di Piave. Cameraphoto Arte, Venice/Art Resource, ny.

图 46 Leonardo da Vinci, *The Last Supper*, fresco in Santa Maria delle Grazie, Milan, *c.* 1495–8. Erich Lessing/Art Resource, ny.

图 47 Paolo Veronese, *The Feast in the House of Levi*, 1573, oil on canvas. Galleria dell'Accademia di Venezia, Venice.

图 48 Jacopo Pontormo, *Supper at Emmaus*, 1525, oil on canvas. Galleria degli Uffizi, Florence.

图 49 Michelangelo Buonarroti, *The Drunkenness of Noah*, *c.* 1508–1512, fresco in Sistine Chapel, Rome.Erich Lessing/Art Resource, ny.

图 50 Hieronymus Wierix, *Christ in the Mystical Winepress*, before 1619, engraving. Mount Holyoke College Art Museum, South Hadley, ma.

图 51 Andrea Mantegna, *Bacchanal with Silenus*, 2nd half of 15th century, etching. Musée du Louvre, Paris.

图 52 Michelangelo Buonarroti, *Bacchus*, 1496–7, marble. Museo Nazionale del Bargello, Florence.

图 53 Giovanni Bellini and Titian, *Feast of the Gods*, 1514/29, oil on canvas. National Gallery of Art, Washington, dc.

图 54 Titian, *Meeting of Bacchus and Ariadne*, 1520–23, oil on canvas. National Gallery, London.

图 55 Titian, *Bacchanal of the Andrians*, 1518–19, oil on canvas. Museo del Prado, Madrid.

图 56 Giovanni Paolo Lomazzo, *Self-Portrait*, 1568, oil on canvas. Pinacoteca di Brera, Milan.

图 57 Maiolica puzzle jug, late 16th–early 17th century. Philadelphia Museum of Art, Philadelphia (1998.176.8).

图 58 Pieter Coecke van Aelst, *Prodigal Son*, *c.* 1530, oil on panel. Museo

Correr, Venice.

图 59 Jan van Hemessen, *Loose Company*, 1543, oil on panel. Wadsworth Atheneum, Hartford, ct.

图 60 Hieronymus Bosch, *Allegory of Intemperance*, *c.* 1495–1500, oil on panel. Yale University Art Gallery, New Haven.

图 61 Erhard Schoen, *Four Properties of Wine*, 1528, woodcut. Mount Holyoke College Art Museum, South Hadley, ma.

图 62 Hans Weiditz, *Winebag and Wheelbarrow*, *c.* 1521, woodcut. Trustees of the British Museum, London.

图 63 Caravaggio, *Supper at Emmaus*, 1601, oil on canvas. National Gallery, London.

图 64 Hendrick Goltzius, *Christ the Redeemer*, 1614, oil on panel. Princeton University Art Museum, Princeton, nj.

图 65 Peter Paul Rubens, *Lot and his Daughters*, *c.* 1611, oil on canvas. Staatliches Museum, Schwerin, Germany.

图 66 David Ryckaert iii, *Temptation of St Anthony*, 1649, oil on copper. Mount Holyoke College Art Museum, South Hadley, ma.

图 67 Joachim Anthonisz Wtewael, *The Wedding of Peleus and Thetis*, 1612, oil on copper. Sterling and Francine Clark Art Institute, Williamstown, ma.

图 68 Caravaggio, *Sick Bacchus*, *c.* 1593, oil on canvas. Galleria Borghese, Rome.

图 69 Caravaggio, *Bacchus*, *c.* 1596, oil on canvas. Galleria degli Uffizi, Florence.

图 70 Annibale Carracci, *Triumph of Bacchus and Ariadne*, ceiling fresco in the Palazzo Farnese, Rome; begun 1597.

图 71 Guido Reni, *Young Bacchus*, *c.* 1601–4, oil on canvas. Galleria Palatina, Palazzo Pitti, Florence.

图 72 Jusepe de Ribera, *Drunken Silenus*, 1626, oil on canvas. Museo Nazionale di Capodimonte, Naples.

图 73 Peter Paul Rubens, *Drunken Silenus*, *c.* 1617–18, oil on panel. Alte Pinakothek, Munich.

图 74 Diego Velázquez, *Homage to Bacchus (Los Borrachos)*, 1628, oil on canvas. Museo del Prado, Madrid.

图 75 Nicolas Poussin, *The Birth of Bacchus*, 1657, oil on canvas. Harvard

Art Museums, Fogg Art Museum, Cambridge, ma.

图 76 Pietro Testa, *The Symposium*, 1648, engraving. Mount Holyoke College Art Museum, South Hadley, ma.

图 77 Louis Le Nain, *Peasant Family*, *c.* 1640s, oil on canvas. Musée du Louvre, Paris.

图 78 Maiolica plate with *Drunken Woman*, 20th-century replica of a 16th-century dish.

图 79 Hendrick Terbrugghen, *Young Man with Wineglass by Candlelight*, 1623, oil on canvas.Sterling and Francine Clark Institute, Williamstown, Massachusetts.

图 80 Jan Steen, *Merry Company* ('As the Old Sing, so Pipe the Young'), 1663, oil on canvas. Royal Cabinet of Paintings 'Mauritshuis', The Hague.

图 81 David Teniers the Younger, *Tavern Scene*, 1680, oil on canvas. The Memorial Art Gallery of the University of Rochester, Rochester, ny.

图 82 Jan Vermeer, *Officer and Laughing Girl*, *c.* 1657, oil on canvas. The Frick Collection, New York.

图 83 Gerard Terborch, *The Gallant Officer*, 1662–3, oil on canvas.Musée du Louvre, Paris.

图 84 Pieter Claesz., *Still-life with Roemer*, 1647, oil on panel.Petegorsky/ Gipe.

图 85 Judith Leyster, *The Last Drop*, *c.* 1639, oil on canvas. Philadelphia Museum of Art, Philadelphia, pa.

图 86 'The Lawes of Drinking', frontispiece from Richard Brathwaite, *The Solemn Jovial Disputation...* (London, 1617). Houghton Library, Harvard University, Cambridge, ma.

图 87 Circle of William Hogarth, *Mr Woodbridge and Captain Holland*, 1730, oil on canvas.Agnew's, London,The Bridgeman Art Library.

图 88 Thomas Rowlandson, *The Brilliants*, 1801, lithograph. The Bridgeman Art Library.

图 89 Roger Fenton, *The Wounded Zouave*, 1856, salt print photograph. Mount Holyoke College Art Museum, South Hadley, ma.

图 90 Jean-Baptiste-Camille Corot, *Bacchanal at the Spring*, 1872, oil on canvas. Museum of Fine Arts, Boston.

图 91 Honoré Daumier, *The Drinking Song*, 1860–63, pencil, watercolour, conté crayon, and pen and ink on laid paper. Sterling and Francine Clark Art Institute, Williamstown, ma, 1955.1504.

图 92 Edouard Manet, *Déjeuner sur l'herbe* ('Luncheon on the Grass'), 1863, oil on canvas. Musée d'Orsay, Paris.

图 93 Claude Monet, *Déjeuner sur l'herbe* ('Luncheon on the Grass'), 1865–6, oil on canvas. State Pushkin Museum of Fine Arts, Moscow.

图 94 Pierre Auguste Renoir, *Luncheon of the Boating Party*, 1881, oil on canvas. Phillips Collection, Washington, dc.

图 95 Edouard Manet, *Bar at the Folies-Bergère*, 1881–2, oil on canvas. Courtauld Institute Galleries, London.

图 96 Henri de Toulouse-Lautrec, *The Hangover (Suzanne Valadon)*, 1887–89, oil on canvas. Harvard Art Museums, Fogg Art Museum, Cambridge, ma.

图 97 Edvard Munch, *The Day After*, 1894–5, oil on canvas. Nasjonalgalleriet, Oslo).

图 98 André Derain, *Bacchic Dance*, 1906, watercolour and pencil on paper. The Museum of Modern Art, New York.

图 99 Pablo Picasso, *Vollard Suite 85: Bacchic scene with Minotaur*, 1933, etching on copper. Musée Picasso, Paris.

图 100 Arnulf Rainer, *Wine Crucifix*, begun 1957, oil on canvas. Tate Gallery, London.

图 101 Leonard Porter, *Ariadne Discovered by Dionysus, Asleep on the Island of Naxos*, 2009, ink and watercolour on paper, courtesy of the artist.

图 102 David Ligare, *Still Life with Bread and Wine*, 2007, oil on canvas. Hirschl and Adler, New York.

图 103 Chehel Soton, Isfahan, fresco in the Great Hall, 17th century. Bridgeman Art Library jb 119682.

参考书目

Accetto, Torquato, *Della dissimulazione onesta*, ed. Silvano Nigro (Turin, 1997)

Aeschylus, ed., and trans. Alan Sommerstein (Cambridge, ma, 2008)

Albala, Ken, *The Banquet: Dining in the Great Courts of Renaissance Europe* (Urbana, il, 2007)

—, 'To Your Health: Wine as Food and Medicine in Sixteenth-Century Italy', in *Alcohol: A Social and Cultural History*, ed. M. P. Holt (Oxford, 2006)

Allen, Don C., *The Legend of Noah: Renaissance Rationalism in Art, Science, and Letters* (Urbana, il, 1959)

Allhoff, Fritz, 'Planting the Vines: An Introduction', in *Wine and Philosophy: ASymposium on Thinking and Drinking*, ed. Fritz Allhoff (Oxford, 2007)

Anderson, Burton, *The Wine Atlas of Italy* (London, 1990)

Apicius, Marcus, *The Roman Cookery Book*, trans. B. Flower and E. Rosenbaum (London, 1958)

Arberry, Arthur J., ed., *Omar Khayyam: A New Version Based upon Recent Discoveries* (London, 1952)

—, ed., *Persian Poems: An Anthology of Verse Translations* (Cambridge, 2008)

Arikha, Noga, *Passions and Tempers: A History of the Humours* (New York, 2007)

Aristotle, *Problems*, trans. W. S. Hett (Cambridge, ma, 1970–83)

Art Resource, Inc. website, at www.artres.com

Ashtiany, Julia, T. M. Johnstone, J. D. Latham and R. B. Serjeant, eds, *'Abbāsid Belles-Lettres'*, *Cambridge History of Arabic Literature*, vol. ii (Cambridge, 1990)

Athanassakis, Apostolos N., *The Homeric Hymns*, 2nd edn (Baltimore, md, 2004)

Athenaeus, *The Learned Banqueters*, trans. S. D. Olson (Cambridge, ma, 2006)

Badawi, M. M., ed., 'Abbasid Poetry and its Antecedents', in *Modern Arabic Literature* (Cambridge, 1992)

Bahktin, Mikhail, 'Popular Festive Forms and Images in Rabelais', in *Rabelais and his World*, trans. Hélène Iswolsky (Bloomington, in, 1984)

Bann, Stephen, *The True Vine: On Visual Representation and the Western Tradition* (Cambridge, 1989)

Barkan, Leonard, *The Gods Made Flesh: Metamorphosis and the Pursuit of Paganism* (New Haven, ct, 1986)

—, *Unearthing the Past: Archaeology and Aesthetics in the Making of Renaissance Culture* (New Haven, ct, 1999)

Bartholomew, Roberts, *A Treatise on the Practice of Medicine*, 5th edn (New York, 1883)

Bates, Ernest S., *Touring in 1600, A Study in the Development of Travel as a Means of Education* (Boston, 1911)

Baudelaire, Charles Pierre, *Poems of Baudelaire*, trans. Roy Campbell (London, 1952)

Bayer, Andrea, 'Dosso's Public: The Este Court at Ferrara', in *Dosso Dossi, Court Painter in Renaissance Ferrara*, ed. A. Bayer (New York, 1999)

Bax, Dirk, *Hieronymous Bosch: His Picture-Writing Deciphered*, trans. N. A. Bax-Botha (Rotterdam, 1979)

Beard, Mary, J. North, and S. Price, *Religions of Rome* (Cambridge, 1998)

Beazley, John D., *Attic Red-Figure Vase Painters* (Oxford, 1968)

Bellori, Giovanni Pietro, *The Lives of Annibale and Agostino Carracci*, trans. C. Enggass (University Park, pa, 1968)

Berger, Patricia, *The Art of Wine in East Asia* (San Francisco, ca, 1986)

Bergquist, Birgitta, 'Sympotic Space: A Functional Aspect of Greek Dining-Rooms', in *Sympotica: A Symposium on the 'Symposion'*, ed. Oswyn Murray (New York, 1990), pp. 37–65

Bernardini, Giulia, 'Intoxication and Excoriation: On the Depiction of Baseness in Jusepe de Ribera's *Drunken Silenus* and *Apollo and Marysas*', ma thesis, University of Colorado, Boulder (2006)

Blankert, Albert, 'Vermeer's Modern Themes and their Tradition', in *Johannes Vermeer* (Washington, dc, 1995)

Boardman, John, 'Symposion Furniture', in *Sympotica: A Symposium on the 'Symposion'*, ed. Oswyn Murray (New York, 1990), pp. 122–31

Bobak, M., and M. Marmot, 'Wine and Heart Disease: A Statistical Approach', in *Wine: A*

Scientific Exploration (London, 2003), pp. 99–107

Bookidis, Nancy, 'Ritual Dining in the Sanctuary of Demeter and Kore at Corinth: Some Questions', in *Sympotica: A Symposium on the 'Symposion'*, ed. Oswyn Murray (New York, 1995), pp. 86–94

Bouwsma, William J., *John Calvin: A Sixteenth-Century Portrait* (New York, 1988)

Bradshaw, Paul, *Eucharistic Origins* (New York, 2004)

Brand, Peter, and Lino Pertile, *The Cambridge History of Italian Literature* (New York, 1999)

Brathwaite, Richard, *A Solemn Joviall Disputation, Theoreticke and Practicke: Briefly Shadowing the Law of Drinking* (London, 1617)

Braude, Benjamin, 'The Sons of Noah and the Construction of Ethnic and Geographical Identities in the Medieval and Early Modern Periods', *William and Mary Quarterly*, liv (1997), pp. 103–42

Braudel, Fernand, *Capitalism and Material Life: 1400–1800*, trans. Miriam Kochan (New York, 1975)

Bremmer, Jan, 'Adolescents, *Symposion*, and Pederasty', in *Sympotica: A Symposium on the Symposion*, ed. Oswyn Murray (New York, 1995), pp. 135–48

Brennan, Thomas E., ed., 'Grids of Order: Regulation', in *Public Drinking in the Early Modern World: Voices from the Tavern, 1500–1800* (London, 2011)

Brown, Cedric C., 'Sons of Beer and Sons of Ben: Drink as a Social Marker in Seventeenth-Century England', in *A Pleasing Sinne: Drink and Conviviality in Seventeenth-Century England*, ed. Adam Smyth (Cambridge, 2004), pp. 3–20

Browning, Robert, *The Complete Poetic and Dramatic Works of Robert Browning* (Boston, 1895)

Bucer, Martin, *Martin Bucer: Reforming Church and Community*, ed. D. F. Wright (Cambridge, 1994)

Buchan, William, *Domestic Medicine, or, A Treatise on the Prevention and Cure of Diseases by Regimen and Simple Medicines* (Fairhaven, vt, 1798)

Buitron, Diana, *Attic Vase Painting in New England Collections*, exh. cat., Fogg Art Museum, (Cambridge, ma, 1972)

Byron, *The Complete Poetical Works of Lord Byron: Don Juan*, ed. Jerome J. McGann (New York, 1980)

Camiz, Franca T., 'The Castrato Singer: From Informal to Formal Portraiture', *Artibus et Historiae*, ix/18 (1988), pp. 171–86

Campbell, Christy, *Phylloxera: How Wine was Saved for the World* (New York, 2004)

Capps, Jack, *Emily Dickinson's Reading, 1836–86* (Cambridge, ma, 1966)

Cardi, Maria V., 'Intorno all'autoritratto in veste di Bacco di Giovan Paolo Lomazzo', *Storia dell'arte*, lxxxi (1994), pp. 182–93

Carman, Charles, 'Michelangelo's *Bacchus* and Divine Frenzy', *Source*, ii/4 (1983), pp. 6–13

Carpenter, Thomas, *Dionysian Imagery in Archaic Greek Art* (New York, 1986)

—, *Dionysian Imagery in Fifth Century Athens*, Oxford Monographs on Classical Archaeology (New York, 1997)

Carter, Everett, *Wine and Poetry* (Davis, ca, 1976)

Cathiard-Thomas, Mathilde, and Corinne Pezard, *Vinoterapia: In salute con il vino e con la vite* (Rome, 2007)

Chadwick, John, *The Mycenaean World* (New York, 1976)

Chambers, David, and Brian Pullan, *Venice: A Documentary History 1450–1630* (Toronto, 2001)

Chapman, H. Perry, W. T. Kloek and A. K. Wheelock Jr, eds, *Jan Steen: Painter and Storyteller* (Washington, dc, 1996)

Charlesworth, James H., *The Historical Jesus: An Essential Guide* (Nashville, tn, 2008)

Charters, Steve, *Wine and Society: The Social and Cultural Context of a Drink* (Boston, 2006)

Chastel, André, *The Sack of Rome*, trans. Beth Archer (Princeton, nj, 1983)

Chittick, William C., *The Sufi Path of Love* (Albany, ny, 1983)

Clark, John, *Roman Life, 100 bc to ad 200* (New York, 2007)

Clark, Peter, *The English Alehouse: A Social History 1200–1830* (New York, 1983)

Cohen, Beth, *The Colors of Clay*, exh. cat, J. Paul Getty Museum (Los Angeles, 2006)

Courtwright, David, *Forces of Habit: Drugs and the Making of the Modern World* (Cambridge, 2001)

Condivi, Ascanio, *The Life of Michelangelo*, trans. A. S. Wohl (University Park, pa, 1999)

Conlon, Christopher, '"Fox-Teeth in Your Heart": Sexual Self-Portraiture in the Poetry of Tennessee Williams', *The Tennessee Williams Annual Review*, no. 4 (2001)

Coogan, Michael. *The New Oxford Annotated Bible* (New York, 2007)

Cook, E. F., and C. H. LaWall, *Remington's Practice of Pharmacy*, 8th edn (Philadelphia, pa, 1936)

Cropper, Elizabeth, *Pietro Testa 1612–1650: Prints and Drawings* (Philadelphia, pa, 1988)

—, *The Ideal of Painting: Pietro Testa's Düsseldorf Notebook* (Princeton, nj, 1984)

—, and C. Dempsey, *Nicholas Poussin: Friendship and the Love of Painting* (Princeton, nj, 1996)

Crescentiis, Petrus de, 'De Diversis Speciebus Vitium', in *Das Wissen Des Vollkommenen Landwirts Um 1300*, trans Will Richter, 2 vols (Heidelberg, 1995–2002)

Cummins, Patricia W., trans., *A Critical Edition of Le Regime Tresutile et Tresproufitable pour Conserver et Garder la Santé du Corps Humaine* (Chapel Hill, nc, 1976)

Daley, Suzanne, 'Williams Choked to Death on a Bottle Cap', *New York Times*, 27 February 1983

D'Andeli, Henri, 'Trouvère Normand du xiii Siècle', in *Oeuvres* (Rouen, 1880), pp. 23–31

D'Arms, John, 'The Roman *Convivium* and the Idea of Equality', in *Sympotica: A Symposium on the Symposion*, ed. Oswyn Murray (New York, 1990), pp. 308–20

Davidson, James, *Courtesans and Fishcakes: The Consuming Passions of Classical Athens* (New York, 1999)

Davies, James, *Hesiod and Theognis* (Philadelphia, 1873)

Dayagi-Mendels, M., *Drink and Be Merry, Wine and Beer in Ancient Times* (Jerusalem, 2000)

Debré, Patrice, *Louis Pasteur*, trans. E. Forster (Baltimore, md, 1998)

De Moor, Janny, 'Dutch Cooking and Calvin', *Oxford Symposium on Food and Cookery, Proceedings of the Oxford Symposium on Food and Cookery*, ed. Harlan Walker (Devon, 1995), pp. 94–105

Dempsey, Charles. *Annibale Carracci: The Farnese Gallery, Rome* (New York, 1995)

—, '*Et nos Cedamus Amori*: Observations on the Farnese Gallery', *Art Bulletin*, l (1968), pp. 363–74

Deneef, A. Leigh, *'This Poetic Liturgie': Robert Herrick's Ceremonial Mode* (Durham, nc, 1974)

Dickinson, Emily, *The Poems of Emily Dickinson*, ed. R. W. Franklin (Cambridge, ma, 2005)

Drey, E. A., *Apothecary Jars: Pharmaceutical Pottery and Porcelain in Europe and the East 1150–1850* (London, 1978)

Dumézil, Georges. *Archaic Roman Religion* (Baltimore, md, 1996)

Dunand, Françoise, and C. Zivie-Coche, *Gods and Men in Egypt: 3000 bce to 395 ce. Histories* (Ithaca, ny, 2004)

Dunbabin, Katherine M. D., *The Roman Banquet: Images of Conviviality* (New York, 2003)

—, 'Sic erimus cuncti . . .The Skeleton in Graeco-Roman Art', *Jahrbuch des Deutschen Archaeologischen Instituts*, 101 (1986), pp. 185–55

—, "Ut Graeco more biberetur: Greeks and Romans on the Dining Couch', in *Meals in a Social Context: Aspects of the Communal Meal in the Hellenistic and Roman World*, ed.

I. Nielsen and H. S. Nielsen (Aarthus, 1998), pp. 81–101

—, 'Triclinium and Stibadium', in *Dining in a Classical Context*, ed. W. Slater (Ann Arbor, mi, 1991), pp. 121–48

Dutton, Paul E., *Charlemagne's Courtier: The Complete Einhard* (Orchard Park, ny, 1998)

Eddy, Paul R., *The Jesus Legend: A Case for the Historical Reliability of the Synoptic Jesus Tradition* (Grand Rapids, mi, 2007)

Edelstein, E. J., and L. E. Edelstein, *Asclepius: A Collection and Interpretation of the Testimonies* (Baltimore, md, 1945)

Emmerling-Scala, Andreas, *Bacchus in Der Renaissance*, 2 vols (Hildesheim, 1994)

Erasmus, Desiderius, *The Praise of Folly*, trans. Clarence H. Miller (New Haven, ct, 1979)

Eubulus, *The Fragments*, trans. R. L. Hunter (New York, 1983)

Euripedes, *Alcestis*, trans. William Arrowsmith (New York, 1974)

—, *Bacchae*, trans. William Arrowsmith (Chicago, 1978)

Evans, Elizabeth, *Physiognomics in the Ancient World* (Philadelphia, pa, 1969)

Faas, Patrick, *Around the Roman Table: Food and Feasting in Ancient Rome*, trans. Shaun Whiteside (Chicago, 2005)

Faccioli, Emilio, 'Della qualità dei Vini', in *Arte Della Cucina: Libri di Recette*, ed. Emilio Faccioli (Milan, 1966)

Fallani, Giovanni, *Collezione vaticana d'arte religiosa moderna* (Milan, 1974)

Fehl, Philip, 'The Worship of Bacchus and Venus in Bellini's and Titian's Bacchanals for Alfonso d'Este', *Studies in the History of Art*, vi (1974), pp. 37–95

Felton, Craig, and W. Jordan, eds, *Jusepe de Ribera: Lo Spagnoletto 1591–1652* (Fort Worth, tx, 1982)

Ficino, Marsilio, 'Commentary on Plato's Symposium', trans. Sears R. Jayne (Columbia, nc, 1944)

Fiocco, Carola, and G. Gherardi, *Museo del vino di Torgiano: Ceramiche* (Perugia, 1991)

Figuera, Thomas J., and Gregory Nagy, eds, *Theognis of Megara: Poetry and the Polis* (Baltimore, md, 1985)

Finney, Paul Corby, *The Invisible God: The Earliest Christians on Art* (New York, 1994)

Fleming, Stuart, *Vinum: The Story of Roman Wine* (Glen Mills, pa, 2001)

Florio, John, *A Worlde of Words, or Most Copious and Exact Dictionarie in Italian and English* (London, 1598)

Forbes, R. J., 'Food and Drink', in *A History of Technology*, ed. Charles Singer et al., 8 vols (Oxford, 1954–84)

Frame, Donald, *Complete Works of Rabelais* (Berkeley, ca, 1991)

Frank, Mitch, 'Harnessing Wine's Healing Powers', *The Wine Spectator*, 31 May 2009

Franz, W., A. Strauss and J. Sichel, *Glass Drinking Vessels from the Collection of Jerome Strauss* , exh. cat., Corning Museum of Glass (Corning, ny, 1955)

Frazer, James George, *The Golden Bough: A Study in Magic and Religion* (New York, 1922)

Freedman, Luba, 'Michelangelo's Reflections on Bacchus', *Artibus et Historiae*, xlvii (2003), pp. 121–35

Frey, Julia, *Toulouse-Lautrec: A Life* (New York, 1994)

Fuller, Robert C., *Religion and Wine: A Cultural History of Wine Drinking in the United States* (Knoxville, tn, 1996)

Gabler, Jim, *Passions: The Wines and Travels of Thomas Jefferson* (Baltimore, md, 1995)

Geisberg, Max, *The German Single-Leaf Woodcut: 1500–1550*, revd and ed. Walter Strauss (New York, 1974)

Gelfand, Laura D., 'Social Status and Sin: Reading Bosch's Prado *Seven Deadly Sins* and *Four Last Things* Paintings', in *The Seven Deadly Sins: From Communities to Individuals*, ed. R. Newhauser (Leiden, 2007)

Gernsheim, Helmut, and A. Gernsheim, *Roger Fenton: Photographer of the Crimean War; His Photographs and his Letters from the Crimea* (New York, 1973)

Giacosa, Ilaria Gozzini, *A Taste of Ancient Rome* (Chicago, 1992)

Godfrey, Eleanor S., *The Development of English Glassmaking, 1560–1640* (Oxford, 1975)

Goodgal, Dana, 'The Camerino of Alfonso i d'Este', *Art History*, i (1978), pp. 162–90

Gorny, Ronald L., 'Viticulture in Ancient Anatolia', in *The Origins and Ancient History of Wine*, ed. P. E. McGovern, S. J. Fleming and S. H. Katz (Luxembourg, 1996)

Gower, John, *Confessio Amantis*, trans. A. Galloway, ed. R. A. Peck, vol. iii (Kalamazoo, 2004)

Gowers, Emily, *The Loaded Table: Representations of Food in Roman Literature* (New York, 1997)

Grabar, André, *Christian Iconography: A Study of its Origins* (Princeton, nj, 1968)

—, *Early Christian Art: From the Rise of Christianity to the Death of Theodosius* (New York, 1968)

Grace, Fran, *Carry A. Nation: Retelling the Life* (Bloomington, in, 2001)

Gracia, J. E. Jorge, 'Rules and Regulations for Drinking Wine in Francesco Eixi- menis' "Terc del Crestia" (1384)', *Traditio*, xxxii (1976), pp. 369–85

Green, Robert M., *A Translation of Galen's Hygiene* (Springfield, il, 1951)

Grössinger, Christa. *Humour and Folly in Secular and Profane Prints of Northern Europe, 1430–1540* (London, 2002)

Grottanelli, Christiano, 'Wine and Death–East and West', in *In Vino Veritas*, ed. Oswyn Murray and Manuela Teçusan (Rome, 1995), pp. 62–89

Haine, W. Scott, 'Drink, Sociability, and Social Class in France, 1789–1945', in *Alco- hol: A Social and Cultural History*, ed. Mack P. Holt (Oxford, 2006), pp. 121–44.

Hamilton, Walter, 'Introduction' to *Plato: The Symposium* (Baltimore, md, 1971)

Hammond, Mitchell, 'Paracelsus and the Boundaries of Medicine in Early Modern Augsburg', in *Paracelsian Moments: Science, Medicine, and Astrology in Early Modern Europe*, ed. G. S. Williams, C. D. Gunnoe (Kirksville, mo, 2002), pp. 19–33

Hartt, Frederick, and David Wilkins, *History of Italian Renaissance Art*, 6th edn (Upper Saddle River, nj, 2006)

Haskell, Francis, *Patrons and Painters: Art and Society in Baroque Italy* (New York, 1971)

Haynes, Stephen R., *Noah's Curse: The Biblical Justification of American Slavery* (New York, 2007)

Headley, Diane, 'Picasso's Response to Classical Art', *Dionysos and his Circle*, ed. C. Houser (Cambridge, ma, 1979)

Hedreen, Guy, *Silens in Attic Black-Figure Vase Painting: Myth and Performance* (Ann Arbor, mi, 1992)

Henderson, John, *The Renaissance Hospital: Healing the Body and Healing the Soul* (New Haven, ct, 2006)

Hengel, Martin, *Studies in Early Christology* (Edinburgh, 1995)

Henrichs, Albert, 'Greek and Roman Glimpses of Dionysus', in *Dionysus and his Circle: Ancient through Modern*, ed. Caroline Houser (Cambridge, ma, 1979)

Herbert, Robert L., *Impressionism: Art, Leisure, and Parisian Society* (New Haven, ct, 1988)

Herbdata New Zealand, Ltd. 2002–8, at www.herbdatanz.com

Herrick, Robert, *The Poetical Works of Robert Herrick*, ed. L. C. Martin (Oxford, 1956)

Herodotus, *The Histories*. trans. Robin Waterfield (New York, 1998)

Hibbard, Howard, *Caravaggio* (New York, 1983)

Hildegard von Bingen, *Hildegard's Healing Plants: From Her Medieval Classic Physica*, trans. B. W. Hozeski (Boston, ma, 2001)

Hill, Susan E., '"The Ooze of Gluttony": Attitudes Towards Food, Eating, and Excess in the Middle Ages', in *The Seven Deadly Sins: From Communities to Individuals*, ed. R. Newhauser (Leiden, 2007), pp. 57–70

Hippocrates. Humours and Ulcers, trans. W.H.S. Jones (New York, 1923)

Holberton, Paul, 'The Choice of Texts for the Camerino Pictures', in *Bacchanals by Titian* and Rubens: Papers Given at a Symposium in Nationalmuseum, Stockholm, March 18–19 1987, ed. G. Cavalli-Björkman (Stockholm, 1987), pp. 57–66

Holt, Mack P., 'Europe Divided: Wine, Beer, and the Reformation in Sixteenth- Century Europe', in Alcohol: A Social and Cultural History (New York, 2006), pp. 25–40

Homer, The Iliad of Homer, trans. Richmond Lattimore (Chicago, 1951)

—, The Odyssey, trans. E. V. Rieu (London, 1977)

Hoogewerff, G. J., De Bentvueghels (The Hague, 1952)

Hubert, Martin, Alcaeus (New York, 1972)

Hughes, Anthony, 'What's The Trouble with the Farnese Gallery? An Experiment in Reading Pictures', Art History, xi/3 (1988), pp. 335–48

Jensen, Robin M., Understanding Christian Art (New York, 2000)

Johnson, Hugh, The Story of Wine (London, 2005)

Johnson, Thomas H., ed., The Letters of Emily Dickinson (Cambridge, ma, 1958)

Jones, Angelica M., 'Roaring Royalists and Ranting Brewers: The Politicisation of Drink and Drunkenness in Political Broadside Ballads from 1640 to 1689', in A Pleasing Sinne: Drink and Conviviality in Seventeenth-Century England, ed. A. Smyth (Cambridge, ma, 2004), pp. 69–87

Jungmann, Joseph A., The Mass of the Roman Rite, its Origins and Development, trans. Francis A. Brunner, 2 vols (New York, 1951–5)

Juynboll, G.H.A., The History of al-Tabari, vol. xiii, The Conquest of Iraq, South Western Persia, and Egypt, trans. G.H.A. Juynboll (Albany, ny, 1989), pp. 151–4

Kajanto, Iiro, 'Balnea vina venus', in Hommages à Marcel Renard, ed. Jacqueline Bibauw (Brussels, 1969), ii, pp. 357–67

Keats, John, 'Ode to a Nightingale', in The Complete Poetry and Selected Prose of John Keats, ed. H. E. Briggs (New York, 1951)

King, Edward, My Paris: French Character Sketches (Boston, 1869)

Klatsky, Arthur L., 'Wine, Alcohol and Cardiovascular Diseases', in Wine: A Scientific Exploration, ed. M. Sandler and R. Pinder (New York, 2003), pp. 108–39

Kondoleon, Christine, 'Mosiacs of Antioch', in Antioch: The Lost Ancient City (Princeton, nj, 2000)

Koozin, Kristine, The Vanitas Still Lifes of Harmen Steenwyck: Metaphoric Realism (Lewiston, me, 1990)

Kueny, Kathryn, The Rhetoric of Sobriety: Wine in Early Islam (Albany, ny, 2001)

Kurtz, Donna C., and John Boardman, Greek Burial Customs (Ithaca, ny, 1971)

Laertius, Diogenes, ed., Lives of Eminent Philosophers, trans. R. D. Hicks (Cam-bridge, ma,

1966)

Laughton, Bruce, *Honoré Daumier* (New Haven, ct, 1996)

Lehmann-Hartleben, K., and E. C. Olson, *Dionysiac Sarcophagi in Baltimore* (New York and Baltimore, 1942)

Lesko, Leonard H., 'Egyptian Wine Production During the New Kingdom', in *The Origins and Ancient History of Wine*, ed. P. E. McGovern, S. J. Fleming and S. H. Katz (Luxembourg, 1996), pp. 215–30

—, *King Tut's Wine Cellar* (Berkeley, ca, 1977)

Levine, David, and E. Mai, *I Bamboccianti: Niederländische Malerrebellen im Rom des Barock* (Milan, 1991)

—, 'The Bentvueghels: "Bande Academique"', *il60: Essays Honoring Irving Lavin on his Sixtieth Birthday* (New York, 1990), pp. 207–26

Lewis, Jack, *A Study in the Interpretation of Noah and the Flood in Jewish and Christian Literature* (Leiden, 1978)

Lightbrown, Ronald, *Mantegna: With a Complete Catalogue of the Paintings, Drawings, and Prints* (Berkeley, ca, 1986)

Lissarrague, François, *The Aesthetics of the Greek Banquet: Images of Wine and Ritual* (Princeton, nj, 1990)

Lloyd, G.E.R, 'The Hot and the Cold, the Dry and the Wet in Greek Philosophy', *Journal of Hellenic Studies*, lxxxiv (1964), pp. 92–106

López-Rey, José, *Velázquez' Work and World* (Greenwich, ny, 1968)

Loyn, H. R., and J. Percival, *The Reign of Charlemagne: Documents on Carolingian Government and Administration* (New York, 1975)

Lubac, Henri (Cardinal) de, *Corpus Mysticum: The Eucharist and the Church in the Middle Ages*, trans. Gemma Simmonds et al. (South Bend, in, 2007)

Lucia, Salvatore P., *A History of Wine as Therapy* (Philadelphia, pa, 1963)

Ludington, Charles, '"Be sometimes to your country true": The Politics of Wine in England, 1660–1714', in *A Pleasing Sinne*. ed. A. Smyth (Cambridge, 2004), pp. 89–106

Luther, Martin, *The Complete Sermons of Martin Luther*, trans. and ed. John N. Lenker (Grand Rapids, mi, 1988)

—, *Letters of Spiritual Counsel*, ed., and trans. Theodore G. Tappert, *Library of Christian Classics*, vol. xviii (Philadelphia, pa, 1955)

Lynch, James, 'Giovanni Paolo Lomazzo's *Self-portrait* in the Brera', *Gazette des beaux arts*, lxiv (1964), pp. 189–97

McCann, Anna M., *Roman Sarcophagi in the Metropolitan Museum of Art*, exh. cat. (New

York, 1978)

McGovern, Patrick E., *Ancient Wine: The Search for the Origins of Viniculture* (Princeton, nj, 2003)

—, W. J. Fleming, and S. Katz, eds, *The Origins and Ancient History of Wine* (Luxembourg, 1996)

McGowen, Andrew, *Ascetic Eucharists: Food and Drink in Early Christian Ritual Meals* (New York, 1999)

McNamara, Denis, 'The Dangerous Path: Leonard Porter and the Sincerity of Hope', *The Classicist*, viii (2009), pp. 118–27

MacNeil, Karen, *The Wine Bible* (New York, 2001)

Macrobius, *The Saturnalia*, trans. P. V. Davies (New York, 1969)

Majano, Guido, *The Healing Hand: Man and Wound in the Ancient World* (Cambridge, ma, 1975)

Marius, Richard, *Martin Luther: Letters of Spiritual Counsel* (Cambridge, ma, 1999)

Martial, *Epigrams*, trans. D. R. Shackleton Bailey (Cambridge, ma, 1933)

Martin, John R., *The Farnese Gallery* (Princeton, nj, 1965)

Martin, Lynn A., *Alcohol, Sex and Gender in Late Medieval and Early Modern Europe* (New York, 2001)

Mathews, Thomas F., *The Clash of the Gods: A Reinterpretation of Early Christian Art* (Princeton, nj, 1993)

Maury, E. A., *Wine is the Best Medicine* (Kansas City, ks, 1977)

Mayer, Rosemary, *Pontormo's Diary* (London, 1982)

Medici, Lorenzo, *Selected Poems and Prose*. trans. J. Thiem (University Park, pa, 1991)

Mitchell, Stephen, *A History of the Later Roman Empire, ad 284–641* (Malden, ma, 2007)

Moffitt, John F., *Inspiration: Bacchus and the Cultural History of a Creation Myth* (Boston, 2005)

Mole, William, *Gods, Men and Wine by William Younger* (London, 1966)

Montaigne, Michel de, *The Essays of Michel de Montaigne*, trans. M.A. Screech (London, 1991)

Morford, Mark, *Stoics and Neostoics: Rubens and the Circle of Lipsius* (Princeton, nj, 1991)

Murray, Oswyn, 'The Symposion as Entertainment' in *Sympotica: A Symposium on the 'Symposion'*, ed. Oswyn Murray (New York, 1990)

Myers, Allen C., *Eerdmans Dictionary of the Bible*, 1st edn (Grand Rapids, mi, 2000)

Nelson, Max, *The Barbarian's Beverage: A History of Beer in Ancient Europe* (London, 2005)

Neruda, Pablo, *Elemental Odes*. trans. Margaret S. Peden (London, 1991)

Nicholson, R. A., *Studies in Islamic Mysticism* (Cambridge, 1921)

Nielsen, Hanne S., and I. Nielsen, *Meals in a Social Context: Aspects of the Communal Meal in the Hellenistic and Roman World* (Aarhus, 1998)

Noble, Joseph V., 'Some Trick Greek Vases', *Proceedings of the American Philosophical Society*, cxii (1968), pp. 371–8

Otto, Walter F., *Dionysus, Myth and Cult, Myth and Cult*, trans. R. B. Palmer (Bloomington, in, 1965)

Ovid, *Ovid's Fasti: Roman Holidays*, trans. Betty R. Nagle (Bloomington, in, 1995)

—, *Metamorphoses*, trans. R. Humphries (Bloomington, in, 1960)

Page, Jutta-Annette, *The Art of Glass: The Toledo Museum of Art* (Toledo, 2005)

Panofsky, Dora, 'Narcissus and Echo: Notes on Poussin's 'Birth of Bacchus' in the Fogg Museum of Art', *Art Bulletin*, xxxi (1949), pp. 112–20

Paola, Frederick A., 'In Vino Sanitas', in *Wine and Philosophy: A Symposium on Thinking and Drinking*, ed. F. Allhoff (Oxford, 2009)

Paracelsus, *The Hermetical and Alchemical Writings of Paracelsus*, trans. Arthur E. Waite (London, 1894)

Parker, William R., and G. Campbell, *Milton: A Biographical Commentary*, 2nd edn (Oxford, 1999)

Partner, Peter, *Renaissance Rome 1500–1559: A Portrait of Society* (Berkeley, ca, 1976)

Pepys, Samuel, *The Diary of Samuel Pepys*, ed. Robert Latham and Matthew Williams (Berkeley, ca, 1970)

Perez-Sanchez, J., and N. Spinosa, *Jusepe de Ribera 1591–1652* (New York, 1992)

Petronius, *Satyricon, Petronius: Satyrica*, trans. R. B. Branham and D. Kinney (Berkeley, ca, 1999)

Phillips, Rod, *A Short History of Wine* (New York, 2002)

Philostratus the Younger, *Philostratus: Imagines; Callistatus: Descriptions*, trans. A. Fairbanks (Cambridge, ma, 1931)

Picasso, Pablo, *Vollard Suite* (Madrid, 1993)

Piccolpasso, Cipriano, *The Three Books of the Potter's Art*. trans. R. Lightbown and A. Caiger-Smith (London, 1980)

Pinney, Thomas, *A History of Wine in America: From the Beginnings to Prohibition* (Berkeley, ca, 1989)

Plato, *Phaedrus*, trans. A. Nehamas and P. Woodruff (Indianapolis, in, 1995)

—, *The Symposium*, trans. Walter Hamilton (Baltimore, md, 1971)

—, *The Laws,* trans. Trevor J. Saunders (Baltimore, 1975)

Pliny, *Pliny: Natural History,* vol. iv trans. by Arthur Rackham, vol. viii trans. W. S. Jones (Cambridge, ma, 1962)

Poo, Mu-Chou, *Wine and Wine Offering in the Religion of Ancient Egypt* (London, 1995)

Posner, Donald, *Annibale Carracci: A Study in the Reform of Italian Painting around 1590* (London, 1971)

Powell, Marvin, 'Wine and the Vine in Ancient Mesopotamia: The Cuneiform Evidence', in *The Origins and Ancient History of Wine,* ed. P. E. McGovern, S. J. Fleming and S. Katz (Luxembourg, 1996)

Price, Roger, *The Economic Modernization of France, 1730–1880* (London, 1975)

Rabelais, *François Rabelais: Gargantua and Pantagruel,* trans. and ed. M. A. Screech (New York, 2006)

—, *Trattato sul buon uso del vino,* ed. Patrik Ourednik, trans. A. Catalano (Palermo, 2009)

Rebora, Giovanni, *Culture of the Fork: A Brief History of Food in Europe,* trans. A. Sonnenfeld (New York, 1998)

Rehm, Rush, *Marriage to Death: The Conflation of Wedding and Funeral Rituals in Greek Tragedy* (Princeton, nj, 1994)

Remington, Joseph P., *The Practice of Pharmacy: A Treatise,* 6th edn (Philadelphia, pa, 1917)

Ricci, Giorgio, et al., 'Alcohol Consumption and Coronary Heart-Disease', *The Lancet* cccxiii/8131 (1979), p. 1404

Richardson, Joanna, *Baudelaire* (New York, 1994)

Riddle, John M., *Dioscorides on Pharmacy and Medicine* (Austin, tx, 1985)

Robinson, Jancis, *The Oxford Companion to Wine,* 3rd edn (New York, 2006)

Root, Waverly, *The Food of Italy* (New York, 1992)

Rosenbaum, Stanford P., ed., *A Concordance to the Poems of Emily Dickinson* (Ithaca, ny, 1964)

Rossiter, J. J., 'Wine and Oil Processing at Roman Farms in Italy', *Phoenix,* xxxv (1981), pp. 345–61

Rotunda, D. P., *Motif-Index of the Italian Novella in Prose* (Bloomington, in, 1942)

Ryan, William, and Walter Pitman, *Noah's Flood: The New Scientific Discoveries about the Event that Changed History* (New York, 1998)

Sannazaro, Jacopo, *The Major Latin Poems of Jacopo Sannazaro,* ed. Ralph Nash (Detroit, mi, 1996)

Schama, Simon, *An Embarrassment of Riches: An Interpretation of Dutch Culture in the*

Golden Age (New York, 1987)

—, The Unruly Realm: Appetite and Restraint in Seventeenth-Century Holland', *Daedalus*, cviii (1979), pp. 103–23

Schatborn, Peter, and J. Verbene, *Drawn to Warmth: 17th-Century Dutch Artists in Italy* (Zwolle, 2001)

Schlesier, Renate, and Agnes Schwarzmaier, eds, *Dionysus: Verwandlung und Ekstase* (Regensburg, 2008)

Scribner, R. W., 'Popular Culture', in *For the Sake of Simple Folk: Popular Propa- ganda for the German Reformation* (Cambridge, 1981), chap. 4.

Scruton, Roger, 'The Philosophy of Wine', in *Questions of Taste: The Philosophy of Wine*, ed. B. C. Smith (New York, 2007)

—, *I Drink Therefore I Am* (London, 2009)

Seaford, Richard, *Dionysos* (New York, 2006)

Shakespeare, William, *The Complete Works*, ed. G. B. Harrison (New York, 1952)

Sherlock, Frederick, *Shakespeare on Temperance, with Brief Annotations* [1882] (New York, 1972)

Shinneman, Dalyne, Appendix iv: 'The Canon in Titian's *Andrians*: A Reinterpretation', in Philip Fehl, 'The Worship of Bacchus and Venus', *Studies in the History of Art*, vi (1974), pp. 37–95

Shoemaker, Innis, and Elizabeth Broun, *The Engravings of Marc'Antonio Raimondi* (Lawrence, ks, 1981)

Siegfried, Susan, *The Art of Louis-Leopold Boilly: Modern Life in Napoleonic France* (New Haven, ct, 1995)

Sinos, Rebecca, 'The Satyr and his Skin: Connections in Plato's Symposium', lecture at Amherst College, Amherst, ma (2007)

Slatkes, Leonard J., and W. Franits, *The Paintings of Hendrick ter Brugghen: Catalogue Raisonné* (Philadelphia, pa, 2007)

Smith, Dennis E., *From Symposium to Eucharist: The Banquet in the Early Christian World* (Minneapolis, mn, 2003)

Sournia, Jean-Charles, *A History of Alcoholism* (Oxford, 1990)

Squire, Michael, 'Offerings: A New History', in David Ligare, *Offerings: A New History* (London, 2005)

Stevenson, Robert Louis, *The Strange Case of Dr Jekyll and Mr Hyde* (Peterborough, oh, 2005)

—, *The Silverado Squatters* (New York, 1923)

Stevenson, Tom, *Christie's World Encyclopedia of Champagne and Sparkling Wine* (Bath, 2002)

Sutton, Peter C., 'Introduction', in *The Age of Rubens*, ed. P. C. Sutton (Boston, 1993)

Symonds, John Addington, trans., *Wine, Women, and Song: Medieval Latin Students' Songs* (London, 1884)

Taylor, Gary, *Castration, An Abbreviated History of Western Manhood* (New York, 2000)

Tchernia, André, *Le Vin de Italie Romaine* (Rome, 1986)

Theogony and Works and Days, trans. C. M. Schlegel and H. Weinfield (Ann Arbor, mi, 2006)

Unger, Richard W., *Beer in the Middle Ages and the Renaissance* (Philadelphia, pa, 2004)

Unwin, Tim, *Wine and the Vine: An Historical Geography of Viticulture and the Wine Trade* (London, 1991)

Urrutia, Matilde, *My Life with Pablo Neruda* (Stanford, ca, 2004)

Vallot, Antoine, *Journal de la santé du roi Louis xiv de l'année 1647 à l'année 1711* (Paris, 1862), p. 211, and online at http://gallica.bnf.fr

Varriano, John, *Tastes and Temptations: Food and Art in Renaissance Italy* (Berkeley, ca, 2009)

—, *Caravaggio: The Art of Realism* (University Park, pa, 2006)

—, 'At Supper with Leonard', *Gastronomica, The Journal of Food and Culture*, v/4 (2005), pp. 8–14

Vasari, Giorgio, *The Lives of the Painters, Sculptors and Architects*, trans. A. B. Hinds, ed. William Gaunt (New York, 1970)

Verdon, Jean, *Boire Au Moyen Age* (Paris, 2002)

Vermeer, exh. cat. National Gallery of Art, Washington, dc; Royal Cabinet of Paintings Mauritshuis (1995)

Vickers, Michael, 'A Dirty Trick Vase', *American Journal of Archaeology*, lxxix (1975), p. 282

Von Lates, Adrienne, 'Caravaggio's Peaches and Academic Puns', *Word and Image*, xi (1995), pp. 55–60

Wandel, Lee Palmer, *The Eucharist in the Reformation, Incarnation and Liturgy* (New York, 2006)

Watson, Gilbert, *Theriac and mithridatium: A Study in Therapeutics* (London, 1966)

Watson, Wendy M., *Italian Renaissance Ceramics* (Philadelphia, pa, 2001)

Weisse, M. E., and R. S. Moore, 'Antimicrobial Effects of Wine', in *Wine: A Scientific Exploration*, ed. M. Sandler and R. Pinder (New York, 2003), pp. 299–313

Weinberg, Florence M., *The Wine and The Will: Rabelais's Bacchic Christianity* (Detroit, mi, 1972)

Welu, James, et al., *Judith Leyster: A Dutch Master and Her World* (Worcester, ma, 1993)

Westbrook, Randy, *Poisonous Plants of Eastern North America* (Columbia, nc, 1986)

Wenzel, Horst, 'The *Logos* in the Press: Christ in the Wine-Press and the Discovery of Printing', in *Visual Culture and the German Middle Ages*, ed. K. Starkey and H. Wenzel (London, 2005)

Westermann, Mariët, *The Amusements of Jan Steen: Comic Painting in the Seventeenth Century* (Zwolle, 1997)

De Weever, Jacqueline, *Chaucer Name Dictionary* (New York, 1987)

Williams, T., *The Collected Poems of Tennessee Williams*, ed. D. Roessel and N. Moschovakis (New York, 2002)

Wilson, Hanneke, *Wine and Words in Classical Antiquity and the Middle Ages* (London, 2003)

Winklin, John J., and F. Zeitlin, eds, *Nothing to Do With Dionysus? Athenian Drama in Its Social Context* (Princeton, nj, 1990)

Woll, Gerd, *Edvard Munch: Complete Paintings. Catalogue Raisonné* i, 1880–1897 (London, 2008)

Yeats, William Butler, *The Collected Poems of W. B. Yeats* (New York, 1956)

Younger, William, *Gods, Men and Wine* (Cleveland, oh, 1966)

Zegura, Elizabeth C., 'Rabelais's Preoccupation with Wine Symbolism', in *The Rabelais Encyclopedia* (Westport, ct, 2004)

Zeitlin, Froma I., 'Playing the Other: Theatre, Theatricality, and the Feminine in Greek Drama', in *Nothing to Do With Dionysus*, ed. John J. Winklin and Froma Zeitlin (Princeton, nj, 1990), pp. 63–96

Zettler, Richard L., and Naomi F. Miller, 'Searching for Wine in the Archaeological Record of Ancient Mesopotamia in the Third and Second Millenia bc', in *The Origins and Ancient History of Wine*, ed. P. E. McGovern, S. J. Fleming and S. Katz (Luxembourg, 1996), pp. 123–31

译名对照表

cordials 兴奋剂

corkscrew 开瓶器

Costanza (Santa), mausoleum 罗马圣科
斯坦扎陵墓

Council of Trent 特利腾大公会议

Counter-Reformation 反宗教改革

cults 崇拜

Dancing Maenad《舞蹈的狂女》

Day After, The (Munch)《第二天》

Death of Narcissus 纳西索斯之死

deities 神明

Déjeuner sur l'herbe《草地上的午餐》

Democritus 德谟克利特

Dickinson, Emily 艾米莉·狄金森

Dionysus 狄俄尼索斯

Dionysus Sailing the Sea《在海上航行
的狄俄尼索斯》

Dior, Christian 迪奥

distilled spirits 蒸馏酒

Don Juan (Byron)《唐璜》

Drinking Contest between Herakles and
Bacchus 巴克斯与赫拉克勒斯之间
的饮酒比赛

Drinking Song, A (Yeats)《饮酒歌》

Drinking Song, The (Daumier)《饮酒歌》

Drunken Silenus《醉鬼西勒诺斯》

Drunken Silenus on a Lion Skin《狮皮上
醉酒的西勒诺斯》

Drunken Woman (maiolica plate)《醉酒
的女子》

drunkenness 醉酒

drunkenness of Noah 醉酒的诺亚

Drunkenness of Noah《醉酒的诺亚》

Entry of Christ into Jerusalem《耶稣进
入耶路撒冷》

Epicureanism 享乐主义

Epicurus 伊壁鸠鲁

Erotic Scene《情色场景》

Eucharist 圣餐

Euphronius krater 欧夫罗尼奥斯双耳喷
口杯

Falernian 法勒恩酒

Falernum 法勒诺姆酒

Falstaff 福斯塔夫

Fauves (Wild Beasts) "野兽派" 画家

Feast in the House of Levi(Veronese)《利
未家的宴会》

Feast of the Gods (Bellini)《诸神的
盛宴》

Felix of Nantes 南特的菲利克斯

Five Senses 五感

Four Properties of Wine (Schoen)《葡萄
酒的四种特性》

François Vase 弗朗索瓦陶瓶

Franklin, Benjamin 本杰明·富兰克林

Gallant Officer, The (ter Borch)《勇敢的
军官》

Gargantua and Pantagruel (Rabelais)
《巨人传》

genre painting 风俗画

Gigantomachia《天神与巨人的搏斗》

Goliardic poems 戈利亚德歌

Goncourt brothers 冈古尔兄弟

Good Samaritan 善良的撒玛利亚人

Grape Harvest《葡萄丰收》

Gregory of Langres 朗格勒的格列高利

wit 智力

'Women, Wine and Snuff' (Keats)《女人、酒与鼻烟》

Women Ladling Wine before Dionysus《女子在狄俄尼索斯面前盛酒》

Worship of Venus (Titian)《维纳斯的崇拜》

Wounded Zouave, The (Fenton)《受伤的佐阿夫兵》

Xenophon 色诺芬

Yeats, William Butler 叶芝

Young Bacchus (Reni)《年轻的酒神巴克斯》

Young Man with Wineglass by Candlelight (Terbrugghen)《烛光下手持酒杯的青年》

Youth in a Wineshop (Greek)《酒铺里的青年》

Zapotec jug 萨巴特克水壶

Zola, Emile 埃米尔·佐拉

Zwingli 茨温利

致　谢

　　无数的朋友和同事曾鼓励过我，或为我提供了有用的参考资料，丰富了本书的内容，其中不少都是在和他们推杯换盏的一两杯葡萄酒中获得的。我要向那些被我遗忘了名字的人道歉，我要感谢下面这些人对本书的贡献，感谢瓦莱丽·安德鲁斯（Valerie Andrews）、马丁·安东内蒂（Martin Antonetti）、约翰·阿瑟（John Arthur）、鲍勃·巴格（Bob Bagg）、肯尼思·本迪纳（Kenneth Bendiner）、贝蒂娜·伯格曼（Bettina Bergmann）、亚历克斯·康尼森（Alex Conison）、葆拉·德纳尔（Paula Debnar）、乔·埃利斯（Joe Ellis）、弗雷德·菲尔斯特（Fred Fierst）、巴林杰·法菲尔德（Barringer Fifield）、帕特里克·希利（Patrick Healey）、帕特里克·亨特（Patrick Hunt）、埃莉斯·肯尼（Elise Kenney）、詹妮弗·金（Jennifer King）、李·拉隆德（Lee Lalonde）、诺拉·兰伯特（Nora Lambert）、布拉德·利特豪泽（Brad Leithauser）、乔纳森·李普曼（Jonathan Lipman）、迈克尔·马莱斯（Michael Marlais）、托马斯·马修斯（Thomas Mathews）、弗雷德·麦金尼斯（Fred McGinness）、乔治安·墨菲（Georgeann Murphy）、约翰·纳西丘克（John Nassichuk）、安·彭伯顿（Ann

Pemberton）、戴维·波特（David Porter）、伦纳德·波特（Leonard Porter）、玛丽·乔·索尔特（Mary Jo Salter）、莫妮卡·施米特（Monika Schmitter）、丽贝卡·西诺斯（Rebecca Sinos）、戴维·索菲尔德（David Sofield）、杰弗里·舒米（Geoffrey Sumi）、卡罗琳·托波尔（Carolyn Topor）和约瑟夫·托波尔（Joseph Topor）、珍妮弗·福尔巴赫（Jennifer Vorbach）、埃丽卡·沃尔克（Erica Walch）和克洛维斯·惠特菲尔德（Clovis Whitfield）。我还要感谢劳拉·韦斯顿（Laura Weston）整理了参考书目，并拍摄了许多照片，感谢玛莎·杰伊（Martha Jay）对本书细致的编辑，感谢海伦·肯普（Helen Kemp）的校对，感谢琼·戴维斯（Joan Davis）编制了索引。卡伦·埃迪斯·巴兹曼（Karen-Edis Barzman）值得特别提及，因为她于2009年4月在纽约州立大学宾汉姆顿分校组织了精彩的"酒后吐真言"大会，介绍了许多我不了解的艺术史领域的文献和思想。

瑞科图书出版社（Reaktion Books）的出版人迈克尔·利曼（Michael Leaman）监督了本书手稿的设计和出版，并在2010年秋季蒙特霍利约克学院美术馆的"葡萄酒与精神：仪式、救济与狂欢"展览上协调了本书的发行工作，堪称"效率大师"。在马萨诸塞州西部的森山中，馆长玛丽安娜·多泽马（Marianne Doezema）、策展人温迪·沃森（Wendy Watson）和策展助理拉谢尔·博普雷（Rachel Beaupre）这三位优雅的女性也参加了这场联合活动，为活动注入了主持酒神仪式的"狂女般的热情"。她们用咖啡代替葡萄酒，用电脑代替酒神杖，在书本和展览的不同需求间自由地切换，她们的内心热情似火，表面轻松从容。在这些文字演变成印刷品的过程中，对所有曾为我提供过实际的、建设性帮助和精神支持的人，我要举起酒杯，向你们致敬。

图书在版编目 (CIP) 数据

葡萄酒：一部微醺文化史 /（美）约翰·瓦里亚诺
（John Varriano）著；黄瑶译. — 上海：文汇出版社，
2024.3

ISBN 978-7-5496-4127-7

Ⅰ.①葡… Ⅱ.①约… ②黄… Ⅲ.①葡萄酒—文化
史 Ⅳ.①TS971.22

中国国家版本馆CIP数据核字（2023）第183298号

上海市版权局著作权合同登记号：图字09-2023-0912号

葡萄酒：一部微醺文化史

作　　者 /［美］约翰·瓦里亚诺
译　　者 / 黄　瑶
责任编辑 / 戴　铮
封面设计 / MAKIII
版式设计 / 汤惟惟
出版发行 / **文匯**出版社
　　　　　　上海市威海路 755 号
　　　　　　（邮政编码：200041）
印刷装订 / 上海中华印刷有限公司
版　　次 / 2024 年 3 月第 1 版
印　　次 / 2024 年 3 月第 1 次印刷
开　　本 / 889 毫米 ×1194 毫米　1/32
字　　数 / 220 千字
印　　张 / 11.375
书　　号 / ISBN 978-7-5496-4127-7
定　　价 / 88.00 元